Bücher, die zum Thema passen:

Ohloff, G.
Düfte
Signale der Gefühlswelt
September 2004
ISBN: 978-3-906390-30-7

Kaiser, R.
Meaningful Scents around the World
Olfactory, Chemical, Biological, and Cultural Considerations
Juli 2006
ISBN: 978-3-906390-37-6

... und weitere Erlebnis Wissenschaft Titel ...

Emsley, J.
Leben, lieben, liften
Rundum wohlfühlen mit Chemie
Mai 2008
ISBN: 978-3-527-31880-3

Glaser, R.
Heilende Magnete – strahlende Handys
Bioelektromagnetismus: Fakten und Legenden
Mai 2008
ISBN: 978-3-527-40753-8

Schwedt, G.
Wenn das Gelbe vom Ei blau macht
Sprüche mit versteckter Chemie
Mai 2008
ISBN: 978-3-527-32258-9

Synwoldt, C.
Mehr als Sonne, Wind und Wasser
Energie für eine neue Ära
Mai 2008
ISBN: 978-3-527-40829-0

Zankl, H.
Irrwitziges aus der Wissenschaft
Von Dunkelbirnen und Leuchtkaninchen
Mai 2008
ISBN: 978-3-527-32114-8

Ball, P.
Brillante Denker, kühne Pioniere
Zehn bahnbrechende Entdeckungen
Mai 2007
ISBN: 978-3-527-31680-9

Schuster, H. G.
Bewusst oder unbewusst?
Mai 2007
ISBN: 978-3-527-31883-4

Salzmann, W.
Der Urknall und andere Katastrophen
Mai 2007
ISBN: 978-3-527-31870-4

Froböse, R.
Wenn Frösche vom Himmel fallen
Die verrücktesten Naturphänomene
Mai 2007
ISBN: 978-3-527-31659-5

Zankl, H. et al.
Potzblitz Biologie
Die Höhlenabenteuer von Rita und Robert
Mai 2007
ISBN: 978-3-527-31754-7

Emsley, J.
Mörderische Elemente, prominente Todesfälle
Mai 2006
ISBN: 978-3-527-31500-0

Froböse, R./Jopp, K.
Fußball, Fashion, Flachbildschirme
Die neueste Kunststoffgeneration
Mai 2006
ISBN: 978-3-527-31411-9

Liedtke, S./Popp, J.
Laser, Licht und Leben
Techniken in der Medizin
Mai 2006
ISBN: 978-3-527-40636-4

Schwedt, G.
Was ist wirklich drin?
Produkte aus dem Supermarkt
Mai 2006
ISBN: 978-3-527-31437-9

Vowinkel, B.
Maschinen mit Bewusstsein – Wohin führt die künstliche Intelligenz?
Mai 2006
ISBN: 978-3-527-40630-2

Georg Schwedt
Betörende Düfte, sinnliche Aromen

Georg Schwedt
Betörende Düfte, sinnliche Aromen

Bücher, die zum Thema passen:

Ohloff, G.
Düfte
Signale der Gefühlswelt
September 2004
ISBN: 978-3-906390-30-7

Kaiser, R.
Meaningful Scents around the World
Olfactory, Chemical, Biological, and Cultural Considerations
Juli 2006
ISBN: 978-3-906390-37-6

... und weitere Erlebnis Wissenschaft Titel ...

Emsley, J.
Leben, lieben, liften
Rundum wohlfühlen mit Chemie
Mai 2008
ISBN: 978-3-527-31880-3

Froböse, R.
Wenn Frösche vom Himmel fallen
Die verrücktesten Naturphänomene
Mai 2007
ISBN: 978-3-527-31659-5

Glaser, R.
Heilende Magnete – strahlende Handys
Bioelektromagnetismus: Fakten und Legenden
Mai 2008
ISBN: 978-3-527-40753-8

Zankl, H. et al.
Potzblitz Biologie
Die Höhlenabenteuer von Rita und Robert
Mai 2007
ISBN: 978-3-527-31754-7

Schwedt, G.
Wenn das Gelbe vom Ei blau macht
Sprüche mit versteckter Chemie
Mai 2008
ISBN: 978-3-527-32258-9

Emsley, J.
Mörderische Elemente, prominente Todesfälle
Mai 2006
ISBN: 978-3-527-31500-0

Synwoldt, C.
Mehr als Sonne, Wind und Wasser
Energie für eine neue Ära
Mai 2008
ISBN: 978-3-527-40829-0

Froböse, R./Jopp, K.
Fußball, Fashion, Flachbildschirme
Die neueste Kunststoffgeneration
Mai 2006
ISBN: 978-3-527-31411-9

Zankl, H.
Irrwitziges aus der Wissenschaft
Von Dunkelbirnen und Leuchtkaninchen
Mai 2008
ISBN: 978-3-527-32114-8

Liedtke, S./Popp, J.
Laser, Licht und Leben
Techniken in der Medizin
Mai 2006
ISBN: 978-3-527-40636-4

Ball, P.
Brillante Denker, kühne Pioniere
Zehn bahnbrechende Entdeckungen
Mai 2007
ISBN: 978-3-527-31680-9

Schwedt, G.
Was ist wirklich drin?
Produkte aus dem Supermarkt
Mai 2006
ISBN: 978-3-527-31437-9

Schuster, H. G.
Bewusst oder unbewusst?
Mai 2007
ISBN: 978-3-527-31883-4

Vowinkel, B.
Maschinen mit Bewusstsein – Wohin führt die künstliche Intelligenz?
Mai 2006
ISBN: 978-3-527-40630-2

Salzmann, W.
Der Urknall und andere Katastrophen
Mai 2007
ISBN: 978-3-527-31870-4

Georg Schwedt
Betörende Düfte, sinnliche Aromen

WILEY-VCH Verlag GmbH & Co. KGaA

1. Auflage 2008

Alle Bücher von Wiley-VCH werden sorgfältig erarbeitet. Dennoch übernehmen Autoren, Herausgeber und Verlag in keinem Fall, einschließlich des vorliegenden Werkes, für die Richtigkeit von Angaben, Hinweisen und Ratschlägen sowie für eventuelle Druckfehler irgendeine Haftung.

Autor

Georg Schwedt
Lärchenstraße 21
53117 Bonn

**Bibliografische Information
der Deutschen Nationalbibliothek**
Die Deutsche Nationalbibliothek verzeichnet diese Publikation in der Deutschen National-bibliografie; detaillierte bibliografische Daten sind im Internet über http://dnb.d-nb.de abrufbar.

© 2008 WILEY-VCH Verlag GmbH & Co. KGaA, Weinheim

Printed in the Federal Republic of Germany

Gedruckt auf säurefreiem Papier

Satz: TypoDesign Hecker GmbH, Leimen
Druck und Bindung: Ebner & Spiegel GmbH, Ulm
Umschlaggestaltung: Himmelfarb, Eppelheim
www.himmelfarb.de

ISBN 978-3-527-32045-5

Inhaltsverzeichnis

Betörende Düfte, sinnliche Aromen. Georg Schwedt
Copyright © 2008 WILEY-VCH Verlag GmbH & Co. KGaA, Weinheim
ISBN 978-3-527-32045-5

Vorwort

Wer die Geschichte der Duftstoffgewinnung und der Parfumherstellung kennen lernen will, muss nicht nach Grasse in die Provence nordwestlich von Cannes reisen. Das Zentrum in Deutschland ist Köln mit dem Farina-Duftmuseum am Jülichplatz und dem 4711-Haus in der Glockengasse. Ein weiteres Zentrum für Aromen und Essenzen befindet sich in Holzminden an der Weser, wo 1874 erstmals Vanillin von Haarmann und Tiemann synthetisch hergestellt wurde.

Das vorliegende Buch führt den Leser nach dem Besuch der Museen nicht nur in die Kulturgeschichte, sondern auch in die Wissenschafts- und Industriegeschichte der Düfte und Aromen. Es werden Wissenschaftler und berühmte Parfümeure sowie die Orte ihres Wirkens vorgestellt. Die Industriegeschichte spielt bis in unsere Zeit, in der Firmen wie Symrise (aus Haarmann & Reimer sowie Dragoco in Holzminden), Farina und Mäurer + Wirtz (Aufkauf von 4711-Mülhens) sowie Firmenich in der Schweiz eine wichtige Rolle spielen.

Im Kapitel 3 »Zur Chemie der Düfte« wird dann auf die Physiologie, die Theorie des Riechens und auf die grundlegende Chemie der einzelnen Duft- und Aromastoffe eingegangen. Die Verfahren der Gewinnung – von historisch bis aktuell (dargestellt z. B. im Bestseller »Das Parfum« und auch im gleichnamigen Film) – sowie die Analytik werden hier ausführlich und allgemeinverständlich beschrieben. Ein weiterer Abschnitt stellt auch synthetische Duftstoffe und Aromen vor.

Das Kapitel 4 »Vom ätherischen Öl zu duftenden Produkten« führt von den Duft- und Aroma(Gewürz)pflanzen und ihren wertgebenden Inhaltsstoffen zu deren Biogenese sowie über Riechstoffe tierischen Ursprungs schließlich in die unendliche Welt der Parfums und anderer duftender Produkte. Sie wird anhand der Komposition von Parfums und einer Auswahl berühmter Parfums vorgestellt. Auch die Grundlagen der Aromatherapie werden kurz behandelt.

Betörende Düfte, sinnliche Aromen. Georg Schwedt
Copyright © 2008 WILEY-VCH Verlag GmbH & Co. KGaA, Weinheim
ISBN 978-3-527-32045-5

Im Anhang findet der Leser eine Zusammenstellung von Strukturformeln zu den wichtigsten Aromastoffen, die in den drei Hauptkapiteln am häufigsten genannt werden.

Im Unterschied zu den zitierten Monographien, in denen entweder die Kulturgeschichte oder aber die »Warenkunde« der Parfums überwiegt, sollen in diesem Buch möglichst viele Aspekte des faszinierenden Themas Düfte angesprochen werden – bis zu einem eigenen Parfum-Labor, ohne sie jedoch umfassend behandeln zu wollen. Dazu wird entsprechende Spezialliteratur angegeben.

Bonn, Januar 2008 *Georg Schwedt*

1

Aus der Kulturgeschichte

1.1 Zu Besuch in Duftmuseen und Duftgärten

1.1.1 Das Farina-Duftmuseum in Köln

Im Brockhaus von 1838 ist unter dem Stichwort Köln u. a. zu lesen:

»Berühmt ist das *kölnische Wasser* oder (franz.) *Eau de Cologne*, das zuerst gegen Anfang des vorigen Jahrhunderts von Joh. Maria *Farina* bereitet worden ist, jetzt aber nicht nur in K., sondern auch an anderen Orten nachgemacht wird. In K. gibt es über 50 zum Theil sehr wohlhabende Fabrikanten dieses wohlriechenden Wassers, unter denen die Farina, sowie Zanoli und Herstadt die berühmtesten sind. Die Fabrikation des Wassers ist noch immer ein Geheimniß, was das richtige Verhältniß der zu denselben zu verwendenden Substanzen betrifft. Seine Bereitung ist im Allgemeinen die, dass man völlig reinen Weingeist in eine Destillierblase bringt, und denselben mit gewissen duftenden Pflanzentheilen vermischt, als Orangenblüte, Citronenmelisse, Zimmt und dergl. Nachdem ein Theil abdestilliert worden, werden ätherische Öle zugesetzt, als Citronenöl, Bergamotöl, Rosenöl, Lavendelöl und dergl. Bei gutem *Eau de Cologne* darf keiner der aromatischen Bestandtheile sich vor den übrigen bemerklich machen, auch dann nicht, wenn man jenes langsam verduften läßt.«

Köln bezeichnet sich auch gern als »Geburtstadt der modernen Parfümerie« – nämlich des originalen *Eau de Cologne de Farina*. Im Farina-Stammhaus gegenüber dem Jülichplatz in Köln kann der Besucher des Museums die Geschichte Schritt für Schritt nachvollziehen.

Betörende Düfte, sinnliche Aromen. Georg Schwedt
Copyright © 2008 WILEY-VCH Verlag GmbH & Co. KGaA, Weinheim
ISBN 978-3-527-32045-5

Das Farina-Haus gegenüber vom Jülichplatz im Wandel
der Zeit – 1709 / 1849 / 1899.

Sie beginnt mit Johann Maria Farina (1685–1766) aus Italien, der um 1700 als Parfümeur für seinen Onkel als Kaufmann in Maastricht tätig war. 1708 schrieb er an seinen Bruder Johann Baptist (1683–1732):

> »Ich habe einen Duft gefunden, der mich an einen italienischen Frühlingsmorgen erinnert, an Bergnarzissen, Orangenblüten kurz nach dem Regen. Er erfrischt mich, stärkt meine Sinne und Phantasie.«

In Deutschland waren zu dieser Zeit vor allem Düfte aus Zimt, Sandelholz, Moschus oder anderen »schweren« Essenzen im Gegensatz zur Frische dieses neuen Parfums bekannt. Am 13. Juli 1709 gründete Johann Baptist Farina seine Firma »Französisch Kram« (Seiden, edle Spitzen, parfümierte Handschuhe, Spezereien, Duftwässer) in der Großen Budengasse/Ecke Unter Goldschmied in Köln. 1714 trat Johann Maria Farina in das Geschäft des Bruders ein. Als »Kapital« brachte er seine »Nase« ein, und zu Ehren seiner neuen Wahlheimat nannte er das von ihm kreierte Parfum *Eau de Cologne.*

Das »Geburtshaus« des *Eau des Cologne* steht an einer alten Römerstraße, in Obermarspforten Nr. 23 (1723 – das Eckhaus Nr. 21 wurde 1794 erworben), vom Dom über die Straße Unter Goldschmied in wenigen Minuten zu erreichen. Vom Eingangsbereich führt eine Treppe auf die Empore in die Welt des Rokoko – mit Kunstgegenständen, Bildern – u. a. Porträts der Farinas – und Möbeln. Ausgestellt sind einige Rokokostühle, ein Gobelin aus dem 18. Jahrhundert und die Porträts der Gründer und Firmeninhaber sowie Geschäftsführer und ein Stammbaum. Informiert wird über die Familiengeschichte bis in unsere Zeit und über die weltweiten Verbindungen der Parfum-Dynastie Farina. Die Familie Farina stammt aus Ancona in Mittelitalien, wo sie von 1264 bis 1410 nachweisbar ist. Nach einer Pestseuche siedelte sie sich in Craveggia in Oberitalien an und gründete den Ort Santa Maria Maggiore (heute Provinz Novara in Piemont). Eine Großmutter der Brüder Farina stammt aus der im 17. Jahrhundert berühmten Aromateur-Familie Gennari. Mit der im Brockhaus von 1838 genannten Familie Zanoli kam es zu einer Verbindung: Anna Maria Zanoli (1683–1751) war die Ehefrau von Johann Baptist Farina. In der ersten Etage des Hauses, das im Zweiten Weltkrieg 1943 zerstört wurde, befand sich bis dahin der Hauptgeschäftsraum der Firma. Beim

Einzug 1724 wurde er mit Rokokomöbeln ausgestattet, die zum großen Teil infolge der Auslagerung während des Zweiten Weltkrieges erhalten blieben. Den Eindruck des Luxuriösen verstärken die kostbaren Wandgobelins und auch der goldene Kamin. Hier empfingen die Farinas ihre vornehmen und adeligen Kunden und bewirteten sie mit Wein und kandierten Früchten. Ausgestellt ist auch ein in chinesischem Stil gearbeiteter Schrank aus Zimtholz, über den der Besucher mittels seines Audioführers informiert wird. Es handelt sich um einen zusammenklappbaren Musterkoffer, mit dem Vertreter der Firma im 19. Jahrhundert in Asien auf Reisen waren.

Im Erdgeschoss kann der Besucher nicht nur Original Eau des Cologne erwerben, ein 4-ml-Fläschchen bekommt jeder mit der Eintrittskarte überreicht, sondern auch Repliken antiker Gläser (und z. B. auch Repliken antiker Chirurgeninstrumente aus dem ersten und zweiten Jahrhundert aus dem römischen Rheinland) der Edition Tina Farina (2005 verstorbene Ehefrau des Johann Maria W. Farina, geb. 1928 – er war 1952 Prinz Karneval!).

Der Rundgang führt dann in das Kellergeschoss – zunächst in den Vitrinensaal: Dort werden einerseits Gläser und Flacons von der Antike bis in die Neuzeit gezeigt, andererseits sind die zahlreichen Fälschungen und Plagiate aus den vergangenen zwei Jahrhunderten ausgestellt. Erst 1875 erhielt Farinas Eau de Cologne seinen Markenschutz. In der Mitte des Raumes steht ein Schreibtisch mit Sessel. Es handelt sich um originale Arbeitsmöbel. Der Schreibtisch aus portugiesischer Eiche stammt aus der Zeit um 1680, der schwere Lehnstuhl wurde im Rheinland um 1700 gefertigt. Am Schreibtisch im Vitrinenraum entstanden auch Johann Maria Farinas Parfum-Kreationen: Der Parfümeur entwickelte *in mente*, zuallererst im Kopf, seine Vorstellung von der Komposition verschiedener Einzeldüfte zu einer neuen Kreation. Links vom Schreibtisch wird auch auf das größte und vollständigste Unternehmensarchiv hingewiesen – durch vergrößerte Kopien von Dokumenten und einige ausgestellte Hauptbücher. Das Firmenarchiv, bestehend aus mehreren hundert Metern an Archivbänden, befindet sich als Einzelarchiv im Rheinisch-Westfälischen Wirtschaftsarchiv in Köln als Dauerleihgabe und kann dort eingesehen werden. Unter den Dokumenten befindet sich auch eine Bestellung Goethes – mit folgendem Text:

»Bey dieser Gelegenheit wollte ich Sie ersuchen, mir ein Kästchen mit sechs Gläsern Eau de Cologne zu überschicken, wofür ich den Betrag mit dem übrigen gern erstatten werde. Es ist dieses wohlriechende Wasser seit den Verwirrungen der Zeit schwer bey uns zu haben.

Der ich recht wohl zu leben wünsche, Weimar am 9. May 1802, gez. Goethe. Mit dem Pferdewagen zu überschicken.«

In den Vitrinen sind für das 18. Jahrhundert typische so genannte Rosolien, länglich geblasene Flaschen aus grünem Glas, zu sehen, in denen liegend gelagert Eau de Cologne vor allem transportiert wurde. Es wurde dann in Porzellankännchen umgefüllt. Napoleon soll Stiefel getragen haben, in deren Schäften er eine Rosolie aufbewahren konnte. Unter den zahlreichen Flakons wird vor allem auf einen Entwurf von Wassily Kandinsky aus dem Jahre 1912 hingewiesen – ein eckiges, gerades (männliches) Herrenflakon mit einem zwiebelturmartigen Verschluss.

Rosolie aus dem Hause Farina.

An den Vitrinenraum schließt sich der *Essenzenraum* an. An der Rückwand zeigt eine vergrößerte Reproduktion Johann Maria Farina als den »Vater der modernen Parfümerie« bei einer Augenprobe: Er prüft die Reinheit eines Extraktionsproduktes, einer Monoessenz. Der Hintergrund mit der Silhouette des Domes, mit noch unvollendetem Südturm und Domkran, verrät, dass es sich um einen Stich aus der Zeit nach Johann Maria Farina (nach 1800) handelt. Der Essenzenraum vermittelt ein Bild von der Laborsituation eines Parfümeurs im 18. Jahrhundert. In Holzregalen befinden sich zahlreiche Ampullen, Apothekerflaschen, Rosolien und Korbflaschen sowie winzige Fläschchen mit Monoessenzproben aus unterschiedlichen Zeiten. Auch einige Laborgeräte sollen die Laborsituation charakterisieren. Farina legte größten Wert auf die Reinheit der Düfte. Die Güte seiner Produkte gewährleistete er durch Siegel und Unterschrift.

Als Ingredienzien des Eau de Cologne werden genannt: Italienische Limette, Bergamotte, Neroli, Petitgrain, Orange, Zitrone und Cedrat.

Als *Limette* wird die Frucht des kleinen, immergrünen, ganzjährig Früchte tragenden Baumes oder baumartigen Strauches *Citrus aurantifolia* bezeichnet. Das *Limettenöl*, ein Pressöl aus den Schalen, das ein nach Zitrusschalen riechendes Aroma mit so genannten frischspritzigen, terpenartigen Noten ausströmt, enthält 50–60 % an Limonen, außerdem Citral, β-Pinen und γ-Terpinen. Weitere wesentliche Inhaltsstoffe sind Terpineol, Cineole und Limettin (5,7-Dimethoxycumarin) sowie Bisabolen. Gewinnt man das Limetteöl nicht durch Auspressen, sondern durch eine Wasserdampfdestillation, so führt die Anwesenheit saurer Bestandteile aus dem Fruchtsaft zur Bildung weiterer Terpene. Außerdem treten auch Furocumarine mit mutagenen und photosensibilisierenden Eigenschaften auf, weshalb die Verwendung heute in der Parfümerie bzw. zur Aromaverbesserung (z. B. als essentieller Bestandteil des Cola-Aromas) stark eingeschränkt ist.

Bergamotte (*Citrus aurantium bergamia*, türk. *beg armudy*) wird als Bezeichnung für eine Gruppe von kleinfrüchtigen Birnen verwendet, womit aber vor allem eine Kreuzung von Bitterorange und Limette bezeichnet wird. Ihren Namen hat sie entweder nach der spanischen Stadt Berga, wohin sie Kolumbus von den Kanarischen Inseln gebracht haben soll, oder nach dem italienischen Städtchen Bergamon erhalten, wo sie noch heute angebaut wird. Das Bergamottöl wird aus den frischen, unreifen Fruchtschalen durch Wasserdampfdestillation gewonnen. Es ist gelbgrün gefärbt und weist einen angenehmen frisch-fruchtigen, zitrusartigen Geruch auf. Es enthält 30–45 % Limonen, 35–45 % Linalylacetat, 5–9,5 % β-Pinen, 7–15 % Linalool, 6–10,5 % γ-Terpinen und weniger als 0,5 % Geraniol sowie auch das phototoxische Furocumarin Bergapten. Bei der Alterung des Öles entsteht aus γ-Terpinen das *p*-Cymen (als Indikator auch für ein Fehlaroma). In der kosmetischen Industrie wird es auch heute noch in größeren Mengen eingesetzt, auch zum Aromatisieren (z. B. von Schwarztee oder Likören) sowie von Süß- und Backwaren, jedoch nur in geringem Umfang.

Als *Neroliöl* wird das *Orangenblütenöl* oder *Pomeranzenblütenöl* bezeichnet. Es wird aus den frischen, voll geöffneten Blüten von *Citrus aurantium* L. *subspec. aurantium* (Pomeranze) durch Wasserdampfdestillation gewonnen. Das hellgelbe, fluoreszierende Öl zählt zu den wertvollen ätherischen Ölen mit den Hauptbestandteilen Pinen, Camphen, Linalool, Limonen, Geraniol, Nerol und Farnesol. Es wird vor allem zur Herstellung von Parfum und Kosmetika, aber auch zur Aromatisierung hochwertiger Fruchtliköre verwendet.

Petitgrainöle sind ätherische Öle, die aus den Blättern verschiedener Zitrusarten gewonnen werden. Aus den Blättern des Zitronenbaumes (*Citrus limon*) erhält man ein Öl mit 29 % Limonen, 23 % Geraniol und 17 % Neral. Auch das aus den Schalen gewonnene Bergamottöl wird oft den Petitgrainölen zugerechnet; es enthält vor allem N-Methylanthranilsäure-methylester (mehr als 50 %).

Orangenschalenöl (Orangenblüten: siehe Neroliöl) wird seit dem 16. Jahrhundert durch Pressen der Schalen (heute meist durch Wasserdampfdestillation) in Ausbeuten von 3–5 % gewonnen. Das goldgelbe bis gelbbraune Öl enthält mehr als 90 % an (+)-Limonen und Myrcen. Weitere Inhaltsstoffe sind α- und β-Pinen, Sinensal, Octanal, Decanal, Duodecanal und 2-Decanal, Linalool und α-Terpineol.

Zitronenöl ist ein Zitronenschalenöl (aus *Citrus medica* L. *subspec. limonum*), meist durch Abpressen, seltener durch Wasserdampfdestillation, gewonnen. Die Ausbeute liegt bei 3 %. Das hellgelbe bis grünlichgelbe Öl mit einem kräftigen zitrusartigen Aroma enthält 60–80 % an (+)-Limonen, α- und β-Pinen, Citral, Decanal, weitere Terpene sowie Alkanale, Ester von Geraniol und Nerol sowie Methyljasmonat. Zitronenöl ist oxidationsempfindlich und verändert seine Qualität bei der Lagerung.

Mit *Cedrat* ist die *Zedratzitrone* (*Citrus medica* L.), eine elliptisch-kugelförmige bis längliche, saftarme Frucht, gemeint, die an niedrigen, dornhaltigen Bäumen oder Sträuchern wächst, bis zu 20 cm lang werden und 1–1,5 kg wiegen kann. Bis zu 70 % der Frucht bestehen aus einer gelben, großporigen, dicken Schale. Die ätherischen Öle entsprechen denjenigen der Zitrone, jedoch häufig in stark variierenden Anteilen.

Über die Kenntnisse und die Bedeutung von Zitrusfrüchten zu Beginn des 19. Jahrhunderts informiert uns der Brockhaus von 1839 unter dem Stichwort Orangen:

>»*Orangen* heißen jene beliebten Südfrüchte mit lederartiger, meist
> schön gelb gefärbter Schale, die in vielen äußerlichen kleinen
> Drüsen ein wohlriechendes ätherisches Öl enthält und ein überaus

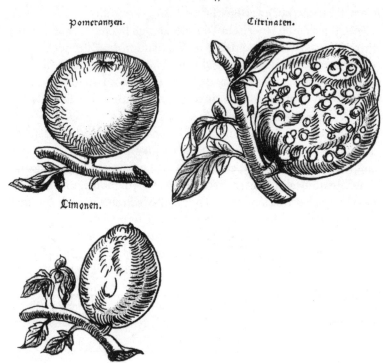

Ander theyl des
Pomerantzen/Citrinaten/vnd Limonen
Blüet wasser.

Pomerantzen.   Citrinaten.

Limonen.

Pomeranze, Orange und Zitrone – nach G. Ryff: *New groß
Destilirbuch wohlbegründeter künstlicher Destillation ...*,
Frankfurt a. M. 1556.

saftiges Fleisch von bitterem, säuerlichem, süßem oder auch
gemischtem Geschmack umschließt. Es sind hier einige der vorzüglichsten Arten davon dargestellt, zu denen die eiförmigen, oben mit
einer spitzen Warze versehenen Früchte des Limonen- oder *Zitronenbaumes*, dessen Zweige meist kleine Stacheln haben, die klei-
neren und oben ebenfalls mit einer Warze versehenen Limonen, die
bittersauren, bleichgelben Pomeranzen mit ungleicher, höckeriger
Schale, und die größeren, meist hochgelben, süßen, mit gewöhnlich
glatter Schale, welche Pommesinen und Apfelsinen (s. *Pomeranzenbaum*) genannt werden, die den bittern Pomeranzen verwandten

Bergamotten, deren Schale das ätherische Bergamottöl liefert, ferner die durch ihre ausnehmende Größe merkwürdige *Pampelmus*, welche über 12 Pf. schwer wird, und zahlreiche andere gehören ...«

Über den *Zitronenbaum* ist u. a. zu lesen:

»... wurde erst kurz v. Chr. Geb. aus seinem asiat. Vaterlande Medien [damals wichtigste Provinz des alten Persischen Reiches – überwiegend heute zum Iran gehörig] nach dem südl. Europa verpflanzt, wo seitdem durch Cultur mancherlei Abarten desselben entstanden sind, welche auch in unseren Gewächshäusern aufgezogen werden. (...) Das schwere, dichte und ölige Holz wird zu feinen Tischlerarbeiten sehr gesucht, die Früchte aber werden aus Italien, Spanien, Portugal und dem südl. Frankreich und Tirol in Menge nach allen nördl. Ländern versandt, deshalb vor völliger Reife abgenommen und in Kisten, die besten einzeln in Papier gewickelt (bis in die 1950/60er Jahre; G. S.), verpackt. Man benutzt davon den Saft, die Schale und das ätherische Öl, welches durch Pressen der letztern gewonnen wird, ...«

Über den *Pomeranzenbaum* (siehe auch Abschnitt 1.1.4) heißt es u. a.:

»... gehört zu den mancherlei Arten der Orangerie. (...) Er wird ansehnlich größer als der Citronenbaum, hat immergrüne, feste, glänzende und scharf zugespitzte Blätter, welche gleich den weißen Blüten einen starken aromatischen Geruch besitzen, und stammt aus dem wärmern Asien. (...) ... die Portugiesen (haben) zuerst diese Art aus Ostindien nach Europa gebracht. Hier werden sie jetzt in Italien, Spanien, Portugal und auf den benachbarten Inseln, außerdem in Westindien, in Menge gebaut und machen in vielerlei Gestalten einen wichtigen Handelsartikel nach nördl. Ländern aus. Die mitunter blos erbsengroßen, unreif abgefallenen Pomeranzen werden nämlich zur Bereitung von *Pomeranzenessenz* oder -*Extract*, auch Bischofsessenz genannt, sowie zum Einmachen benutzt; ... aus den Pomeranzenblüten werden wohlriechend und erfrischend schmeckende Wasser und Syrupe, sowie das überaus lieblich riechende *Neroliöl* bereitet, welches aber selten rein zu haben ist, weil

man es nur in sehr kleiner Menge (aus 600 Pfund frischen Blüten
kaum einige Loth – [im Deutschen Zollverein des 19. Jahrhunderts
1 Loth = 16,666 g]) herstellen kann ...«

Vom Essenzenraum gelangt der Besucher des Farina-Duftmuseums
schließlich über eine weitere Treppe in den *Fabrikationsraum*. An der
Treppenbasis befindet sich ein kleines, schlankes Zedernfass, in dem
Eau de Cologne zwei Jahre reifen musste. Dahinter sind vergrößerte
Fotos vom Lagerkeller der alten Fabrik zu sehen. Im 18. Jahrhundert
lagerte Farina seine Parfums in Zedernholzfässern, später dann in
großen Eichenholzfässern. In diesen Holzfässern erhielten die Duftwässer auch ihre gelbe Farbe. Heute müssen sie nach EU-Vorschrif-
ten in Edelstahltanks gelagert werden; der Farbstoff wird zugemischt.
Eau de Cologne wird in Köln bis zur Reife gebracht (nur dann: Echt
Eau de Cologne) und dann sowohl in Köln als auch in Paris abgefüllt.
Im letzten Raum des Museum ist der Nachbau eines kupfernen Des-
tillierapparates zu sehen, der von Johann Maria Farina noch vor Ort,
d. h. im Anbaugebiet der Pflanzen, eingesetzt wurde. Es wurden dann
die so gewonnenen Öle aus Mittel- und Süditalien (Bergamotte und
andere Zitrusöle), aber auch aus Nordafrika und dem Orient impor-
tiert. Als Transportgeräte sind kupferne Gefäße in Form von Pinien-
zapfen zu sehen. War für Farina die Qualität der ätherischen Öle un-
zureichend, so ließ er die Früchte zur Destillation in Köln importie-
ren. Farina muss ein besonders erfahrener Destillateur gewesen sein,
der auch in der Lage war, reinen Alkohol als Lösemittel herzustellen.
Er verfügte über umfassende Kenntnisse in der Mazeration und Extraktion. Vergrößerte Fotos an der Wand dieses Raumes zeigen auch
Räume der industriellen Fertigung aus den 1920er Jahren. Farina gilt
als die älteste Parfum-Fabrik der Welt.

Der Besucher des Museums erhält Erklärungen über alle genannten Exponate und zur Geschichte mit Hilfe eines Audioführers. Auch
die Bezeichnung »gegenüber Jülich« bzw. »gegenüber dem Jülichplatz« wird erklärt: »Das Stammhaus wurde zu einer Zeit bezogen, als
noch keine Hausnummern üblich waren, sondern Gebäude nach ihren Standorten identifiziert wurden. Anstelle des Gülichplatzes befand sich ehemals das Wohnhaus des Kölner Band- und Manufaktur-
warenhändlers Nikolaus Gülich [rheinisch Jülich ausgesprochen].
Dieser wurde als »Revoltenführer« – da er sich öffentlich gegen Klün-
gel und Vetternwirtschaft des Kölner Stadtrates gewandt und die Auf-

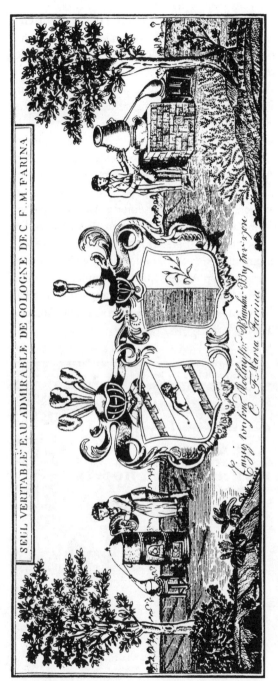

Werbebild der Firma Farina – Wappen und Destillationsanlagen.

lösung des korrupten Rates sowie die Verurteilung hoher städtischer Beamter bewirkt hatte – im Februar 1686 hingerichtet, sein Wohnhaus »gegenüber Farina« abgerissen. Es entstand der Gülichplatz, der für alle Zeiten unbebaut bleiben sollte.«

Johann Maria Farina, Erfinder der Eau de Cologne, geb. 8. Dezember 1685, gest. 25. Novbr. 1766 – so der Text auf seinem Grabstein – ist auf dem Melatenfriedhof von Köln begraben.

Über die komplizierte Geschichte der »Kölnisch Wässer« und vor allem auch der Farina-Familiengeschichte berichtet Ernst Rosenbohm (»aus Akten und Archiven« – in Zusammenarbeit mit einem Rechtsanwalt!) in seinem Buch »Kölnisch Wasser. Ein Beitrag zur europäischen Kulturgeschichte« (1951). Nach seinen Ausführungen gilt »Paul Feminis als erster Fabrikant des Kölnischen Wassers« und er führt Biographen an, die 1695 als Entstehungsjahr nennen. Jedoch schränkt Rosenbohm ein, dass sich die Quellen auch widersprechen würden. In einer umfangreichen Anlage führt er in einem detaillierten Verzeichnis die bereits beim Museumsbesuch angesprochen Fälschungen (Nachahmungen) – die so genannten »Pseudo-Farinas« (mit Archivquellen) auf.

Werbebild für Eau de Cologne mit Bauwerken bzw. Ansichten der Stadt Köln.

1.1.2 Das 4711-Haus in der Glockengasse

Der Autor Rosenbohm schreibt in seinem in Abschnitt 1.1.1 genannten Buch:

»In dem ersten Kölner Adressbuch vom Jahre 1797 findet sich auf Seite 329 folgende Bemerkung: »Mülhens: Wilh.: 4711«.

Beim Erscheinen dieses Einwohnerverzeichnisses konnte niemand ahnen, daß obige Zahl einmal auf der ganzen Erde bekannt werden würde. War sie doch ursprünglich nichts anderes als eine Hausnummer in der Glockengasse zu Köln. Und zwar stammt sie aus der Besatzungszeit, da 1794 auf Anordnung der französischen Behörden in der Stadt eine durchgehende Numerierung der Häuser durchgeführt werden musste.«

Das Haus 4711 in der Glockengasse von Köln – als »Flagship Store & Event Center« bezeichnet.

Nach einer Familientradition leitet sich der Ursprung des Unternehmens von einem Sohn Johann Anton Farinas (zur Stadt Mailand) her, nämlich Franz Carl Gereon Maria (geb. 1764), der dem Kartäuserorden angehörte. 1803 oder 1804 soll Wilhelm Mülhens diesem Farina das Recht abgekauft haben, seinen Namen als Firma zu führen. 1881 musste dann der Enkel Ferdinand Mülhens (1844–1928) den Firmennamen »Franz Maria Farina« aufgeben und wählte dafür die ehemalige Hausnummer 4711 als Firmen- und Markenbezeichnung. Die Firma wurde unter »Eau des Cologne & Parfümerie Fabrik Glockengasse No. 4711 gegenüber der Pferdepost von Ferd. Mülhens in Köln am Rhein« in das Handelsregister eingetragen. 1994 wurde die 1990 umfirmierte »Mülhens GmbH & Co. KG« an die Firma Wella AG in Darmstadt verkauft, diese wiederum gelangte unter das Dach von Procter & Gamble Prestige Products GmbH (2003/2005) und bereits 2006 übernahm die traditionsreiche deutsche Firma Mäurer + Wirtz in Stolberg bei Aachen das Unternehmen. 1845 gründeten Michael Mäurer und dessen Stiefsohn Andreas Wirtz in Stolberg eine Seifensiederei. Das Unternehmen wird heute bereits in der fünften Generation von der Familie Wirtz geführt und gehört seit 1990 als eigenständige Parfum-Tochter zur Unternehmensgruppe DALLI-Werke (Waschmittel/Haushaltschemie) – wie auch das Pharmaunternehmen Grünenthal. Die bekanntesten »Duftmarken« von Mäurer + Wirtz sind neben 4711 – Echt Kölnisch Wasser – vor allem Nonchalance (für Damen), Sir Irisch Moos und Tabac (für Herren).

Zurückgekehrt nach Köln führt der Weg vom Farina-Duftmuseum zum »Blau-Gold-Haus« in der Nähe des Domes, wo sich bis in die Mitte der 1980er Jahre im Erdgeschoss noch ein 4711-Geschäft befand. Das Blau-Gold-Haus am Domkloster 2, mit einer in helltürkis gehaltenen und mit goldeloxiertem Metalldekor geschmückten Fassade, wurde 1952 erbaut. Durch die Komödienstraße kommt man zur Zeughausstraße, wo im *Kölnischen Stadtmuseum* Exponate zur Geschichte des »Kölnisch Wassers« zu besichtigen sind. Durch die DuMont-Straße gelangt man dann in die Glockengasse Nr. 11, wo an der Ecke Schwertnergasse nach der Zerstörung im Zweiten Weltkrieg 1963 ein neues Stammhaus entstand. Am Haus befindet sich ein Reiterglockenspiel – passend zu der Legende, dass ein französischer Offizier hoch zu Ross die Nummer 4711 auf die Fassade des Hauses geschrieben hätte. Auf einem Wollknüpfteppich im Inneren des Hauses an der Treppe zur Empore ist dieses Produkt der Werbung in einer biedermeierlichen Nachgestaltung dargestellt. Im Verkaufsraum befindet sich rechts neben dem Eingang der »Kölnisch-Wasser-Brunnen« als Duftquelle, die im Jahr bis zu 40 Tausend Besucher anzieht. In dem Führer »Eau de Cologne. Auf den Spuren des berühmten Duftes« (Markus Eckstein, 2006) heißt es:

> »Wer nacheinander Farina und 4711 aufsucht, wird den markanten Unterschied beider Düfte ohne weiteres bemerken. Die Mischungen beider Parfums – bei Farina sind es mehrere Dutzend Monoessenzen, bei 4711 in der Hauptsache die fünf Essenzen Zitrone, Lavendel, Neroli, Bergamotte und Orange – verhalten sich wie Sinfonie und Kammermusik zueinander. Farina ist im Duft dadurch deutlich komplexer und subtiler, 4711 dagegen einprägsamer.«

In einer »Warenkunde mit Praktikum für Drogisten« (Willi Kowalczyk, 1957) wird eine Rezeptur angegeben:

> »Kölnisch Wasser: Weingeist 90 % 3000 g – Lavendelöl 8 g – Rosmarinöl 3 g – Bergamottöl 22 g – Zitronenöl 20 g – Neroliöl 9 g – Petitgrainöl 6 g.
> Herstellung: Die Öle werden in Sprit gelöst und unter öfterem Umschütteln einige Tage stehengelassen. Dann gibt man der Lösung 1 g Essigsäure zu und filtriert nach einiger Zeit. Die Qualität richtet sich nach der Lagerung (Monate bis Jahre).«

Eine andere Rezeptur vom Ende des 19. Jahrhunderts lautet (nach G. Ohloff):

> »Orangenschalenöl 147 g, Zitronenöl 141 g, Orangenblütenöl (Neroli) 87 g, Rosmarinöl 56 g, Bergamottöl 56 g, Alkohol 96 % 27,26 l.«

Echter Lavendel (*Lavandula angustifolia* Mill.) ist im westlichen Mittelmeergebiet heimisch und wird in hügeligen und bergigen Gegenden Europas, auch in China und Tasmanien in Höhen zwischen 600 und 1 500 m kultiviert. Aus dem Brockhaus von 1838 ist zu erfahren, dass der wildwachsende Lavendel an Geruch und Geschmack kräftiger sei. Man sammele den Lavendel vor oder während der Blütezeit, weil sich mit dem Reifen des Samens das Aroma verliere, und die am stärksten

Plakat um 1830 für Eau de Cologne in Paris.

aromatischen Teile seien die jungen, noch nicht aufgeblühten Blütenquirle. Die blauen Blüten enthalten bis zu 3 % ätherisches Öl mit den Hauptkomponenten (–)-Linalool (bis 35 %) und (–)-Linalylacetat (fast 50 %) sowie etwa 3 % Lavandulylacetat. Wasserdampfflüchtige Stoffe der noch nicht geöffneten Blüten sind Linalool, Campher, Linalylacetat, Ocimen, 1,8-Cineol, Borneol, Bornylacetat und α-Bisabolol.

Rosmarin – von lat. ros marinus (eigentlich Meertau) – kommt in zwei Gattungen im Mittelmeergebiet vor. Der Echte Rosmarin (Rosmarinus officinalis) ist ein immergrüner, 60–150 cm hoher Halbstrauch mit 2–3 cm langen, schmalen, am Rande umgerollten, lederartigen Blättern mit würzigem Geruch und bläulichen, auch weißen Blüten in kurzen, achselständigen Trauben. Das Rosmarinöl wird aus den getrockneten Blättern und Blüten durch Wasserdampfdestillation gewonnen. Es ist farblos bis schwach grünlich und enthält u. a. α- und

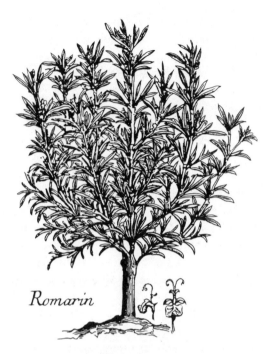

Romarin

Rosmarin-Strauch (Pierre Pomet: Histoire génerale des drogues, Paris 1696).

β-Pinen, 1,8-Cineol, Camphen, Verbenon, Campher, Eucalyptol und (+)-Borneol. Verwendung findet es in der Parfum- und Seifenindustrie, für Badezusätze und auch als Einreibemittel.

Auf der Empore des 4711-Hauses in der Glockengasse sind in wechselnden Präsentationen Exponate zur Geschichte des Hauses und des Kölnisch Wassers ausgestellt – so Flakons, Rosolien (s. auch Farina-Duftmuseum in Abschnitt 1.1.1) und so genannte *Wasserzettel*. Es handelt sich dabei um »Packungsbeilagen« aus der Zeit, als Kölnisch Wasser unter dem Begriff *aqua mirabilis* als Wunderwasser gehandelt wurde. Als Wunderwasser wurden Produkte mit unterschiedlichsten Ingredienzien bezeichnet, denen man innerlich oder äußerlich angewendet eine medizinische Wirkung zusprach.

Markus Eckstein schreibt:

»Der Verdienst des Hauses Mülhens, 4711 im ausgehenden 19. Jahrhundert zum für jedermann und -frau erschwinglichen Artikel von

Weltgeltung zu verhelfen, ging durchaus mit gustatorischen Spiel-
arten der Verwendung des Wassers einher. Noch heute wird den
Gästen der »Galerie Glockengasse« – der in kühler Ästhetik eingerichtete Ausstellungs- und Veranstaltungssaal im Obergeschoss –
bei Gelegenheit der Blau-Gold-Cocktail serviert, der einen Spritzer
4711 enthält.«

Das Rezept zum »Blau-Gold-Cocktail« lautet: In einem Shaker werden vermischt: 1 cl Danziger Gold-Wasser, 1 cl Curacao blau, 3 cl Wodka, Saft einer halben Zitrone. Ein Spritzer »4711 Echt Kölnisch Wasser«. Der Cocktail wird garniert mit einer Amarenakirsche.

Das Design der heutigen Flaschen stammt aus dem Jahr 1881. Die
so genannte Molanus-Flasche aus der Zeit vor »Blau-Gold«, benannt
nach dem Gestalter und zunächst für Farina entworfen, hat sich infolge der Halsverdickung zu einer »Kropf-Molanus-Flasche« entwickelt, auf deren Etikett die Ziffern 4711 groß in der Mitte platziert sind.

1.1.3 In Grasse – dem »Rom der Düfte«

Die Stadt Grasse im Département Alpes-Maritimes (seit 1860) in der
Provence, nordwestlich von Cannes, ist auch heute noch ein Weltzen-
trum der Parfumherstellung mit etwa 25 Parfumfabriken.

Ansicht von Grasse im 19. Jahrhundert
(E. Rimmel: Das Buch des Parfums, 1864).

Auf ca. 700 ha werden vor allem Rosen, Jasmin, Orangen und Lavendel zur Gewinnung von Monoessenzen angebaut. 1040 erstmals erwähnt, war Grasse bis 1226 nach italienischem Vorbild eine Stadtrepublik, dann wurde sie mit der Grafschaft Provence vereinigt. Ihr Aufschwung begann mit einem eher übelriechenden Gewerbe, nämlich der Gerberei. Das in der Umgebung gewonnene Olivenöl wurde dazu verwendet, Leder geschmeidig zu machen (Sämisch-Gerbung). Die in Florenz geborene Königin Katharina von Medici (1519–1569, heiratete 1533 Heinrich II., König von Frankreich) soll bei einem Besuch in Grasse von dem Parfümeur Tombarelli begleitet worden sein. Dieser schlug vor, das Olivenöl mit Blüten zu mischen. Als dann um 1600 parfümierte Handschuhe in ganz Europa in Mode kamen, begann man in Grasse mit der Destillation ätherischer Öle, vor allem aus Orangenblüten und Jasmin. Nach einer anderen Darstellung (G. Ohloff) soll Katharinas Parfümeur, mit Namen René le Florentin, in seiner neueröffneten Boutique am Pont-aux-Changes die bezaubernden Düfte der Toskana in kostbare Florentiner Flakons gebannt haben. Und 1580 kam dann der genannte Tombarelli, von Ohloff als Alchemist und Apotheker bezeichnet, nach Grasse. Katharina habe ihn bewogen, dort ein Laboratorium einzurichten, und sie habe die Universität von Montpellier beauftragt, Verfahren zur Gewinnung von Riechstoffen aus Duftpflanzen zu entwickeln. Katharina von Medici sei es auch gewesen, die parfümierte Lederhandschuhe am Hofe eingeführt habe. 1729 wurden die Handschuh-Parfümeure als eigene Zunft anerkannt. Nach der französischen Revolution ging die Nachfrage nach parfümierten Handschuhen zurück. Die Gerberei wurde eingestellt und Grasse wurde zur Stadt des Parfums. Heute sind ca. 4 000 Menschen in der Parfumindustrie von Grasse beschäftigt, welche natürliche Essenzen für die Feinparfümerie produzieren. Jedoch sind die Anbaugebiete kleiner geworden. Noch vor einigen Jahrzehnten wurden hier vor Sonnenaufgang auf den Feldern Mairosen und Jasmin, Tuberosen (aus der Gattung der Agavengewächse, mit stark duftenden, wachsweißen, meist gefüllten Blüten), Lavendel, Veilchen und Narzissen sowie die Orangenbaumblüten gepflückt (Gisela Reinecke: Parfum – Lexikon der Düfte, 2006). Heute werden die Blumen vor allem aus Madagaskar, Ägypten, Bulgarien und der Türkei zur weiteren Verarbeitung eingeführt. Auch synthetische Duftstoffe werden in Grasse hergestellt – so bereits 1880 das Heliotropin (Piperonal durch Oxidation von Isosafrol; aus Safrol u. a. im Sassafrasöl, gewonnen aus den Wurzel des Sassafrasbaumes, einem Lorbeergewächs), das süßlich vanilleartig riecht.

Auf den Spuren von Patrick Süskinds Roman »Das Parfum« (s. auch Abschnitt 1.5) finden nicht erst seit Erscheinen des Filmes Führungen auf den Spuren der Romanfigur Jean-Baptiste Grenouille statt. Eigentlich verdankt die Stadt ihren Aufschwung als zunächst Ort der Gerber ihren zahlreichen, noch heute vorhandenen Quellen und Brunnen. Eines der Häuser unweit des Brunnens Foux des Dominicains aus dem 13. Jahrhundert, in der Nummer 16 Jean Ossola, wählte Süskind als Wohnhaus des Parfumwarenhändlers Antoine Richis und dessen Tochter Laure, deren Duft Grenouille für sein Parfum besitzen will. In Grasse gab es früher eine große Parfum-Dynastie mit dem Namen Chiris. Besucher von Grasse erfahren bei einem Rundgang mit dem Stadtführer weiterhin, dass Grenouille in der heute von Nordafrikanern bewohnten Rue de la Lauve bei der Witwe des Parfümeurs Arnulfi Arbeit gefunden habe.

Das zentral gelegene internationale Parfum-Museum (*Musée International de la Parfumerie*, Place du cours Honoré Cresp, Grasse), 1989 anlässlich des 100. Jahrestages der industriellen Parfumproduktion in Frankreich eröffnet, zeigt im Obergeschoss, einem Gewächshaus, »Parfumpflanzen« wie z. B. Jasmin, Mairose, Lavendel, Patchouli, Ylang-Ylang und viele mehr. Das Museum besteht aus zwei Gebäuden – der eleganten ehemaligen Residenz eines Parfumhändlers und Teilen eines ehemaligen Dominikanerklosters. Im Erdgeschoss kann man sich ein Bild von der Behandlung der Rohstoffe und von den Verfahren der Duftstoffgewinnung machen – Enfleurage, Destillation und Extraktion. In großen Kolben und anderen Gefäßen wurden ätherische Öle gewonnen – so aus 1 000 kg Orangenblüten 1 kg Neroliöl, aus 800 kg Jasmin (80 Millionen Blüten) 1 kg *Jasmin Absolue*.

In einem Vitrinensaal im ersten Stock sind antike bis moderne Exponate nicht nur zum Thema Parfum, sondern auch zu Seifen, Makeups und Kosmetik insgesamt ausgestellt, die eine 4 000-jährige Geschichte dokumentieren. Dazu gehören ägyptische, griechische und römische Objekte, eine Sammlung von Bergamottenschachteln aus dem 18. Jahrhundert sowie Flakons aus dem 18. bis 20. Jahrhundert, die als »Lalique« oder »Baccarat« bezeichnet werden. Das wohl kostbarste Exponat des Museums ist ein Reisenecessaire (ein Holzkoffer aus Mahagoni) der Königin Marie Antoinette, in dem sie ihre Parfums und Kosmetika aufbewahrte. Auch zahlreiche Werbeplakate sind im

Parfumfabrik (E. Rimmel: Das Buch des Parfums, 1864).

Museum ausgestellt. Auf dem Dach des Museums befindet sich ein kleiner »Garten der Düfte«, wo der Besucher unter Orangen- und Zimtbäumen »Riechproben« aus Metallzylindern nehmen kann. Die Firmen *Molinard*, *Fragonard* und *Gallimard* besitzen darüber hinaus ebenfalls sehenswerte Hausmuseen, in denen den Besuchern auch die traditionelle Herstellung von Parfums und parfümierten Seifen vorgeführt wird.

1.1.4 Zu Besuch in Duftgärten

Der Aroma- und Duftgarten in Bad Wörishofen

1855 kam Sebastian Kneipp (1821–1897) als Beichtvater des Dominikanerinnen-Klosters nach Wörishofen, wirkte ab 1880 als Pfarrer und entwickelte dort die nach ihm benannte Therapie. Zwischen 1889 und 1897 schuf er die Grundlagen für das heutige Heilbad, den ältesten Kneippkurort Deutschlands (seit 1920 Bad). Noch zu Lebzeiten Kneipps wurde 1894 durch den Erzherzog Josef von Österreich-Ungarn auf den Lehmfeldern einer ehemaligen Ziegelei der Grundstein für den ersten Kurpark gelegt. Aus diesem ersten Kurpark entwickelte sich ein System von »Gärten im Park«. 1902 erfolgte einer Erweiterung des Parks im englischen Stil, 1972 kam ein Rosengarten hinzu. Dieser erreichte 1995 seine derzeitige Größe mit 500 verschiedenen Rosenarten.

1997 erfolgte die Eröffnung des »Aroma- und Duftgartens« mit einer neu gezüchteten Rose, die aus Anlass des 100. Todestages auf den Namen »Sebastian Kneipp« getauft wurde. Bereits im Rosengarten, der 1988 um die »Historischen Rosen« und 1991 um die »Englischen Rosen« erweitert wurde, kann man ein »Fest für die Sinne« erleben. Die Blüte der Rose »Sebastian Kneipp« wird wie folgt beschrieben: »Die rundlichen, mittelgroßen, grünlichweißen Knospen öffnen sich zu 8–9 cm großen, mit nahezu 80 Blütenblättern (Petalen) stark gefüllten Blüten, die innen wie ›geviertelt‹ aussehen und den so genannten ›Englischen Rosen‹ etwas ähnlich sind. Hervorzuheben sind ihr Duft und ihre interessante Farbe. Im Aufblühen sind die Blüten in der Mitte rosa getönt, apricot-bernsteinfarben, zum Blütengrund hin mehr gelb getönt, zum Rand hin immer heller werdend, voll erblüht sehr hell bis weißlich-bernsteinfarben.« (Kurverwaltung Bad Wörishofen (Hrsg.): Gärten im Park, 2004).

Dem »Aroma- und Duftgarten« ist ein Motto Kneipps vorausgestellt: »Den Pflänzchen, welche durch die ihnen vom Schöpfer angehängten Riechfläschchen, den würzigen Heilduft, sich uns selbst ankündigen und freundlich zuvorkommend stellen, wollen wir fleißig nachgehen.« Dieser spezielle Garten umfasst eine Fläche von 3 500 qm innerhalb des Kurparks mit über 250 verschiedenen Arten. Den Besucher empfängt am Eingangsbereich die beschriebene Rose »Sebastian Kneipp« mit ihrem Duft. Ein Rundweg führt – »immer der Nase nach« – zu sehr unterschiedlichen Düften bzw. Anpflanzungen – zu einem Fliedergebüsch, einem Lavendelhügel, einer Prachtnelkenwiese, einer Mädesüß-Hochstaudenflur, einer Duftschneeball-Gruppe, zum Sommerjasmin und zu einer Duft- und Aromapflanzen-Galerie. Die Düfte der Pflanzen gehörten für Kneipp zur »Sprache der Pflanzen« – wie zwei Beispiele zeigen.

Zur Schlüsselblume schrieb er: »Schon der Geruch verrät, dass in all diesen Blütenkelchen eine besondere Heilflüssigkeit stecken muss.«

Und zu den Rautengewächse (mit ihren Öldrüsen enthaltenden Blättern, am bekanntesten die Weinraute) ist zu lesen: »Die Pflanzen reden zu uns durch ihren Geruch. Wie klar und durchdringend meldet die Raute ihren guten Willen an, uns Menschen, für die sie geschaffen, zu helfen, verschiedenes Leid zu lindern, als wenn jedes der kleinen Blättchen gleichsam ein Zünglein wäre. Dass wir dieses Sprechen stets verstünden!« Weitere interessante Gärten im Kurpark von Bad Wörishofen sind der »Walahfrid Strabo Garten« (Strabo war im frühen 9. Jahrhundert Abt des Benediktinerklosters auf der Bodenseeinsel Reichenau.), der »Leonhart Fuchs Garten« (Fuchs lebte von 1501 bis 1566 und war Arzt und Botaniker. Er war Medizin-Professor in Tübingen und gab 1511 ein »New Kreüterbuch« heraus.) sowie der »Sebastian Kneipp Garten«. Auch hier sind zahlreiche Duft- und Aromapflanzen zu entdecken.

Der Duft- & Tastgarten im Botanischen Garten Berlin-Dahlem

Der Botanische Garten in Berlin-Dahlem entstand in den Jahren 1897 bis 1910 auf einem 42 ha großen Gelände. Sein Vorläufer war ein landwirtschaftlicher Mustergarten in Schöneberg (der heutige Kleistpark), der auf Anordnung des Großen Kurfürsten angelegt und dem späteren ersten Professor für Botanik (1810) an der neugegründeten Berliner Universität, Carl Ludwig Wildenow (1765–1812), zu einem botanischen Garten weiterentwickelt wurde. Direktor und Gestalter des Königlichen Botanischen Gartens und Museums war der Botaniker Heinrich Gustav Adolf Engler (1844–1930), der von 1889 bis 1922 auch Professor an der Universität war. Heute ist der Botanische Garten in Dahlem der größte seiner Art in Deutschland, der in seinem »Kurfürstengarten« mit Gartenpflanzen des 17. Jahrhunderts auch an die Anfänge seiner Entwicklung erinnert. Von besonderem Interesse für das Thema Düfte ist der Anfang der 1980er Jahre entstandene Duft- & Tastgarten (nicht nur für sehbehinderte Besucher). Dieser Garten im Garten ist in Bereiche wie »aromatische Pflanzen überwiegend aus dem Mittelmeerraum« (im Mittelbeet am Hauptweg), »Duftrasen im Sonnenbeet« (vor dem Pilz), »Nacht-duftende Pflanzen« (hinter dem Pavillon), »aromatische Sommerblumen wie Heliotrop und Wandelröschen« (entlang des Hauptwegs), Waldmeister, Veilchen, Paeonien, Purpur-Magnolie und duftende Kreuzblütengewächse aufgeteilt. Um einen nördlich gelegenen Sitzplatz ist ein Duftveilchensortiment, sind Pelargonien verschiedenster Duftnoten und andere Exoten angepflanzt. Durch Symbole auf den Etiketten neben den Pflanzen wird z. T. auch darauf hingewiesen, welche Pflanzenteile duften – es sind nicht immer die Blüten. So befinden sich die Zellen mit den Duftstoffen, gelöst in den Vakuolen, als »Ölzellen«

zum Beispiel in der Rinde des Zimtbaumes bzw. in den Blättern von Lorbeer und Diptam sowie in Zellgruppen, deren Wände aufgelöst sind, von Blättern der Raute und Myrte. Der Duftstoff des Waldmeisters als Vertreter der Rötegewächse, das Cumarin, wird erst beim Welken des Krautes riechbar. Spezielle Drüsenzellen können ihr Sekret auch aktiv durch die Zellwände abgeben – entweder nach innen wie bei Eukalyptusarten in Ölgänge oder nach außen über Drüsenhaare wie bei Primelarten und Lippenblütlern. Häufig geht der Blütenduft auch von den Blütenhüllblättern aus. Diese enthalten im Plasma ihrer Zellen die flüchtigen ätherischen Öle. Sie werden durch die Zellwand abgegeben und verdunsten. Aber auch Staubgefäße können duften. Blütenbesuchende Insekten orientieren sich zunächst optisch, in der Nähe der Blüte dann aber am so genannten Reizfeld des Duftes.

Der Pomeranzengarten Leonberg

Das Pomeranzenblütenöl, als Neriolöl bezeichnet, spielt bei der Parfumherstellung eine große Rolle (s. Abschnitt 1.1.1). In Leonberg (in der Nähe von Stuttgart) wurde unterhalb des Schlosses ein besuchenswerter Pomeranzengarten mit einer Vielzahl an Duft-, Gewürz- und Heilpflanzen angelegt. 1609 nahm die Herzogin Sibylla von Württemberg (geb. 1554) ihren Witwensitz im Schloss. Seine heutige Gestalt – von vier Ecktürmchen und Mauern umgeben – hatte er zwischen 1560 und 1565 unter Herzog Christoph erhalten. Der Sohn der Herzogin Sibylla, Herzog Johann Friedrich, ließ durch den Renaissance-Baumeister Heinrich Schickhardt (1558–1635, seit 1596 württembergischer Hof- und Landbaumeister, nach einer Italienreise von 1598 bis 1600 Erster Baumeister des Herzogtums) einen fürstlichen Lustgarten samt Pomeranzenhaus und Brunnenkasten anlegen. Die Pomeranze wurde in der Küche und auch für die Hausapotheke verwendet. Man gewann das Orangeat, aus Blüten und Blättern ließ man Heilextrakte destillieren. Die Herzogin soll als Symbol für die goldenen Äpfel der Hesperiden der Antike (griechische Nymphen, die im Göttergarten den Baum mit den goldenen Äpfeln hüten) diesen Pomeranzengarten dem Paradiesgarten der Antike gleichgesetzt haben. Die Altstadt mit dem hoch gelegenen Schloss blieb im Zweiten Weltkrieg fast völlig von Zerstörungen verschont. 1980 wurde der Pomeranzengarten vom Land Württemberg originalgetreu restauriert. Er gilt als einer der wenigen in Europa noch erhaltenen Terrassengärten der Hochrenaissance, der vor allem im Frühling und Sommer durch Düfte, Schönheit der Lage und Gestaltung sowie Geschichte den Besucher beeindruckt.

1.2 Räucherwerk für die Götter – Weihrauch für den alleinigen Gott

Eine ausführliche Kulturgeschichte des Parfums veröffentlichte 1864 der französische Parfümeur und Weltreisende Eugene Rimmel, die ab 1985 mehrmals wieder aufgelegt wurde.

Aus dem amerikanischen Sprachraum stammt ein weiteres Standardwerk mit dem Originaltitel »Fragrance: The Story of Parfume from Cleopatra to Chanel« (E. T. Morris, 1984), das unter dem Titel »Düfte. Die Kulturgeschichte des Parfums« ab 1995 auch in deutscher Sprache erschien. Der renommierte Wissenschaftler Günther Ohloff (geb. 1924 – bis 1989 in der Duftforschung tätig) verfasste zwei umfangreiche Werke zur Kulturgeschichte der Duftstoffe: Als Taschenbuch erschien »Irdische Düfte – himmlische Lust. Eine Kulturgeschichte der Duftstoffe« (1996) und als Bildband »Düfte – Signale der Gefühlswelt« (2004). In diesem Kapitel werden daher nur einige ausgewählte Ausschnitte zur Kulturgeschichte vorgestellt.

In allen alten Kulturen – so z. B. in Indien und in China – dienten Düfte, wie die Herkunft des Namens von *per fumum* verrät, aus der Verbrennung aromatischer Harze und Hölzer zur Huldigung der Götter. In dem 1864 erschienenen klassischen »Buch des Parfums« schrieb der Autor Eugene Rimmel: »Die Altäre von Zoroaster und Konfuzius, die Tempel von Memphis und jene von Jerusalem, sie alle rauchten gleichermaßen von Räucherwerk und süß duftenden Hölzern.«

Mit Zoroaster (griechische Form) ist Zarathustra (lebte um 628 bis etwa 551 v. Chr.), der altiranische Prophet und Religionsstifter (des Parsismus), gemeint. Die Menschen glaubten einerseits, ihre Wünsche würden mit dem wohlriechenden Rauch die Götter schneller erreichen, zugleich wurden sie durch die berauschenden Schwaden in religiöse Ekstasen versetzt.

In der Religionsgeschichte hat die Räucherung als die Verbrennung von stark riechenden und zugleich Rauch entwickelnden pflanzlichen Materialien wie Wacholder und Weihrauch auch den Zweck, Dämonen, Geister oder (böse) Gottheiten zu vertreiben, Die frühen Völker benutzten solche Wohlgerüche auch als Mittel zur Herstellung der kultischen Reinheit z. B. eines Altars. Heilige Ekstasen durch berauschende Dämpfe fanden beispielsweise im Tempel von Delphi statt. So sind rituelle Räucherungen im Shintoismus (Japan), im Buddhismus und Jainismus (indische Religion, die gleichzeitig mit dem Buddhismus entstand) bis heute verbreitet. Im Tempel von Jerusalem war der Räucheraltar ein goldener Altar, auf dem als Opfer eine besondere Weihrauchmischung verbrannt wurde, wobei offensichtlich eine Rauchopfersäule entstand.

Bei *Mose* (3. Mose 26, 30 und 31), wo zunächst zu lesen ist:

>»Ihr sollt euch keine Götzen machen und euch weder Bild noch Steinmal aufrichten, auch keinen Stein mit Bildwerk setzten in eurem Lande, um davor anzubeten; denn ich bin der HERR, euer Gott.«

heißt es dann:

>»Und ich will eure Opferhöhen vertilgen und eure *Rauchopfersäulen* ausrotten. (...) Und ich will eure Städte wüst machen und eure Heiligtümer verheeren und will den lieblichen Geruch eurer Opfer nicht mehr riechen.«

Beim Propheten Hesekiel (Hes. 6, 4 und 6) ist dann nochmals zu lesen:

>»..., dass eure Altäre verwüstet und eure *Rauchopfersäulen* zerbrochen werden ... denn man wird eure Altäre wüst und zur Einöde machen und eure Götzen zerbrechen und zunichte machen und eure *Rauchopfersäulen* zerschlagen und eure Machwerke vertilgen.«

In der Offenbarung des Johannes (Offenb. 8, 3 und 4) wird auch im Neuen Testament über ein goldenes Räuchergefäß berichtet:

>»Und ein anderer Engel kam und trat an den Altar und hatte ein goldenes Räuchergefäß; und ihm wurde viel Räucherwerk gegeben, dass er es darbringe mit den Gebeten aller Heiligen auf dem goldenen Altar vor dem Thron.
>Und der Rauch des Räucherwerks mit den Gebeten der Heiligen von der Hand des Engels hinauf zu Gott.«

Hier sind es somit nicht mehr die Götter (Götzen), sondern der alleinige Gott, dem Gebete mit Hilfe von Heiligen in der Rauchopfersäule übermittelt werden.

Zurück in das Alte Testament: Im 2. Buch Mose (2. Mose 30) werden auch ausführlich Herstellung und Gebrauch des Räucheraltars und des Räucherwerks beschrieben: Der Räucheraltar soll aus Akazienholz (mit Hörnern) gebaut, seine Platte, seine Wände ringsherum und die Hörner mit Gold überzogen werden. Den Altar schmückt ein goldener Kranz. Durch zwei ebenfalls goldene Ringe unter dem Kranz zu beiden Seiten wurde eine Stange aus Akazienholz (mit Gold überzogen) geschoben, so dass man ihn tragen konnte. Aaron, der Bruder von Mose, der am Berg Sinai von Gott zum ersten Priester der Israeliten berufen wurde, sollte jeden Morgen auf diesem Altar »gutes Räucherwerk« verbrennen. Das Räucherwerk wird in der Luther-Bibel als Gemisch aus Balsam, Stakte (gemeint ist wahrscheinlich Myrrhe – s. u.), Galbanum und einem Weihrauch beschrieben, »vom einen soviel wie vom andern, gemengt nach der Kunst des Salbenbereiters, gesalzen, rein, zum heiligen Gebrauch«. Und zum Schluss wird gewarnt: »Wer es macht, damit er sich an dem Geruch erfreue, der soll ausgerottet werden aus seinem Volk.« Das heißt, es soll ein »Hochheiliges« sein, nur »zum heiligen Gebrauch«.

In der Zürcher-Bibel (Zwingli-Bibel) heißt es: »Nimm dir Spezerei: wohlriechendes Harz, Räucherklaue, Galbanum und reinen Weihrauch (...) und mache ein Räucherwerk daraus, ein Würzgemisch, wie es der Salbenmischer bereitet, gesalzen und rein, für den heiligen Gebrauch.«

Als *Balsame* werden heute ganz allgemein sirupartige, überwiegend wohlriechende Pflanzenexkrete bezeichnet. Sie lassen sich durch Verwunden, Anzapfen oder auch Anschwelen von Bäumen gewinnen. Nach dem Trocknen an der Luft trennt man durch Destillation die Harzanteile von den ätherischen Ölen (Terpenen oder auch Ester der Benzoe- oder Zimtsäure). In der Antike wurde der so genannte Mekka-Balsam in Vorderasien und später auch in Rom als rituelles Räuchermittel verwendet. In Europa war im Mittelalter der Perubalsam gebräuchlich. Sehr ausführlich berichtet der Brockhaus von 1837 (im Unterschied zur Ausgabe der Brockhaus Enzyklopädie aus dem Jahr 2001). Dort ist u. a. zu lesen:

Storaxbaum (Hirzel: Toiletten-Chemie, 1892).

»*Balsam* wird ursprünglich der stark und meist angenehm riechende, dickflüssige Saft genannt, der aus dem Stamme verschiedener Harzbäume von selbst ausschwitzt oder mittels Einschnitte in die Rinde und durch Auskochen der Zweige und Blätter gewonnen wird. Uneigentlich werden noch eine große Anzahl künstlich bereiteter Arzneimittel geistiger, öliger, harziger oder salbenartiger Natur Balsame genannt. (...) Man muß sonach natürliche und künstliche Balsame unterscheiden. Unter den natürlichen sind die vorzüglichsten: der Balsam von Canada, der Copaivabalsam, der von Libanon, von Mekka oder Gilead, der Perubalsam, der flüssige Storax oder flüssige Amber, der Tolubalsam, der ungar. und der Terpenthin. (...)«

Auch hier wird also der Balsam aus Mekka speziell aufgeführt.

Und zu diesem speziellen Balsam sind aus dem »Materialien-Lexicon« von Nicolaus Lemery, erschienen 1721, weitere Informationen zu erhalten. Lemery bezeichnet ihn als *Balsamum Judaicum* und auch als *Balsamum de Mecha* oder *Opobalsamum* und zu *teutsch, weisser oder gerechter Balsam.*

Balsam – zwei Darstellungen aus Lemerys »Materialien-Lexicon« (1721).

Zunächst beschreibt er den Balsamstrauch (mit historischem Hintergrund):

»Balsamstrauch aus Judäa, ist ein kleines Bäumlein oder Strauch, welcher vor diesen nirgend anders wuchs als im Thal zu Jericho, in Gilead, und in dem glücklichen Arabien. Als aber der Türcke das heilige Land erobert, hat er alle daselbst befindliche Bäumlein, in seinen Garten zu Groß Cairo versetzen lassen, allwo sie von den Janitscharen auf das allergenauest verwahret werden, und darff kein Christe nicht darein treten. Dannenhero möchte man anjetzo diesen kleinen Strauch viel eher (...) Egyptischen Balsamstrauch, oder Balsamstrauch von Groß Cairo, als Jüdischen Balsam nennen. Er treibet gerade und leicht zerbrechliche Aestlein, welche voller Knoten und ungerade sind. Die Schale dran ist aussenher röthlich, inwendig grünlicht: bedecket ein weißes Holtz, das voller Kern ist, und wenn es zerbrochen wid, einen lieblich und angenehmen Geruch von sich streuet, der dem Geruche des fliessenden Balsams ziemlich nahe kommt. (...) Die Blätter des Balsamstrauchs sehen der Raute nicht so gar unähnlich. Die Blumen kommen in Sternlein Form und sind weiß (...)

Im Sommer rinnet aus dem Stamme, vermittelst der darein gemachte Ritze, ein weisser, starck und wohlriechender Saft, der wird lateinisch genennet *Opobalsamum, Balsameleon, Balsamum de Mecha, Balsamum verum Syriacum, Balsamum album Aegyptiacum, seu Judaicum* (...)

Weil dieser Balsam rar, angenehm und theuer ist, dannenhero wird er gar sehr und oft verfälschet und mit andern Dingen vermischet. Er soll aber schier so dicke seyn wie Terpentin, von Farbe weiß, so sich aufs gelbe ziehet, klar und durchsichtig, eines starcken, durchdringend, doch angenehm und lieblichen Geruchs, und etwas bitterlich und scharff von Geschmack. Er führet viel Oel, welches wegen des dabey befindlichen sauern flüchtigen Saltzes ziemlich kräftig ist. Wollte man ihn, aus Curiosität destilliren, so wird man zu erst ein *Oleum aetherum*, ein starckes, kräftiges, jedoch subtiles Oel, bekommen, hernach ein gelbes, und endlich ein rothes, eben als wie, wann man den Terpentin destilliret. Allein, da dieser weisse Balsam eine solche Wahre ist, die von Natur, und an und für sich selbsten starck und kräftige genug, und darum der Chymie ihre Hülffe nicht von nöthen hat; so kann er nur so, wie er von Natur ist, alsofort gebrauchet werden.

Will man erkennen, ob dieser weisse Balsam frisch und aufrichtig sey, so lasse man einen Tropfen davon in ein Glas Wasser fallen: da wird er sich über das Wasser ausbreiten, wie ein gantz dünnes und subtiles Häutlein; kann aber mit einem kleinen reinen Rüthlein alsobald wiederum zusammen gebracht werden. (...)«

Bei Lemery stehen medizinische Anwendungen im Vordergrund der Darstellung. Jedoch ist der in der Originalfassung (und -schreibweise) zitierte Text aus zwei Gründen auch im Zusammenhang mit der Chemie der Düfte von Interesse: Er beschreibt einerseits den historischen Balsamstrauch der Bibel und vermittelt zweitens Beschreibungen der Eigenschaften des Balsams und für eine einfache Qualitätskontrolle.

Auch Michael Zohary, Experte für Botanik und Ökologie des Mittleren Ostens, Inhaber des Lehrstuhls für Botanik an der Hebräischen Universität in Jerusalem, berichtet in seinem Werk »Pflanzen der Bibel« (1986) über den *Balsambaum (Commiphora gileadensis* L.) in Judäa, der von antiken Schriftstellern wie Tacitus, Plinius und Dioscurides gerühmt worden sei. Wie auch Lonicer geschrieben hatte, wurde die Pflanze nach Ägypten eingeführt, nachdem sie bis dahin ein Monopol Judäas gewesen war. Bei archäologischen Ausgrabungen in der Umgebung von En-Gedi (Fluchtort Davids vor König Saul), einer Oase in Israel am Westufer des Toten Meeres, wurden Werkzeuge, Gefäße und Öfen antiker Werkstätten zur Gewinnung von Balsam freigelegt. Möglicherweise wurde hier schon seit dem 7. Jahrhundert v. Chr. Balsam gewonnen. Der für seine Qualität des Harzes berühmte Balsambaum soll von En-Gedi und Jericho als Setzling zusammen mit anderen Geschenken der Königin von Saba zu König Salomo gelangt sein. Zohary ist jedoch der Meinung, dass entgegen dieser Legende der Balsamstrauch, der lateinisch fälschlicherweise »Balsam von Gilead« genannt wurde, von der Bevölkerung um Jericho und En-Gedi aus den heimischen Arten zu den überragenden Varietäten gezüchtet worden sei, von denen der israelische Balsam seinen Ruf herleite. In der Luther-Bibel wird Balsam mit der Bezeichnung *Bedolachharz* zweimal im Buch Mose erwähnt: In der Schöpfungsgeschichte im Abschnitt »Paradies« (1. Mose 2,12: »Auch findet man da Bedolachharz ...«) und in einem Vergleich zu Manna in 4. Mose 11,7: »Es war aber das Manna wie Koriandersamen und anzusehen wie Bedolachharz« (in »Die Lexikon-Bibel« als Bdelliumharz). Die Beschreibung zur Luther-Bibel lautet: »Das wohlriechende Harz der in Südarabien heimischen Balsamstaude, das als Duftstoff, zum Räuchern und als Wundmittel verwendet wurde.« »Die Lexikon-Bibel« beschreibt das Bdelliumharz als ausgeschwitztes Gummiharz des Balsambaumes in Form durchscheinender Kügelchen.

Stakte ist der Name für einen unbekannten Bestandteil der Weihrauchmischung – so der Kommentar in der Luther-Bibel; Stakte sei eine griechische Wiedergabe des betreffenden hebräischen Wortes für Tropfen. In der Zürcher-Bibel steht an dieser Stelle die Bezeichnung *Räucherklaue*, die jedoch weder bei Zohary noch bei Lemery nachweisbar ist. Im Kräuterbuch des Dioscurides (bearbeitet von Peter Uffenbach 1610) und auch von Adam Lonicer ist diese Bezeichnung jedoch unter *Myrrhe* zu finden. Bei Lonicer ist in der Originalfassung zu lesen: »Wenn die Myrrha ausgetruckt wird /wann sie noch frisch ist / so fleußt ein Safft darauß / welcher *Stacte* genennet wird.«

Als *Galbanum* wird ein in Syrien heimisches, bis zu zwei Meter hohes Doldengewächs (zählt botanisch zu den Steckenkraut-/Ferulaarten) bezeichnet, dessen eingedickter Milchsaft aus den Stängeln für die im Gottesdienst gebrauchte Weihrauchmischung verwendet wur-

Vnguentum Iasminum.   Myrrhen/ Smyrna, Myrrha.
Cap. lxxv.

MYRRHA.

Myrrha, französisch, *Myrrhe,* teutsch, Myrrhe, ist ein hartziges Gummi, welches aus den Rissen tringet, welche in einen stachlichten Baum gemachet werden, der in dem glücklichen Arabien, in Egypten und Ethiopien zu wachsen pfleget, ingleichen in der Abyßiner Landes und bey den Troglodyten, daher dann auch die beste Myrrhe Myrrha Troglodytica genennet wird.

Myrrhe – Dioscurides Kräuterbuch (1610) (links),
Lemerys »Materialien-Lexicon« (1721) (rechts).

dc. Das Gummiharz bildet braungelbe Körner, die einen würzigen Geruch aufweisen. Durch eine Wasserdampfdestillation lässt sich daraus mit einer Ausbeute von 3–10 % ein ätherisches Öl gewinnen, das auch heute noch in der Parfümerie verwendet wird. Im Mittelalter gehörte Galbanum zu den Handelsartikeln von Venedig.

Weihrauch ist das bis heute bekannteste Räuchermittel. Der Weihrauchstrauch (z. B. *Boswellia sacra*) gehört zu den 24 Arten der Gattung *Boswellia*, die in Arabien und Ostafrika vorkommt. Zohary beschreibt die genannte *Boswellia*-Art als einen mittelgroßen Strauch mit gefiederten Blättern und kleinen, grünlichen oder weißlichen Blüten. Die auf natürliche Weise von den Blättern ausgeschiedene Harzmenge könne stark erhöht werden, wenn man den Stamm anritze. Die glänzenden Tropfen haben eine gelbliche bis rötliche Farbe und einen sehr bitteren Geschmack. Das Harz als Exsudat wurde wie Balsam und Myrrhe in der ganzen antiken Welt gehandelt. Weihrauch, auch als Olibanum bezeichnet, wird heute meist aus mehreren Weihrauchstraucharten gewonnen (wie vor allem *Boswellia cateri*). Es handelt sich um an der Luft getrocknetes, gelbliches, rötliches oder bräunliches Gummiharz in Form von Körnern, die bei normaler Temperatur fast geruchlos sind. Beim Erhitzen auf glühenden Kohlen entwickeln sie einen charakteristischen balsamisch-narkotischen Geruch. Die Wasserdampfdestillation liefert ein Olibanum-Öl. Im Harz sind 5–9 % an Öl, 15–16 % Harzsäuren, 25–30 % etherunlösliche Verbindungen (vor allem neutrale und saure Polysaccharide) und 45–55 % etherlösliche Substanzen, insbesondere triterpenoide Boswellinsäuren, enthalten. Handelsüblicher Weihrauch besteht im Allgemeinen aus einer Mischung verschiedener Harze (Olibanum, Myrrhe, Benzoe, Storax und Tolubalsam). Oft sind getrocknete Drogen wie Zimtrinde und Lavendelblüten zugesetzt.

Den »besten Weihrauch« beschreibt Nicolaus Lemery in seinem »Materialien-Lexicon« (1721) wie folgt:

>»Weihrauch, ist eine Gattung weisses oder gelblichtes Hartz, welches einen starcken und lieblichen Geruch giebet, wann es aufs Feuer geschüttet wird. Es rinnet aus den Ritzen, die in ein kleines Bäumlein gemachet werden, dessen Blätter wie das Laub am Mastixbaume (aus)sehen, und welches im gelobten Lande und in dem *glücklichen Arabien* gar häufig wächst, insonderheit unten an dem *Berge Libanon*. Dieser Baum wird *Thus* und *Arbor thurifera*, der Weihrauchbaum genannt. Den Weihrauch, der zu erst aus diesem Bäumlein, wie reine saubere Tropfen, tringet, wird mit allem Fleiß gesammlet und heisset *Olibanum, Melax, Thus masculum*, frantzösisch, *Oliban*, oder *Encens mâle*, teutsch, der *beste Weihrauch*.«

Als weitere Quelle sei auch der Brockhaus von 1841 zitiert:

>»*Weihrauch*, ein blassgelbliches Harz in rundlichen, knolligen und traubenförmigen Stücken von der Größe einer Bohne bis zu einer Wallnuß, das beim Verbrennen auf Kohlen einen angenehmen, balsamischen Geruch verbreitet, war schon bei den Alten als Räucherwerk in Tempeln und bei Opfern bekannt. Die Christen verbannten ihn jedoch, wie das Räuchern überhaupt, als heidnischen Brauch aus ihrem Gottesdienste und erst nach der pomphaften Einrichtung

desselben durch Konstantin den Großen kam auch das Räuchern in den Kirchen auf. (...)«

Im Christentum wurde das Räuchern zunächst abgelehnt. Im 4. Jahrhundert n. Chr., als sich es zur Staatsreligion im Römischen Reich entwickelte, setzte es sich wieder durch. Heute ist die Räucherung – außer in reformatorischen Kirchen – in feierlichen christlichen (römisch-katholischen) Gottesdiensten wieder verbreitet. In den christlichen Liturgien bildete sich nach Konstantin dem Großen (röm. Kaiser von 306 bis 337 n. Chr., ab 330 in der Residenz Konstantinopel, zuvor Byzanz, heute Istanbul) das Rauchfass als Räuchergefäß (stehende oder tragbare Schale aus Messing oder Bronze) aus. In einem solchen Gefäß hat ein kleines Kohlenbecken Platz, mit einem durchlöcherten Deckel, durch den dann der Weihrauch aufsteigen kann. Das tragbare Rauchfass (lat. *turibulum*) ist an drei Ketten aufgehängt und wird geschwenkt.

1.3 Düfte aus den Tempelwerkstätten Ägyptens

Der Parfümeur und Autor des klassischen Werkes »Das Buch des Parfums« (1864), Eugene Rimmel, ist der Meinung, dass der Gebrauch von Düften durch die Menschen der Antike nicht lange auf heilige Riten beschränkt geblieben sei. Seit den Frühzeiten des *Ägyptischen Reiches* seien sie für Privatzwecke adaptiert und allmählich zu einer echten Notwendigkeit für all jene geworden, die irgendeinen Anspruch auf verfeinerten Geschmack und Sitte erhoben hätten.

In den Tempeln der Isis, im Volksglauben die »zauberreiche Göttin«, oder des Osiris, in der ägyptischen Religion im Mittelpunkt des Totenkults um 2450 v. Chr., der älteste Sohn des Erdgottes Geb und der Himmelsgöttin Nut, wurden die in Abschnitt 1.2 genannten und beschriebenen aromatischen Gummiharze und Hölzer ebenso wie vor allem auch Weihrauch verbrannt. Bei den Zeremonien wurde das Räucherwerk in Form runder Kugeln oder Pastillen, die in den Werkstätten der Tempel zubereitet wurden, in die Räucherpfanne geworfen, diese jedoch nicht geschwenkt. In der Sonnenstadt Heliopolis (lag im Nordosten des heutigen Kairo, wichtigster Kultort des Sonnengottes Re) opferte man dreimal täglich mit Räucherwerk – mit Harz beim Aufgang der Sonne, mit Myrrhe beim höchsten Sonnenstand und mit einer als Kuphi bezeichneten Mischung aus sechzehn Ingredienzien bei Sonnenuntergang. Auf dem Altar des heiligen Stieres Apis wurden Lampen mit duftenden Ölen entzündet. Neben dem Räucherwerk spielten vor allem duftende Salben eine wichtige Rolle. Bei den prächtigen Festen der Isis verbrannte man einen mit Myrrhe, Olibanum (*Boswellia sacra*, als der rechte Weihrauch bezeichnet) und anderen aromatischen Substanzen gefüllten Ochsen, der während der Zeremonie mit Öl übergossen wurde. Auf diese Weise überdeckten die wohlriechenden Dämpfe den üblen Geruch des verbrannten Fleisches. Für die Mesopotamier war die duftende Libanonzeder (*Cedrus Libani*) der kostbare Weihrauch – das Wort Libanon ist von dem akkadischen Wort *lubbunu* (Weihrauch) abgeleitet. Akkadisch war die semitische Sprache Babyloniens und Assyriens, die in Keilschriftenurkunden von 2500 v. Chr. bis in das 1. Jahrhundert n. Chr. überliefert ist. Als Umgangssprache wurde sie jedoch vom Aramäischen verdrängt. Akkadisch war die Diplomatensprache Vorderasiens. Die Babylonier verwendeten neben dem aus dem Libanon eingeführten Zedernholz auch Kiefern-, Zypressen- und Tannenharz.

Der ägyptische König Isesi sandte um 2800 v. Chr. eine Expedition in das Land Pwenet (in der Bibel Punt, heute Eritrea) nach Gummiharzen. Der Gebrauch von Weihrauch ist noch älter, aber erst die Pharaonin Hatschepsut, Königin des Neuen Reiches (1558–1085 v. Chr.), verankerte den Weihrauch auch in der Kultur. An den Mauern ihres Tempels in Deir el-Bahari bei Theben ist auf flachen Reliefs auch die Expedition der Königin dargestellt. Von dieser dokumentierten Reise wurden die nordafrikanischen Arten zweier Balsamgewächse (*Boswellia papyrifera* und *Commiphora erythraea*) – aber nicht die Arten an Weihrauch und Myrrhe, die dem Jesuskind überbracht wurden. Um an diese Duftpflanzen zu gelangen, hätten die Ägypter den Golf von Aden überqueren müssen, wovor sie sich in den Zeiten des Neuen Reiches aber gescheut hätten. Die genannten Pflanzen wachsen auch heute noch in Eritrea, Ostäthiopien und Somalia. Die Myrrhe aus Eritrea wurde auch mit fettem Öl wie Olivenöl oder einem Öl aus dem Samen des Seifenbeerenbaums (*Balanites aegyptiaca*) eingeführt, dem Balanosöl, zu einer Salbe verarbeitet. Die Statuen der Götter und Göttinnen wurden jeden Morgen mit dieser Myrrhensalbe gesalbt – zu einer »aromatischen Zeremonie«, die man »Öffnen der Augen und des Mundes« nannte.

Eine große Rolle spielte das *Einbalsamieren* der Verstorbenen. Nach dem Entfernen der Eingeweide wusch man die Leiche mit Natron (Salze vom Wadi el Natrun, achtzig Kilometer nordwestlich von Kairo – überwiegend Natriumcarbonat) und füllte die Hohlräume mit Myrrhe und Eichenmoos (*Evernia prunastri*, aus Griechenland). Das Moos weist einen weichen, süßen Duft auf und enthält die Usninsäure, ein antimykotisch und antibakteriell wirkendes Dibenzofuran-Derivat. Außerdem wurde auch Fichtenharz mit konservierenden Wirkungen verwendet. Prachtvolle Alabasterkrüge und Ebenholztruhen enthielten die kostbaren Salben als Grabbeigaben, damit die Verstorben in der nächsten Welt damit ihre Körper geschmeidig machen konnten.

In dieser Zeit des Neuen Reiches begann man auch, die bis dahin bekannten Essenzen nicht nur für die Götter und Toten zuzubereiten, sondern für die Lebenden zu verwenden. Edwin T. Morris (Düfte. Die Kulturgeschichte des Parfums, 2006) fasst die bekannten bisher nachgewiesenen Aromapflanzen zusammen: Afrikanischer Weihrauch und Myrrhen, Lilien, Libanonzeder, Mastixharz (von *Pistacia lenticus*), Bittermandeln, Terebinthe aus Israel – die Terpentinpistazie (rötliche Rinde liefert ein wohlriechendes Terpentin), Minzen und andere Kräuter. Öle wurden aus Oliven, Mandeln, Leinsamen, Saflor und Balanos (s. o.) gewonnen.

Balanosöl, der Balsam Gileads (s. Abschnitt 1.2), wurde aus den zerstampften Samen des Seifenbeerenbaumes gewonnen, die dann gekocht und gefiltert wurden. Meist wurden in solchen fetten Ölen gleich die Aromatika mitgekocht. Aber die ägyptischen Priester kannten auch schon die Eigenschaft tierischer Fette, den Duft aus Aromapflanzen aufzunehmen – d. h. sie nutzten das Verfahren der *Enfleurage* (s. Abschnitt 2.5). Geruchloses Schweine- und Rinderfett wurden im Neuen Reich Ägyptens für die Enfleurage und Mazeration gebräuchlich. Die mit Parfum gesättigte verformbare Fettmasse schmolz in der Hitze des Tages und salbte den Körper mit einer duftenden Creme. Es war nicht die Absicht der Ägypter, ihren Körpergeruch (wie in der Barockzeit in Europa) zu überdecken, da sich z. B. Priester bis zu dreimal am Tag wuschen, aber auch die normal Sterblichen regelmäßig ein Bad nahmen.

In den Tempelwerkstätten – eher als Laboratorien zu bezeichnen – wurde aus den genannten Grundstoffen eine Vielzahl an Bade- und auch Rasierölen, Hautcremes und parfümierten Salben hergestellt und in kunstvoll gefertigten Gefäßen aus Alabaster, Ton, Fayence und auch Glas aufbewahrt. Glas gelangte in der 18. Dynastie (1558 v. Chr.) – wahrscheinlich durch syrische Gefangene – aus Westasien nach Ägypten. Die Ägypter stellten u. a. das so genannte *Millefiori*-Glas her, bei dem verschieden gefärbte Stränge zu einem Kabel gedreht werden. Dieses wird zerschnitten und auf die Wände einer Form gesetzt. Dadurch entstehen blumenartige oder geometrische Muster (*mille fiori*: tausend Blumen). Im 15. Jahrhundert wurde sie von den venetianischen Glasbläsern in Murano erneut angewendet. Diese Technik wurde auch für Parfumflakons eingesetzt.

Die *Blaue Lotosblume der Ägypter* ist eine Seerose (*Nymphea lotus*), wurde wegen ihres süßen Duftes sehr geschätzt und mit dem Sonnengott Re in Verbindung gebracht, da die gestreiften hellgelben Narben am Fruchtknoten, umgeben von den blauen Blüten, der Sonne am blauen Himmel glichen.

Eine weitere beliebte Blume war die *Zistrose* (*Cistus*), eine Gattung mit etwa 15 Arten im Mittelmeergebiet, von denen vor allem *Cistus ladaniferus* und *C. creticus* nach Ägypten eingeführt wurden. Aus den Drüsenhaaren der Blätter wird ein nach Honig duftender Balsam gewonnen, der noch heute als Duftstoff für Parfum Verwendung findet. In Alexandria (nach der Gründung 332 v. Chr.) wurden auch Importe

Wandgemälde im Grab des Nacht bei Theben mit Darstellungen zur Gewinnung von Duftstoffen aus Seerosen.

aus Indien gelöscht wie Chinesischer Zimt (Kassia), Narde und duftende Gräser wie das Ingwergras/Würzrohr (alle in Abschnitt 3.2). Ihren Höhepunkt erreichte die Verwendung von Düften und Kosmetika in der Zeit der Kleopatra (51–30 v. Chr.).

1.4 Über die Wohlgerüche Arabiens – Beispiel Rosenwasser

In den vorhergehenden Abschnitten wurde darüber berichtet, dass die ersten »Parfume« Feststoffe gewesen sind, duftende Fette oder mit Kräutern bzw. deren Inhaltsstoffen angereicherte Öle. In flüssiger Form (jedoch ohne Alkohol als Lösemittel) kann das *Rosenwasser* als Vorstufe des Parfums verstanden werden. Bei der Wasserdampfdestillation von Rosenblüten fällt neben dem Rosenöl auch das Rosenwasser an. Aus schriftlichen Überlieferungen wissen wir, das bereits alexandrinische Chemiker, Vertreter der ägyptischen Alchemie vor Christi Geburt, wie Maria die Jüdin (um 300 v. Chr.), eine Apparatur zur Destillation (mit Luftkühlung) benutzten.

Von den Hochkulturen in China und Indien sind uns infolge der Geheimhaltungspflicht der Priester nur wenige Informationen über naturwissenschaftliche Kenntnisse übermittelt. Aus der *Ayurveda* (Sanskrit »der Veda (Wissen) von der Verlängerung des Lebens«, einer Sammlung der wichtigsten Lehrbücher der altindischen Medizin aus der brahmanischen Epoche, geht hervor, dass die Inder im frühen Altertum die einfache Destillation und auch einzelne destillierte Öle, wie das Rosen- und Calmusöl, kannten. Auch den Persern waren Techniken der Destillation bekannt, aber erst in den Dokumenten und vor allem bildlichen Darstellung der alten Ägypter finden wir Informationen über die benutzten Feuerherde und Destillationsapparate.

Wandgemälde aus dem Grab des Psammetich-meri-Neith (26. Dynastie) zur Gewinnung von Lilienöl – Extraktion aus Blüten mit Fett; Sackpresse im linken Teil des Bildes.

Von dem um 400 n. Chr. am Museion in Alexandria wirkenden Zosimos von Panopolis sind Abschriften überliefert, in denen über diese Verfahren berichtet wird. Das Museion war eine unter den Schutz der Musen gestellte Gelehrtenschule. Seit der Gründung der Stadt durch Alexander den Großen im Jahre 331 v. Chr. war Alexandria die griechische Hauptstadt Ägyptens. Nach dem Tod Kleopatras 30 v. Chr. fiel sie an Rom. Das Wirken der alexandrinischen Chemiker endete 642 mit der Eroberung Alexandrias durch die Araber.

Die arabische Alchemie entwickelte vor allem die *Wasserdampfdestillation* zur Gewinnung ätherischer Öle, z. B. auch für das persische Rosenwasser. Als Begründer der arabischen Alchemie gilt Gâbir Ibn Hayyân (lebte in der Zeit zwischen 725 und 810) – auch Dsachbir genannt. In seiner Zeit kannte man schon die aufsteigende und absteigende Destillation, die Destillation des Terpentinöles aus Terpentin mittels einer Destillierblase und setzte auch bereits Kühlrohre zum Abkühlen des Destillates ein (Gildemeister, E., 1956; in »Geschichtliche Einleitung«).

In dem klassischen Werk »Das Buch des Parfums« schrieb Eugene Rimmel 1864 im Zusammenhang mit den Düften Arabiens, dass diese zunächst nur in den wohlriechenden Harzen und Gewürzen bestanden hätten:

»Die in diesen bevorzugten Klimazonen so reiche und duftende Blumenwelt war noch nicht zur Hergabe ihrer lieblichen, aber flüchtigen Schätze gebracht worden. Avicenna gebührt das Verdienst, ihr flüchtiges Aroma vor der Zerstörung bewahrt und mit Hilfe der Destillation dauerhaft gemacht zu haben.

Die Orientalen hegten für die Rose immer eine Vorliebe, die der für die Nachtigall fast ebenbürtig ist, von welcher gesagt wird, dass sie ständig zwischen deren duftenden Lauben weile. Mit dieser Blume führte Avicenna daher seine ersten Experimente durch, wobei er die duftendste der Familie nahm: die von den Arabern *Gul sad berk* genannte *Rosa centifolia*.

Mit Hilfe seiner sachkundigen Arbeitsweise gelang ihm die Erzeugung der köstlichen, als Rosenwasser bekannten Flüssigkeit, deren Formel in seinen Werken und in denen der späteren arabischen Verfasser über die Chemie enthalten ist. Rosenwasser fand bald allgemein Verwendung und scheint in großen Mengen hergestellt worden zu sein, können wir den Historikern Glauben schenken, denen zufolge Saladin bei seinem Einzug in Jerusalem im Jahre 1187 den Boden und die Wände der Omar-Moschee ganz damit abwaschen ließ.«

Chemiehistorisch ist diese Aussage, dass der *Avicenna* genannte persische Arzt Ibn Sina (lebte von um 980 bis 1037) als Erster Rosenwasser gewonnen habe, nicht gesichert. Er gilt jedoch als Enzyklopädist, als bedeutendster arabischer Gelehrter, der das Wissen seiner Zeit, vor allem auch der arabischen, persischen sowie indo-tibetanischen Medizin, zusammenfasste und auch in seinen mehr als 270 Abhandlungen die praktischen Kenntnisse der frühen Chemie darstellte.

Über die weitere Entwicklung der Destillation ätherischer Öle schreibt Gildemeister (s. Abschnitt 2.4.1) u. a.:

Parfumbazar – aus E. Rimmel: Das Buch des Parfums, 1864.

»Während und nach ihrer Blütezeit waren die Ägypter die Lehrer der Nachbarvölker, der Hebräer, Hellenen und Römer. Durch die mehr ideal als praktisch veranlagten *Hellenen* dürfte das ägyptische Wissen zwar kaum vermehrt, wohl aber geordnet und weitergegeben worden sein. Gewürze und Spezereien, vor allem Sandelholz, wurden in Griechenland und im Vorderen Orient viel verwandt. Auch die *Römer* waren, trotz ihrer nüchternen Fähigkeit zu objektiver Naturbeobachtung, in der Hauptsache nur Nutznießer von Kenntnissen besiegter Völker, deren Wissen sie sammelten und nutzbringend verwerteten. Zur Bereicherung der Naturwissenschaften und Arzneikunde haben sie wenig beigetragen, doch bildete ihr außerordentliches Luxusbedürfnis einen starken Antrieb für die Produktion und den Handel von Drogen und Auszügen. Die im Römischen Reich vielfach benützten wohlriechenden Öle wurden in der Hauptsache durch Extraktion von Pflanzenteilen und Pflanzenprodukten mit fetten Ölen in der Sonnenwärme hergestellt, welches Verfahren sich noch durch das ganze Mittelalter erhalten hat. Durch die Wirren der Völkerwanderung und den Zusammenbruch des Römischen Weltreiches gingen viele naturwissenschaftliche Kenntnisse des Altertums verloren. (...) Jedoch erlebte im neunten Jahrhundert unserer Zeitrechnung die Naturwissenschaft der Ägypter und Griechen durch die Araber eine Wiedergeburt.«

In China soll der Dichter Liu Zungyuan (9. Jahrhundert) seine Hände in Rosenwasser gewaschen haben, bevor er einen Brief des Philosophen Han Yu geöffnet habe. Und die Darstellung des Rosenöls soll erstmals in Indien (in Ghazinpur am Ganges) erfolgt sein. Persien aber erzeugte in Schiras auch im 19. Jahrhundert noch Rosenwasser für den eigenen Bedarf, Rosenöl führte es aus Indien ein (Bisching, 1889). Schiras (Shiraz) liegt im Südwesten des Iran und ist heute die Hauptstadt der Provinz Fars. Nordöstlich der Millionenstadt liegen die altpersischen Residenzen Pasargadai und Persepolis. Bereits in der Mitte des 7. Jahrhunderts erhoben die Araber den Ort zu einem Verwaltungszentrum. Eine kulturelle Blütezeit erlebte Schiras im 13. und 14. Jahrhundert – auch als Heimatstadt des berühmten Dichters Hafis (um 1320 bis 1388), der Goethe zu Nachdichtungen anregte.

Durch die Kreuzzüge (vom Ende des 11. bis gegen Ende des 13. Jahrhunderts) gelangte das frühe chemische (und medizinische) Wissen der arabischen Welt auch nach Europa. Und so wird das Rosenwasser sehr wahrscheinlich zu den ersten duftenden Wässern gezählt haben, das die rauen Ritter ihren Burgfrauen aus der Levante mitbrachten (G. Ohloff). In das Handelszentrum Venedig wurde im 12. Jahrhundert auch das Rosenwasser eingeführt.

Der Brockhaus von 1839 bezeichnet die aus Persien stammende *Zentifolie* oder Hundertblättrige Rose, als die prächtigste von allen Rosen, von der allein über 150 Abarten gezogen worden seien. In einem »Leitfaden der Warenkunde« (K. Hassack, 1926) ist unter »Rosenöl« zu lesen: »Man gewinnt es aus den Blumenkronenblättern gewisser *Rosenarten*, vorzüglich bei Kasanlik in *Bulgarien*, in *Südfrankreich* und neuestens in Miltitz bei *Leipzig*. Bei der Destillation der Rosen mit Wasser erhält man aus 3 000–6 000 kg derselben nur 1 kg Rosenöl; das überstehende Wasser (*Rosenwasser*) dient auch als Riechstoff.«

Heute wird Rosenöl vorwiegend aus den Blütenblättern der Damaszenerrose (aus Bulgarien und der Türkei), aber auch noch aus der Zentifolie (vor allem in Südfrankreich, Marokko und Italien) gewonnen.

Über die Gewinnung von Rosenwasser und Rosenöl im 19. Jahrhundert berichtet ausführlich das »Handbuch der Drogisten-Praxis« (Buchheister-Ottersbach, 1917):

>»... durch Destillation frischer Rosenblütenblätter, entweder wie in Bulgarien meist über freiem Feuer oder wie in Frankreich und Deutschland mittels Wasserdampf, gewonnen. Es werden verschiedene Arten der Rosen verwandt, vor allem die Zentifolien *Rosa Damascena* und *Rosa alba*, hier und da auch *Rosa moschata*; in Frankreich die Provencerose, *Rosa provincialis*. In Bulgarien mischt man die weißen Rosen (gül genannt) mit den roten Rosen (tscherwen gül genannt) von *Rosa Damascena*.
>
>Das Haupterzeugungsland des in den Handel kommenden Rosenöls ist Bulgarien und zwar sind es hier die Täler am südlichen Abhang des Balkans, namentlich die Gegenden von Karlowa, Kasanlyk, Eski Sagra, Brezowo und Philippopel, wo der Anbau der Rosen und die Herstellung des Rosenöls in großartigem Maßstab betrieben wird. Vor allem ist es jetzt der Ort Rahmandari, der zur Zeit der Blüte wie in einem Rosengarten liegt, und wo alljährlich etwa 700 000 kg Blüten verarbeitet werden. Der Versand geschieht in Flaschen aus verzinntem Kupfer von 0,5–3 kg Inhalt, seltener in kleinen viereckigen, außen mit Gold verzierten Kristallfläschchen, die nur wenige Gramm enthalten.

Die Darstellung geschieht dort in folgender Weise. Man sammelt frühmorgens die eben aufgebrochenen Blüten, die man unmittelbar unter dem Kelch abbricht, bringt sie in Körben oder Holzküpen sofort nach den Destillierstellen, um Gärung der Blätter zu vermeiden, und destilliert sie in Mengen von 20–25 kg mit Wasser aus kupfernen Blasen. Solcher Destillierblasen sind in Bulgarien über 13 000 im Gebrauch, die durchschnittlich 15 000 000 kg Blüten verarbeiten. Etwa 3 500 kg Blüten liefern 1 kg Rosenöl. Außer diesen meist sehr einfachen Betrieben, ein kleiner Schuppen stellt den ganzen Herstellungsraum dar, sind jetzt auch einige neuzeitlich eingerichtete Fabriken entstanden.

Die geringe Menge des auf der Oberfläche des Destillationswassers schwimmenden Öles wird gesammelt und das Wasser dann beiseite gesetzt. Während der kälteren Nachtstunden scheiden sich aus dem Wasser noch kleine Mengen Öl ab, die dann ebenfalls gesammelt werden. Die Ausbeute wird sehr verschieden angegeben, mag auch durch Bodenbeschaffenheit usw. stark beeinflusst werden, immer aber ist sie nur sehr klein. Großen Einfluß auf die Ernte hat die Witterung. Bei kühlem Wetter und bedecktem Himmel ist der Ertrag ein größerer, da die heiße Sonne das Öl in den Zellen leichter verdunstet. Das zurückbleibende *Kondensationswasser* wird zu Mitteln für die Hautpflege und für die Likörbereitung verkauft. Die in den verschiedenen Bezirken Bulgariens gewonnenen Öle weichen in ihrer Zusammensetzung voneinander ab, so in dem Stearoptengehalt [Stearopten: als Kampferarten: Camphora, Menthol, Tymol u. a. m. damals verstanden] und dem Geruch. Die großen Handelshäuser aber, die die Öle abkaufen, mischen sie, so dass eine gleichmäßige Beschaffenheit erreicht wird.«

Heute bezeichnet man *Rosenwasser* auch als Rosen-Hydrolat und verwendet es als Zutat für bestimmte Marzipansorten sowie in Kosmetika zur Hautpflege. Der Hauptgeruchsstoff ist 2-Phenylethanol (s. auch www.naturrohstoffe.de).

Im zitierten Handbuch wird auch über die Gewinnung in Persien berichtet:

»Auch in Persien wird ein, selbst bei höherer Wärme noch salbenartiges, aber ungemein feines Rosenöl hergestellt, doch kommt diese Sorte nicht in den europäischen Handel.«

Liber de arte Diſtil

landi de Compoſitis.
Das büch der waren kunſt zü diſtillieren die

Compoſita vñ ſimplicia/vnd dz Büch theſaurus pauperũ/Ein ſchatz d armē ge-
nãt Micariũ/die bröſamlin gefallen võ dē bitchern d Artzny/vnd durch Experimēt
võ mir Jheronimo brüſchwick vff geclubt vñ geoffenbart zü troſt denē die es begerē.

Aus Brunschwigs Destillierbuch (Liber de arte distillandi
de compositis), Straßburg 1507/1528.

Und weiter ist zu lesen:

»Ebenfalls kommen für den Handel nicht die in Ägypten gewonnenen Mengen in Betracht. Dagegen nimmt die Gewinnung und
Ausfuhr des Rosenöles in Kleinasien, Anatolien immer zu, es
werden diese Öle auch, da sie nicht so verfälscht sind, höher
bezahlt.«

Und schließlich gehen die Autoren auf das Rosenöl aus Frankreich
näher ein:

»Das in Frankreich gewonnene Rosenöl, das von ganz besonderer
Feinheit des Duftes sein soll, kommt für uns auch nicht in Betracht,
da es gänzlich in den dortigen großen Fabriken für Blumendüfte
verbraucht wird. In Deutschland hat die Firma Schimmel & Co. in
Miltitz-Leipzig zwischen Leipzig und Dürrenberg große Rosen-
pflanzungen anlegen lassen und inmitten dieser eine eigene
Destillation errichtet. Das auf diese Weise gewonnene Öl ist von
unübertroffener Feinheit des Geruches und von weit größerer Aus-
giebigkeit als das bulgarische Rosenöl. Neben der Gewinnung des
Öles wird in der Fabrik ein sehr konzentriertes und völlig haltbares
Rosenwasser bereitet; auch die Herstellung von Rosenpomade wird
betrieben. Hier geben 5 000–6 000 kg Rosenblätter 1 kg Rosenöl.«

Der *Düfte Arabiens* in Form des Rosenöles und Rosenwassers werden
mit den Fortschritten und Kenntnissen der *Destillation* somit auch in
Europa seit Jahrhunderten produziert. Bereits 1512 erschien das »Große Destillierbuch« –»Das Buch der rechten Kunst zu destillieren ...«
– von Hieronymus Brunschwig in deutscher Sprache, der sich auch
Brunschwyck schrieb.

1500/07 veröffentlichte der in Straßburg 1430 geborene Arzt (ge-
storben am Geburtsort 1512 oder 1513), der als Chirurg durch Deutschland wanderte, in seinem »Liber de arte distillandi de simplicibus«
mit vielen Abbildungen versehene Beschreibungen zur Destillation
von Alkohol und Pflanzen zur Gewinnung aromatischer Öle. In den
Kräuterbüchern des folgenden Jahrhunderts werden diese Verfahren
aufgegriffen – so u. a. im Kräuterbuch von Adam Lonicer 1679. Er
überschreibt das erste Kapitel mit »Von Destillierung oder Abziehung
der Wasser / auß allerhand Gewächsen ...«

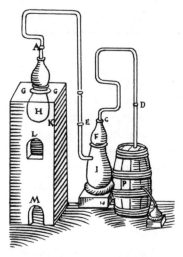

Aus Brunschwigs Destillierbuch (1507/1528).

Eine spezielle Apparatur ist auch beschrieben für die Aufgabe »Wie man hitzige Sonnenschein zu wegen bringe / dardurch mancherley Blumen in Wasser zu resolviren, welches Wasser solcher Blumen Geruch und Qualität behalte.«

Bereits im 15. Jahrhundert hatte der Gebrauch so genannter *gebrannter Wässer* als Arzneimittel zugenommen. In den Apotheken wurde die Destillation von Rosmarin-, Salbei-, Bittermandel-, Rauten- und Zimtölen betrieben. Der Begriff »destillierte Öle« wurde als Sammelbegriff für die verschiedensten pflanzlichen Auszüge verwendet, gewonnen durch Destillation, Auskochen, Abpressen sowie Digerieren mit fetten Ölen. Gebrannte Wässer enthielten ätherische Öle – als *Aqua destillata*.

Wasserbad mit Destillationsblasen –
aus Adam Lonicers Kräuterbuch von
1578.

1.5 Parfum-Chemie im Roman von Patrick Süskind

Bereits durch den Vorabdruck das Romans »über Düfte und Morde« in der *Frankfurter Allgemeinen Zeitung* ab Oktober 1984 sowie in der *Schweizer Illustrierten Zeitung* ab November 1984 zeichnete sich ein großer Erfolg für die anschließende Buchausgabe ab. In wenigen Monaten war die Startauflage von 10 000 Exemplaren vergriffen, obwohl der Autor seinem Verlag geraten hatte, nur 5000 Exemplare zu drucken. Ab 1985 stand der Roman über 316 Wochen (über 6 Jahre) ununterbrochen in den Beststellerlisten. 2006 kam dann auch der Film zum Roman in die Kinos – mit vergleichbarem Erfolg.

Die Handlung des Romans spielt in der Mitte des 18. Jahrhunderts. Die Hauptperson des Romans, Jean-Baptiste Grenouille, kommt zunächst zum Gerber Grimal in die Lehre. In der geringen Freizeit, die er ab dem 12. Lebensjahr erhält, erforscht er die Stadt Paris als das »größte Geruchsrevier der Welt«. Süskind schreibt, dass Grenouille nicht nur die Gesamtheit eines Duftgemenges roch, »sondern er spaltete es analytisch auf in seine kleinsten und entferntesten Teile und Teilchen.« Seine Nase sei in der Lage gewesen, das Knäuel aus Dunst und Gestank zu einzelnen Fäden von Grundgerüchen, die nicht mehr weiter zerlegbar waren, zu entwirren. Auf seinen Streifzügen durch die unterschiedlichsten Viertel von Paris gelangt er schließlich auch »in das Sorbonneviertel und in den Faubourg Saint-Germain, wo die reichen Leute wohnten.« Und hier riecht Grenouille erstmals Parfums.

Süskind zählt sie auf: Zunächst nimmt er den Duft des *Ginsters* und der *Rosen* sowie der frisch geschnittenen *Liguster* wahr – dann einfache *Lavendel-* und *Rosenwässer*, »mit denen bei festlichen Anlässen die Springbrunnen der Gärten gespeist wurden.« Auch komplexere und kostbarere Düfte wie Mischungen mit *Moschus*, dem Öl von *Neroli* und *Tuberose, Jonquille, Jasmin* und *Zimt*. Süskind stellt fest, dass Grenouille viele dieser Gerüche, die »abends wie ein schweres Band hinter den Equipagen« herwehten, schon von den Blumen- und Gewürzständen der Märkte gekannt habe. Und daraus habe er weitere herausgefiltert und namenlos im Gedächtnis behalten – wie *Amber, Zibet, Patchouli, Sandelholz, Bergamotte, Vetiver, Opoponax, Benzoe, Hopfenblüte, Bibergeil.*

Um dieses Kapitel lesen und verstehen zu können, werden einige der kursiv gedruckten Bezeichnungen, zu denen der Leser anhand des Inhaltsverzeichnisses an den verschiedensten Stellen dieses Buches in einigen Fällen weitere Informationen finden wird, hier kurz erläutert.

Liguster (*Ligustrum vulgare*) gehört zu den Ölbaumgewächsen (*Oleaceae*) und kommt häufig auch als Zierstrauch mit stark duftenden, weißen Blüten und glänzend-schwarzen Beeren-Früchten vor. Die Beeren enthalten einen Giftstoff und wurden früher zum Färben von Wein benutzt.

Als *Neroli* wird Pomeranzen- oder Orangenblütenöl bezeichnet, das aus den Blüten des u. a. im Mittelmeerraum, Guinea, Brasilien und auf den Westindische Insel beheimateten Pomeranzen- oder Bitterorangenbaumes (*Citrus aurantium* L.) durch Wasserdampfdestillation gewonnen wird.

Mit *Tuberose* ist eine Nachthyazinthe (*Polianthes tuberosa* L.), ein Agavengewächs, gemeint, aus deren Blüten früher in Südfrankreich durch Enfleurage (s. u.) das Tuberosen-Absolue gewonnen wurde. Es weist einen schweren, betäubend-süßen, honigartigen Blütengeruch auf.

Jonquille, (franz.) (seit 1596 nachweisbar) vom spanischen Wort *junquillo oloroso,* bezeichnet die Narzisse. Aus den Blüten der Weißen oder Dichter-Narzisse (*Narcissus poeticus* L.) gewinnt man durch Extraktion mit einem Lösungsmittel ein ätherisches Öl mit einem erdigen heuartig-würzigen Geruch, das erst in einer verdünnten Lösung seinen typischen Narzissengeruch entfaltet.

Aus den getrockneten, nicht fermentierten Blättern des *Patchouli*-Strauches (*Pogostemon cablin* bzw. *P. patchouli* – aus der Familie der Lippenblütler) wird durch Wasserdampfdestillation ein viskoses Öl mit einem aufdringlichen (bis betäubenden) und sehr stark anhaftenden blattähnlich-holzigen balsamisch-süßen, leicht kampferartigen Geruch gewonnen (D. Martinetz u. R. Hartwig: Taschenbuch der Riechstoffe). Der Strauch ist auf den Philippinen heimisch.

Aus den Wurzeln des im tropischen Asien beheimateten *Vetivergrases* (*Vetiveria zizanoides* L.) wird ebenfalls durch Wasserdampfdestillation ein rötlich-braunes Öl mit einem schweren, stark haftenden, erdigen, holzig-balsamischen, wurzelartigen Geruch gewonnen.

Opoponax-Öl bildet ein mit dem echten Myrrhenöl verwandtes ätherisches Öl, gewonnen aus dem Gummiharz der arabischen Myrrhen-Art *Commiphora kataf* oder auch aus nordafrikanischen Arten wie *C. erythraea, C. guidotti*. Das Öl weist einen warmen, süßen, holzig-balsamischen Geruch auf.

Alle diese Gerüche saugt Grenouille in sich hinein: »Und auch in der synthetisierenden Geruchsküche seiner Phantasie, in der er ständig neue Duftkombinationen zusammenstellte, herrschte noch kein ästhetisches Prinzip.« (s. dazu auch Abschnitt 2.3).

Schließlich kommt Grenouille zum Parfümeur Guiseppe Baldini in Paris, Pont au Change, in die Lehre. Baldini, »in silberbepuderter Perücke und blauem, goldbetreßtem Rock« verströmte eine »Wolke von *Frangipaniwasser*«. Süskind beschreibt ihn vor dem Erscheinen von Grenouille, der Ziegenleder seines Meisters Grimal abliefern soll: »Sein Angebot reichte von *Essences absolues*, Balsamen, Harzen und sonstigen Drogen in trockener, flüssiger oder wachsartiger Form über diverse Pomaden, Pasten, Puder, Seifen, Cremes, *Sachets, Bandolinen*, Brillantinen, Bartwichsen, Warzentropfen und Schönheitspflästerchen bis hin zu Badewässern, Lotionen, Riechsalzen, Toilettenessigen und einer Unzahl echter Parfums.«

Frangipani, auch Tempelstrauch (*Plumeria alba*) genannt, ist ein aus Indien stammendes, in den Tropen weit verbreitetes Hundsgiftgewächs. Der Strauch oder kleine Baum besitzt auffallend dicke, Milchsaft führende Zweige. Die weißen bis gelblich- oder rosafarbenen Blüten duften sehr stark. Das *Frangipaniwasser* soll seinen Namen aber nach dem Feldmarschall Mauritius Frangipani, der aus dem alten römischen Adelsgeschlecht Frangipane stammte, erhalten haben. Er führte die Parfümierung von Handschuhen ein (s. Abschnitt 1.1). Mauritius Frangipani diente König Ludwig XIII. (1601–1643). In der Geschichte des Parfums spielt der Namen Frangipani zweimal eine Rolle: Ein Mitglied des römischen Adelsgeschlechts soll als Erster ein Riechpulver hergestellt haben –»aus gleichen Teilen der bekanntesten Gewürze, mit ein Prozent Moschus oder Zibet und mit so viel gepulverter Veilchenwurzel versetzt, als das Gewicht aller angewandten Gewürze zusammen beträgt« (Hirzel: Toiletten-Chemie, 1892). Ein Enkel, Mercutio Frangipani, habe dann das Frangipani'sche Riechpulver mit starkem Weingeist erwärmt und so das erste flüssige Parfum hergestellt.

Absolues sind die aus Blütenölen (*Concrètes*) durch Behandlung mit warmem absolutem Ethanol gewonnenen alkoholischen Auszüge ätherischer Öle. Concrètes werden durch Extraktion mit niedrigsiedenden Lösungsmitteln und anschließendem Abdestillieren der Lösungsmittel als so genannte konkrete Blütenöle gewonnen. Durch die Behandlung mit Ethanol werden mitextrahierte Wachse, Paraffine, Harze und Blütenfarbstoffe abgetrennt.

Mit *Sachet* bezeichnet man Duftsäckchen aus Seide oder Leinen (für die Tasche) mit *Bandolinen* (Haarbänder aus Leinen).

Aus einem Gespräch zwischen Baldini und seinem Gesellen Chénier erfahren wir Einzelheiten darüber, wie bzw. woraus Baldini ein Parfum komponieren will – zur »Beduftung einer spanischen Haut für den Grafen Verhamont«. Das Parfum soll zwar neu sein, aber Ähnlichkeit mit dem Parfum »Amor und Psyche« seines Konkurrenten Antoine Pélissier aus der Rue Saint-André des Arts haben, den Baldini als Stümper bezeichnet. Chénier kennt dieses Parfum, das man an jeder Straßenecke rieche und meint, dass *Limettenöl, Orangenblütenessenz* und vielleicht *Rosmarintinktur* Bestandteile des Parfums seien. Im Kapitel II des Romans erfährt der Leser zahlreiche Einzelheiten über die Arbeit der Parfümeure. Der alte Baldini ist offensichtlich nicht mehr in der Lage, neue Parfums zu kreieren. Sein Kontrahent Pélissier dagegen bringt mit seinen Kreationen »den ganzen Markt in Unordnung«. In einem Jahr ist *Ungarisches Wasser* in Mode, wofür sich Baldini mit *Lavendel, Bergamotte* und *Rosmarin* eindeckt. Das Ungarische Wasser gilt als eines der ersten volkstümlichen Parfums – ein weingeistiges Destillat aus Terpentin- und Rosmarinöl, verstärkt durch Lavendelöl. Das Rezept des *Aqua Regina Hungarica*, eigentlich ein einfaches Rosmarinwasser und Verläufer des Eau de Cologne, sollen geheimnisvolle Mönche 1335 der rheumakranken, siebzigjährigen Königin Elisabeth von Ungarn als Heilmittel vermacht haben. 1370 wird das Ungarische Wasser am Hof des französischen Königs Karl V. erwähnt. Der Parfümeur Pélissier bringt anschließend sein »Air de Musc« mit Moschusduft auf den Markt – und Baldini will sich anschließen, indem er *Moschus, Zibet* und *Castoreum* (Bibergeil) bestellt. Aber dann kreiert Pélissier ein Parfum mit dem Namen »Waldblume«, danach »Türkische Nächte«, »Lissabonner Duft« und »Bouquet de las Cour«. Baldini bezeichnet Pélissier als »Ausderreihetanzer«, als »Duftinflationär«, den man mit einem Berufsverbot belegen müsste: »Wozu brauchte man in jeder Saison einen neuen Duft?« Früher, seit Jahrtausenden, hätte man mit *Weihrauch* und *Myrrhe*, ein paar *Balsamen, Ölen* und getrockneten Würzkräutern sich begnügt. Und auch als sie gelernt hätten, mit Kolben und Alambic zu destillieren, vermittels Wasserdampf den Kräutern, Blumen und Hölzern das duftende Prinzip in Form von ätherischem Öl zu entreißen, es mit eichenen Pressen aus Samen und Kernen und Fruchtschalen zu quetschen oder mit sorgsam gefilterten Fetten den Blütenblättern zu entlocken, sei die Zahl der Düfte noch bescheiden gewesen.

In diesem einen Satz werden drei klassische Verfahren der Riechstoff-Gewinnung angesprochen: die *Wasserdampfdestillation* zerkleinerter Pflanzenteile zur Gewinnung ätherischer Öle (*Alambic* oder Alembik, ein Helm als Kühlaufsatz auf einem Kolben, von dem das Kondensat über ein ableitendes Rohr abtropfen konnte), das *Auspressen* (z. B. von Zitrusfruchtschalen zur Gewinnung von Zitrusöl) und *Mazeration* bzw. *Enfleurage* zur Extraktion empfindlicher Blütenöle mit fetten Ölen bzw. tierischen Fetten. Wenige Sätze später wird auch das *Concrète* als Produkt der Extraktion mit einem leichtflüchtigen Lösungsmittel genannt.

Als Anforderungen an den Beruf des Parfümeurs meint Süskind (lässt er Baldini feststellen), dass man nicht nur destillieren können, sondern zugleich die Fähigkeiten eines Salbenmachers, Apothekers, Alchimisten sowie Handwerkers, Händlers, Humanisten und Gärtners in sich vereinigen müsste, um erfolgreich zu sein. Man müsste Hammelnierenfett von jungem Rindertalg und ein Viktoriaveilchen von einem Veilchen aus Parma unterscheiden können, die lateinische Sprache beherrschen und Kenntnisse über den richtigen Zeitpunkt der Heliotrop-Ernte (Heliotrop: Sonnenwende – Raublattgewächs, einige Arten wurden früher zur Parfumherstellung verwendet), der Pelargonium-Blüte (Pelargonium: Geranien, zur Familie der Storchschnabelgewächse; mit duftenden Blüten und Blättern) haben und darüber hinaus wissen, dass die Jasminblüte mit aufgehender Sonne ihren Duft verliert. Baldini ist der Meinung, das sein Konkurrent Pélissier seine parfümistischen Erfolge nur einer Entdeckung verdanke, die vor zweihundert Jahren (also in der Mitte des 16. Jahrhunderts) der Italiener Maurice Frangipani gemacht habe, der festgestellt habe, dass Duftstoffe sich in Weingeist lösen. Seine Riechpülverchen habe er mit Alkohol vermischt und auf diese Weise das Parfum erschaffen. Und danach habe man gelernt, »den Geist der Blumen und Kräuter, der Hölzer, Harze und der tierischen Sekrete in Tinkturen festzubannen und auf Fläschchen abzufüllen.« Damit jedoch sei die Kunst des Parfümierens aus den Händen der wenigen universalen handwerklichen Könner entglitten und hätte nun den Quacksalbern offen gestanden.

Im 14. Kapitel taucht Grenouille bei Baldini mit dem Ziegenleder auf – und teilt ihm mit, dass er bei ihm arbeiten wolle. Er überrascht ihn dadurch, dass er das Parfum »Amor und Psyche« von Pélissier am Geruch erkennt – und es kritisiert: »... es ist schlecht, es ist zuviel Bergamotte darin und zuviel Rosmarin und zuwenig Rosenöl.« Auf die verblüffte Nachfrage Baldinis »und was noch?« nennt Grenouille noch Orangenblüte, Limette, Nelke, Moschus, Jasmin, Weingeist und etwas, dessen Namen er zwar nicht kennt, nach dessen Geruch er jedoch eine Flasche im Regal bezeichnen kann, Storax (Balsam aus dem Styraxbaum).

Auf eine sehr unkonventionelle Weise beweist Grenouille dem Parfümeur Baldini sein Können. Er habe »die beste Nase von Paris«, ist er überzeugt. Ohne die üblichen Gerätschaften – Pipette, Reagenzglas, Messglas, Löffelchen und Rührstab – zu benutzen, mischt Grenouille aus »Orangenblütenessenz, Limetteöl, Nelken- und Rosenöl, Jasmin- und Bergamott- und Rosmarinextrakt, Moschustinktur und Storaxbalsam« sowie »hochprozentigem Weingeist« das Baldini nicht gelungene Parfum »Amor und Psyche«. Die Folge: Grenouille wird vom Gerber Grimal freigekauft und wird Lehrling des Parfümeurs Guiseppe Baldini. Dieser entlockt Grenouille »die Rezepturen sämtlicher Parfums, die dieser bisher erfunden hatte.«

Im 18. Kapitel zählt Süskind zunächst alle Tätigkeiten auf, die Grenouille bei Baldini lernen muss – vom Seifenkochen bis zur Herstellung von Likören und Marinaden. Er lernt, Bittermandelkerne in der Schraubenpresse zu quetschen, Moschuskörner zu stampfen und Veilchenwurzeln zu raspeln. Alle zerkleinerten Materialien werden dann mit Alkohol ausgezogen. Weil sich auch Baldinis »Alchimistenader« regt, wird auch destilliert. Materialien sind frischer Rosmarin, Salbei, Minze, Anissamen, Irisknollen, Baldrianwurzeln, Kümmel, Muskatnuss und trockene Nelkenblüte. Baldini holt dann »seinen großen Alambic hervor, einen kupfernen Destillierbottich mit oben aufgesetztem Kondensiertopf – einen so genannten Maurenkopfalambic.« Die beschriebene Apparatur verfügt auch schon über eine Wasserkühlungskonstruktion. Der Ablauf einer solchen Wasserdampfdestillation wird ausführlich beschrieben: Das Destillat fließt aus der dritten Röhre des Maurenkopfes in eine Florentiner Flasche. Im Verlauf der Destillation erhielt man eine »Brühe«, die sich in zwei Flüssigkeiten trennt: das untere Blüten- oder Kräuterwasser und darauf schwimmend das ätherische Öl. Aus der Florentiner Flasche gießt man dann durch den unteren Schnabelhals vorsichtig das Blütenwasser ab, die Essenz, »das stark riechende Prinzip der Pflanze«, bleibt als reines Öl zurück. So wird Grenouille auch zu einem »Spezialisten auf dem Gebiet des Destillierens«.

Baldini hat eine umfangreiche Formelsammlung von neuen Düften aus den Rezepten Grenouilles angelegt. Nach drei Jahren verlässt Grenouille mit einem Gesellenbrief dessen Haus. Das Ende das Parfümeurs ist abenteuerlich: Die Seine-Brücke, auf der sein Haus steht, bricht eines Nachts zusammen. Zwei Häuser stürzen in den Fluss. Baldini und seine Frau ertrinken. Mehrere Wochen lang schwebt über dem Fluss (bis nach Le Havre) der gemischte Duft von Moschus, Zimt, Essig, Lavendel und tausend anderen Stoffen.

Im dritten Teil des Romans (Kapitel 35–50) lernt Grenouille schließlich auch noch die Verfahren der Mazeration und Enfleurage (s. o.) bei der Witwe Arnulfi in Grasse, Rue de la Louve (Südfrankreich, Zentrum der Riechstoffgewinnung) kennen. Am Beispiel der Narzissen wird die Vorgehensweise beschrieben. Frühmorgens werden die Blüten angeliefert. In einem großen Kessel werden Schweine- und Rindertalg zu »einer cremigen Suppe« verflüssigt. Grenouille hat die Aufgabe, die verflüssigten Fette mit einem langen Spatel zu rühren, während der Geselle Dominique Druot die frischen Blüten hineinschüttet. Für kurze Zeit liegen sie auf der Oberfläche, dann werden sie beim Umrühren vom warmen Fett umschlossen. Je mehr Blüten im Fett untergerührt werden, umso deutlicher beginnt es zu duften. Wird die »Suppe« zu dick, wird sie schnell durch Siebe gegossen, um die ausgelaugten Blüten abzutrennen und wieder für frische Blüten verwendbar zu machen. Aus den Abfällen wird durch Überbrühen mit kochendem Wasser und durch Abpressen in einer Spindelpresse weiteres »zart duftendes Öl« gewonnen. Erst nach einigen Tagen ist das Fett gesättigt – es ist eine parfümierte Pomade entstanden. Und dann wird die »ganze Produktion einer Lavage« [Auswaschung] unterzogen, um sie in »Essence absolue« umzuwandeln. Dazu wird die Pomade in verschlossenen Töpfen vorsichtig erwärmt, mit Weingeist versetzt und mit Hilfe eines Rührwerks durchmischt. Im Keller kühlt die Mischung wieder ab, der Alkoholextrakt trennt sich vom erstarrenden Fett. »Doch damit war die Operation noch nicht zu Ende. Nach gründlicher Filtrage durch Gazetücher, in denen auch die kleinsten Klümpchen Fett zurückgehalten wurden, füllte Druot den parfümierten Alkohol in einen kleinen Alambic und destillierte ihn über dezentestem Feuer ab. Zurück blieb nach der Destillation das schiere Öl der Blüten, ihr blanker Duft, hunderttausendfach konzentriert zu einer kleinen Pfütze Essence absolue.« In der Regel ist jetzt der Geruch so intensiv, dass er als unangenehm empfunden wird. Aus einem Tropfen in einem Liter Alkohol, entsteht in der Verdünnung wieder der Duft der Blüte. Nach den Narzissen werden Ginster und Orangenblüten, im Mai Rosen, Ende Juli Jasmin und im August Nachthyazinthen mazeriert.

Im 39. Kapitel berichtet Süskind über Düfte, die jahrzehntelang haften: »Ein mit Moschus eingeriebener Schrank, ein mit Zimtöl getränktes Stück Leder, eine Amberknolle, ein Kästchen aus Zedernholz besitzen geruchlich fast das ewige Leben. Und andere – Limetteöl, Bregamotte, Narzissen- und Tuberosenextrakte und viele Blütendüfte – verhauchen sich schon nach wenigen Stunden ...« Flüchtige Duftstoffe zu binden war Grenouille am Beispiel des Tuberosenöls gelungen, dessen ephemeren (kurzlebigen) Duft er mit sehr geringen Mengen an Zibet, Vanille, Labdanum (Labdanumharz der Zistrose – Strauch mit rosafarbigen Blüten, *Cistus ladanifer*, bereits im Alten Testament genannt) gebunden hatte.

Und nachdem Grenouille auch das Verfahren der Enfleurage meisterlich beherrscht, beginnt er Düfte von Tieren, die er zuvor tötet, zu gewinnen – bevor er schließlich zum Mädchen-Mörder wird, um aus dem Duft von Jungfrauen das erotischste Parfum aller Zeiten herzustellen.

2

Aus der Wissenschafts- und Industriegeschichte

2.1 Terpentin in historischen Kräuterbüchern

Terpentin als Bezeichnung für das Harz aus bestimmten Nadelholzarten, die in der Umgangssprache auch für das daraus durch Destillation gewonnene Öl (als Lösemittel) verwendet wird, ist seit dem 15. Jahrhundert gebräuchlich. Es ist als ein Lehnwort aus dem Lateinischen – als Harz der Terebinthe – *terebinthus* entstanden. Die Terebinthe ist eine im Mittelmeergebiet heimisch Pistazienart, aus deren Rinde ein besonders wohlriechendes Harz gewonnen wird. Der Name *terebinthus* für die »Terpentin-Pistazie« ist z. B. in Vergils (P. Vergilius Maro, 70–19 v. Chr.) »Aeneis«, mehrmals bei Plinius dem Älteren (23/24–79 n. Chr.) in seinem Werk »Naturalis historia« und in der Vulgata in der Genesis (35,4 – in der Luther-Bibel als Eiche, jedoch steht für *elah* im Hebräischen die Terebinthe) nachweisbar. Die Terebinthe ist in mehreren biblischen Geschichten genannt worden, jedoch nicht immer korrekt wiedergegeben: Ein Engel erschien unter einer Terebinthe (Richter 6,11); Jakob begrub Labans Götzenbilder unter der Terebinthe bei Sichem (1. Mose 35,4 – s. o.; in vorhellenistischer Zeit bedeutende Stadt in Mittelpalästina, südöstliche nahe Nablus); Saul und seine Söhne wurden unter eine Terebinthe begraben (1. Chronik 10,12); David erschlug Goliath im Terebinthen-Tal (1. Samuel 17,2). Der griechische Geschichtsschreiber und Schriftsteller Xenophon (um 430–355/350 v. Chr.), der sich nach 410 v. Chr. Sokrates anschloss, hat in seiner historischen Darstellung »Anabasis« eine von den Armeniern verwendete Salbe mit dem Namen *termínthinon chrima* erwähnt. Es handelt sich damit um die offensichtlich älteste nachweisbare Quelle für Terpentin. Eine genauere Beschreibung der Art und Nutzung dieser Salbe findet sich später bei dem als »Vater der Botanik« bezeichneten griechischen Schüler des Aristoteles

Betörende Düfte, sinnliche Aromen. Georg Schwedt
Copyright © 2008 WILEY-VCH Verlag GmbH & Co. KGaA, Weinheim
ISBN 978-3-527-32045-5

Theophrast (etwa 371–286 v. Chr.) und dem griechischen Arzt Dioscurides (lebte um 50 n. Chr.; s. u.).

Nach M. Zohary wird die Terebinthe mit Macht und Stärke (wie die Eiche – el in elah bedeutet im Hebräischen Gott) in Verbindung gebracht. Sie gehört wohl zu den ältesten und am weitesten verbreiteten Bäumen vor allem im Negev (heute wüstenhafter Südteil Israels), in Untergaliläa und im Dan-Tal (am oberen Jordan). Terebinthenhaine waren Orte des Kultes, sowohl für die alten Hebräer als auch für andere Völker, wo Grabstätten für Tote angelegt und Räucherwerk (s. Abschnitt 1.2) verbrannt wurde. Die in der Bibel häufig genannte Art ist offensichtlich die *Pistacia atlantica*, ein Trockenlandbaum, der bei mäßigen Ansprüchen in Grenzlagen zwischen immergrüner Waldlandschaft und Zwergbusch-Steppen oft zusammen mit der gemeinen Eiche vorkommt.

Heute wird als *Terpentin-Pistazie* nach dem Linné-System nur noch die *Pistacia terebinthus* L., ein laubwerfender kleiner Strauch oder Baum bis zu etwa 10 m Höhe, bezeichnet. Die Rinde ist graubraun, grob gefurcht, die Zweige grau und harzig. Die breit-ovalen bis länglichen Blätter weisen eine kurze Stachelspitze auf, sind glatt, etwas ledrig und dunkelgrün. Die grünlich-gelben oder bräunlichen Blüten (Blütezeit März/April) treten in Rispen mit langen seitlichen Verzweigungen auf. Die Terpentin-Pistazie ist im Mittelmeergebiet und bis nach Südwestasien weit verbreitet. Die ähnliche *Pistacia atlantica* besitzt lanzettliche Blätter mit rundlichen Spitzen; der Blattstiel ist samthaarig. Sie ist vor allem in Südosteuropa beheimatet (Der Kosmos-Baumführer).

Eine charakteristische (und frühe) Darstellung über Terpentin enthält das »Kräuterbuch des Dioscuridis« in einer Übersetzung durch den Frankfurter Stadtarzt Peter Uffenbach aus dem Jahr 1612. Der in Anazarba (im östlichen Kilikien – historische Landschaft in der Türkei, römische Provinz Cilicia, heute Anavarza bei Ceyhan) geborene griechische Arzt *Pedanios Dioscurides* lebte im 1. Jahrhundert n. Chr. und wirkte als römischer Militärarzt unter den Kaisern Claudius und Nero. Auf seinen weiten Reisen erwarb er sich ein umfassendes Wissen über die Arzneimittel und Pflanzen seiner Zeit, das er in seinem in Latein abgefassten Werk »De materia medica« niederschrieb. Aus dem 6. Jahrhundert n. Chr. stammt eine so genannte Dioscurides-Handschrift, ein auf Pergament geschriebenes Pflanzenbuch. Es enthält auch die in fünf Bücher gegliederte »De materia medica« und wird in der Österreichischen Nationalbibliothek in Wien aufbewahrt. Diese spätantike Prachthandschrift entstand um 512 in Konstantinopel. Dioscurides hat über 800 Pflanzen beschrieben. In der Ausgabe von 1610 wird als Übersetzer der Arzt Johann Dantz von Ast genannt und über Diosco(u)rides heißt es, er sei zur Zeit des Kaisers Augustus und Cleopatras in Ägypten Arzt gewesen. Nach übereinstimmenden Quellen heute gilt jedoch die Zeit um 50 n. Chr. als die wahrscheinlichste Zeit seines Wirkens. Sein Werk wurde als Vorbild für spätere Kräuterbücher verwendet, so wohl auch für die genannte Ausgabe, die von dem Frankfurter Stadtarzt Peter Uffenbach (1566–1635) bearbeitet wurde. Eine farbig illustrierte Ausgabe dieses Kräuterbuches ist u. a. in der Calvörschen Bibliothek des Universitätsbibliothek Clausthal vorhanden.

Der Text über den *Terbenthin Baum* – zu Latein *Terebinthus* – lautet, in die Sprache und Schreibweise unserer Zeit übertragen (und gekürzt), wie folgt.

Terbenthin Baum/

TEREBINTHUS.
Terebinthus, Dod. Ger. J. B. Raji Hist.
Terebinthus vulgaris, C. B. Pit. Tournef.
Terebinthus angustiore folio vulgatior, Park.
Terebinthus fœmina altera, Theophrasti.
französisch, *Terebinthe*.
teutsch, **Terpentinbaum.**

Terpentin-Baum – aus Dioscurides Kräuterbuch (links)
bzw. Lemerys »Materialien-Lexicon« (rechts).

»Der Terpentin-Baum ist ein wohl bekannter Baum, seine Blätter, Samen oder Früchte und Rinde sind herb, wovon er eine zusammenziehende Kraft (Wirkung) hat (...) Das Harz, welches aus dem Terebinthus fließt, bei uns Venetianisches Terpentin genannt, wird aus Arabien zu uns gebracht; der Baum wächst auch in Indien, Syrien, Zypern, Afrika und auf den Inseln, welche Cykladen (Inselgruppe südöstlich von Euböa, nördlich von Kreta) genannt werden. Das beste Terpentin soll weiß, klar, durchsichtig, glasartig, von gutem Geruch sein – mit dem Geruch des Terpentin-Baumes, aus dem es fließt. Das Terpentin, welches jetzt bei uns (wie schon erwähnt) Venetianisches Terpentin genannt wird, übertrifft alle anderen Harze. Danach kommen Harze, die man Mastix nennt, danach diejenigen aus Fichten und Pinien.«

Eine Klassifikation der Terpentine hat u. a. G. C. Wittstein in seinem dreibändigen Werk »Vollständiges etymologisch-chemisches Handwörterbuch mit Berücksichtigung der Geschichte und Literatur der Chemie« von 1847 vorgenommen (vgl. dazu den vorstehenden und auch nachfolgenden Text aus den Kräuterbüchern):

»*Terpenthin* – von *Terebinthus* ... (die Terebinthe, *Pistacia terebinthus*) ... – bezeichnet, wie aus der Etymologie erhellet, ursprünglich nur den freiwillig oder durch gemachte Einschnitte in den Stamm erfolgenden, harzigen Ausfluss der Terebinthe, später dehnte man den Namen auch auf die üblichen Exsudate der Coniferen [allgemein für Nadelhölzer; lat. *conifer*: Zapfen tragend] aus. Es sind im Allgemeinen gelblich-weisse, honigdicke, sehr klebrige, durchsichtige bis durchscheinende, leicht schmelzbare, lackmusröthende Massen von eigenthümlichem starkem, meist unangenehmem Geruch und meist brennend aromatischem, bitterm, unangenehmem Geschmack, wesentlich aus Harz und ätherischem Oel bestehend. Durch Destillation liefern sie ätherisches Oel, ein saures Wasser, weiterhin die brenzlichen Produkte der Harze. Sie lösen sich in Alkohol mehr oder weniger leicht, in Aether, Oelen, auch in Aetkalilauge, letzte Lösung wird aber von überschüssigem Alkali gefällt (...).

Folgende Arten werden unterschieden:
1) *Amerikanischer*, von *Pinus Strobus* [*pinus* allgemein für Kiefer; hier: Weymouth-Kiefer], ist sehr flüssig und ölreich.

2) *Canadischer*, von *Pinus balsamea* und *canadensis* [wahrscheinlich *P. canariensis*, der Aleppo-Kiefer *P. halepensis* Miller ähnlich, ursprünglich nur auf den Kanarischen Inseln], sehr dünnflüssig, blassgelb, von angenehmem Geruch und Geschmack.

3) *Chiotischer* oder *Cyprischer*, von *Pistacia Terebinthus*, ist sehr dick, trübe, grünlichgelb, riecht schwach, beim Erwärmen stark nach Fenchel und Elemi, schmeckt aromatisch, nicht bitter oder scharf.
   [*Chios* – griechische Insel im Ägäischen Meer. *Elemi* arab.-span. – Sammelname für natürliche Harze tropischer Balsambaumgewächse, heute vor allem von Arten der Gattung *Canarium*].

4) *Französischer*, von *Pinus maritima*, die im Handel gewöhnlichste Sorte, ist blassgelb, trübe und schliesst sich an folgende.

5) *Gemeiner*, von *Pinus maritima*, auch von *Abies picea* [*Abies*: allgemein Tanne], ist dickflüssig, zähe, trübe, körnig, riecht stark nach Terpenthinöl, schmeckt bitter, brennend, löst sich nicht völlig in Alkohol. Er liefert namentlich das Terpenthinöl, Colophonium, gemeine Harze, Pech.

6) *Strassburger*, von *Pinus picea* [wahrscheinlich *Pinus pinea*: auf Sandböden im gesamten Mittelmeergebiet vorkommend] auch wohl von *P. abies*, ist nur eine reinere Sorte des vorigen, hellgelb, durchsichtig, ziemlich flüssig, nicht unangenehm riechend.

7) *Venetianischer* s. *Lärchenbaum* (...) [Lärchenterpentin].

Lärchenbaum – von *Larix* (...), und dieses vielleicht vom Celtischen *lar* (reichlich) in Bezug auf das in Menge ausfliessende Harz – *Pinus Larix* L. oder *Larix europaea* (Fam. der Coniferen), liefert durch Anbohren des Stammes den sog. *Venetianischen Terpenthin*. Derselbe ist blassgelb, durchsichtig, sehr zähe, klebrig, riecht angenehmer wie der gewisse Terpenthin, besteht ebenfalls wesentlich aus Harz und äth. Oel, schmeckt bitter und unterscheidet sich überhaupt von diesem nur durch grössere Reinheit. – (...)«

Im 17. Jahrhundert erschien auch das »Kreuterbuch« des Dr. med. Adam Lonicer, das 1679 ebenfalls durch Peter Uffenbach »auf das allerfleissigste übersehen / Corrigirt und verbessert / an vielen Orten augirt und vermehrt« herausgegeben wurde. Adam *Lonicer*, in der Wissenschaftsgeschichte als Arzt, Botaniker und Chemiker genannt, wurde am 10. Oktober 1528 in Marburg geboren, studierte in Marburg und Mainz und wurde 1553 Professor für Mathematik an der Universität Marburg. 1554 promovierte er zum Dr. med. und übernahm 1559 das Amt des Stadtphysikus in Frankfurt am Main. Ab 1550 beschäftige er sich vor allem mit Pflanzen, 1578 veröffentlichte er sein Kräuterbuch, das noch 1783 in Augsburg nachgedruckt wurde. Er starb am 29. Mai 1586 in Frankfurt am Main.

In der genannten Ausgabe von Peter Uffenbach ist über den *Terpentinbaum/Terebinthus* Cap. 96. zu lesen (Schreibweise unserer Zeit angepasst):

»... Dieser Baum ist in unsern Landen unbekannt, wächst in Syrien, Judäa, Zypern, Afrika und auf den Cycladen-Inseln. (...)

In Syrien wird er groß und breit. Er hat er zähes schwarzes Holz, die Blätter sind nicht sehr ungleich den Lorbeerblättern, bleiben stets grün (! – s. o.), blüht wie der Ölbaum, aber braunrot, die Beerlein sind erstlich grün, dann rot, zuletzt schwarz, in der Größe wie die Bohnen (...), seine Wurzel ist stark und tief ...

Von diesem Baum wird der Terpentin gemacht, welchen wir allein mit dem Namen haben. Denn das Harz, welches in den Apotheken und allenthalben Terpentin genannt wird, kommt nicht von diesem Baum, sondern von dem Lärchenbaum und von den roten Tannen.«

Über die Harze dieser beiden Bäume hat Lonicer geschrieben:

»... *Rohte Thannen/Picea. Lerchenbaum/Larix.* Cap. 44 (...)

Es fließt aber Harz aus vielen Bäumen, als erstlich aus dem *Terebintho*, welches man Terpentin nennt, danach aus dem *Lentisco* (Mastixbaum), welches *Lentiscina* heißt und bei den Griechen Mastix.

Aus dem Fichtenbaum fließt Fichten-Harz, welches zweierlei ist, denn welches aus den Zirbelnüsslein schwitzt, dann nennt man *Scrobilanam*. Das aber aus dem Stamme des Baumes wird *Picyne* und *Pinea Resina* genannt.

Aus dem Lerchenbaum fließt *Resina Larigna*, das ist Lerchenharz.

Weiter ist auch ein weich fließendes Harz, welches man *Colophonium* und griechisch Bech nennt.

Desgleichen fließt auch ein weiches Harz aus dem Zypressenbaum. (...)

Unter allen Harzgummis wird bei uns der Mastix, danach der Terpentin als die vornehmsten gelobt. Doch werden alle Harzgummis und Terpentin zu vielen Gebrechen innen und außerhalb des Leibes gewählt.«

Da die Terpentin-Pistazie in Deutschland nicht vorkam, sind in den deutschen Kräuterbüchern des 16. und 17. Jahrhunderts auch nur unzureichende Angaben zu finden. Sie wurden meist aus anderen Quellen (s. Dioscurides) übernommen. So findet man im Kräuterbuch des bekannten Botanikers Leonhart Fuchs (1501–1566) – nach ihm wurde die Fuchsie benannt, ab 1535 Professor in Tübingen – den Terpentinbaum Terebinthus nicht, da er 1542 zwar das erste systematische Pflanzenbuch (mit zahlreichen Holzstichen) herausgegeben hat, in dem aber im Wesentlichen nur einheimische (zum Teil auch neu entdeckte) Pflanzen dargestellt sind.

2.2 Vom Terpentin zur Terpenchemie

Terpene und Terpenoide sind im Pflanzenreich weit verbreitet und meist die wohlriechenden Bestandteile ätherischer Öle.

Terpentinöl, ein klares, leicht bewegliches Öl, das einen durchdringenden, terpenartigen, balsamischen Geruch aufweist, wird als wichtigstes ätherisches Öl meist aus dem Holz verschiedener Kiefernarten durch Wasserdampfdestillation oder durch Extraktion mit Petrolether gewonnen. Es enthält 70–90 % an α- und β-Pinen und ist einer der wichtigsten Rohstoffe für die Synthese von Terpen-Aromastoffen.

Die Herkunft des Wortes *Terpentin*, das seit dem 15. Jahrhundert belegt ist, wird vom Harz der Terebinthe (lat. *terebinthus*), einer im Mittelmeerraum heimischen Pistazienart abgeleitet. Diese »Terpentin-Pistazie«, aus deren Rinde sich ein besonders wohlriechendes Harz gewinnen lässt, wurde bereits von Plinius genannt. Er beschrieb auch eine von den Armeniern verwendete *terminthinon chrima* genannte Salbe, auf die bei Theophrast bzw. Dioscurides (s. Abschnitt 2.1) näher eingegangen wird.

»Aus der Geschichte der Terpenchemie« – unter diesem Titel berichtete 1942 der in Breslau (ab 1948 in Tübingen) lehrende pharmazeutische Chemiker Walter Hückel (1895–1973). Nach einer allgemeinen Einleitung zur Konstitutionsforschung von Naturstoffen erwähnt er, dass bereits August Kekulé, der Schöpfer der Strukturchemie selbst, sich um die Erforschung der Konstitution einer der wichtigsten Terpenverbindungen, des *Camphers*, bemüht habe: »Kekulé war auch der erste, der (1873) eine auf breiterer experimenteller Basis ruhende Campherformel aufstellen und begründen konnte; ...« Als weitere Terpenforscher werden dann u. a. Ossian Aschan (1860–1939), Friedrich Wilhelm Semmler (1860–1931), Adolf von Baeyer (1835–1917) und schließlich Otto Wallach (1847–1931) ausführlich gewürdigt.

Ossian Aschan hatte 1895 an der Universität Helsinki promoviert und widmete sich seit 1894 dem Campher und seinen Derivaten. 1907/08 er war als Leiter des wissenschaftlichen Laboratoriums der Chem. Fabrik vorm. E. Schering in Berlin tätig. Dort setzte er die von ihm entwickelte Campher-Synthese aus Terpentinöl bzw. Pinen in die Praxis um. 1908 wurde er ordentlicher Professor für Chemie an der Universität Helsinki. Hückel schreibt über Aschans Arbeiten, dass seine Untersuchungen über Terpentinöl und Harze neben wissenschaftlicher Erkenntnis gleichzeitig der Nutzbarkeit der Rohstoffquellen seines Vaterlands gegolten hätten. So sei Aschans Richtung der wissenschaftlichen Forschung auch durch Rohstofffragen mitbedingt gewesen. Dieser Umstand habe ihn unmittelbar mit Problemen in Berührung gebracht, die mit dem Vorkommen der Stoffe in der Natur zusammenhängen würden. Deshalb bedeuteten seine Arbeiten auf dem Gebiet der alicyclischen Verbindungen auch mehr als Konstitutionsforschung. Seine letzten Untersuchungen hätten ihn über die Terpene auch zum Problem ihrer Biogenese (s. Abschnitt 4.2) geführt.

Friedrich Wilhelm Semmler wuchs auf einem Gut in Pommern auf, studierte in Straßburg und Breslau (Promotion 1887), habilitierte sich in Greifswald (1890). 1907 ging er als Mitarbeiter zu Emil Fischer nach Berlin. 1909 wurde Semmler ordentlicher Professor für Organische Chemie an der TH Breslau. 1886 stellte er fest, dass ätherische Öle vor allem ungesättigte Verbindungen enthalten. 1907 veröffentlichte er seine Arbeiten über »Die ätherischen Öle« in vier Bänden. Hückel berichtet über Semmler, dass er 1890, angeregt durch seine Tätigkeit als Assistent am Chemisch-Pharmazeutischen Institut der Universität Breslau, wo man sich für ätherische Öle aus pharmazeutischer Sicht interessiert habe, mit der Untersuchung der acyclischen Terpenverbindungen begonnen habe. Man verdanke ihm die Aufklärung von Geraniol, Citral, Citronellal, Citronellol und ähnlichen Stoffen.

Von allgemeinem Interesse sind in Hückels Beitrag vor allem seine vergleichenden Bewertungen der Arbeitsweisen dieser beiden Forscher, die deshalb hier auch zitiert werden sollen. (Zunächst fasst er den Weg Semmlers zusammen.)

»Von verhältnismäßig einfachen Verbindungen ausgehend, gelangt er, vom Experiment sich leiten lassend, folgerichtig zu den komplizierteren und erweitert seinen Gesichtskreis in dem Maße, wie das Experiment fortschreitet. Aschan dagegen wagt es erst, experimentelle Entscheidungen zu treffen, nachdem er sich eine umfassende theoretische und stoffliche Übersicht verschafft hat.

Beim Vergleich der Arbeitsweise Semmlers und Aschans darf man weiter nicht vergessen, unter welch verschiedenen äußeren Umständen beide ihren Forschungen nachgehen konnten.«

2.2.1 Otto Wallach als Terpenforscher

Seine Forschungen trugen wesentlich zur Entwicklung der modernen Parfum-Industrie bei. Für seine grundlegenden Arbeiten über alicyclische Verbindungen (Terpene und Campher) erhielt er 1910 den Nobelpreis.

Otto Wallach – Büste von Adolph von Donndorf (1909) (G. Beer u. H. Remane (Hrsg.): Otto Wallach 1847–1932 – Chemiker und Nobelpreisträger – Lebenserinnerungen, Berlin 2000).

Otto Wallach wurde am 27. März 1847 in Königsberg/Ostpreußen geboren, bestand 1867 das Abitur am humanistischen Gymnasium in Potsdam und begann sein Chemiestudium bei Friedrich Wöhler in Göttingen. Bereits 1869 promovierte er bei Hans Hübner in Göttingen mit einer Arbeit »Über vom Toluol abgeleitete neue isomere Verbindungen« und wurde 1870 Assistent von August Kekulé in Bonn. Nach einer kurzen Tätigkeit bei der Agfa (Aktiengesellschaft für Anilinfabrikation) in Berlin, aus der er wegen gesundheitlicher Probleme durch den ständigen Umgang mit Chlor ausschied, wurde er 1872 wieder Mitarbeiter von Kekulé in Bonn und habilitierte sich dort 1873 mit einer Arbeit über die Bildung von Dichloressigsäure aus Chloral. Bis 1889 blieb er in Bonn, wurde dort zum etatmäßigen außerordentlichen Professor (1876) ernannt und begann im alten Chemischen Institut gegenüber dem Poppelsdorfer Schloss am Botanischen Garten auch mit seinen Terpenarbeiten (1884). 1889 wurde er an die Universität Göttingen als Nachfolger von Victor Meyer berufen. 1909 konnte er mit seinen Schülern das 25-jährige Jubiläum der Terpenarbeiten feiern. 1910 erfolgte sein Wahl zum Präsidenten der Deutschen Chemischen Gesellschaft (heute Gesellschaft Deutscher Chemiker) und im selben Jahr erhielt er den Nobelpreis für Chemie – »für die Verdienste, welche er sich um die Entwicklung der organischen Chemie und der chemischen Industrie durch seine bahnbrechenden Arbeiten auf dem Gebiete der alicyclischen Verbindungen erworben hat.« Am 26. Februar 1931 verstarb Wallach in Göttingen und wurde auf dem Stadtfriedhof beerdigt. Am Gebäude Hospitalstraße 10, in dem er bis 1915 wohnte, befindet sich eine Gedenktafel.

Der Titel von einer der ersten Dissertationen zur Terpenchemie lautete »Zur Kenntniss der Terpene und aetherischer Oele« (J. E. Weber, 1887). Es folgten Arbeiten »Zur Kenntniss der Eucalyptusöle« (E. Gildemeister, 1888) und »Ueber das ‚Pinol'. Ein Beitrag zur Kenntnis des Terpentinöls« (A. Otto, 1889). Die erste Dissertation in Göttingen lautete »Beitrag zur Kenntnis der Isomerieverhältnisse innerhalb der Terpenreihe« (E. Kremers, 1890).

Im Museum der Göttinger Chemie sind u. a. die folgenden speziellen Exponate zu Otto Wallachs Wirken zu besichtigen: »Le Prix Nobel en 1910« mit dem Nobel-Vortrag (Sonderdruck) und einem Porträtfoto Otto Wallachs (von Dr. Otto Stefani, 1902) – Refraktometer nach Carl Pulfrich der Fa. Carl Zeiss Jena (um 1895), das Wallach zur Bestimmung der Brechungsindices von Terpenen verwendete (Liebigs Ann. Chem. 245 (1888), 191–213: »Benutzbarkeit der Molekular-refraktion für Constitutions-Bestimmungen innerhalb der Terpen-gruppe«) – Quarzkeil-Polarimeter nach F. Lippich der Fa. Schmidt & Haensch Berlin (um 1890) zur Bestimmung der optischen Drehung von Terpenen – Terpen-Sammlung: Präparate aus der Promotionsar-beit von Walter Borsche (1898). Borsche (1877–1950) war ab 1899 As-sistent von Wallach und machte zunächst in Göttingen Karriere (1903–1916 Dozent (ab 1909 Tit.-Prof.), 1916–1920 ao. Prof., 1920–1926 o. Prof.). 1926 wurde er auf eine ordentliche Professur an die Universität Frankfurt a. M. berufen, wo er von 1935–1941 als Direktor des Organisch-Chemischen Institutes wirkte.

1964 stiftete die Riechstoff-Firma Dragoco, Geberding & Co. GmbH in Holzminden (heute in Symrise aufgegangen – s. Abschnitt 2.4.2) den Otto-Wallach-Preis der Gesellschaft Deutscher Chemiker »für besondere Leistungen auf dem Gebiet der ätherischen Öle, der Terpene oder Polyterpene oder auf dem Gebiet der biochemischen Lock- und Abschreckungsstoffe«.

Wenige Monate nach Otto Wallachs Tod veröffentlichte A. Ellmer in der »Zeitschrift für Angewandte Chemie« (44. Jg, Nr. 48, S. 929–932 – 28. November 1931) einen Beitrag über »Otto Wallach und seine Be-deutung für die Industrie der ätherischen Öle«. Darin ist u. a. zu le-sen:

»Wenn so [durch Wallachs Forschungsergebnisse; G. S.] die ätheri-schen Öle sich im Laufe der Jahre als eine fast unerschöpfliche Quelle neuer wissenschaftlicher und technischer Erfolge erwiesen, so hat sich besonders auch der *Handel mit ätherischen Ölen selbst* unter dem Einfluß der neuerworbenen Kenntnisse außerordentlich günstig entwickelt. Noch in den 70er Jahren kannte man andere Prüfungsmethoden als durch Geruch, Geschmack und Löslichkeit in Alkohol nicht, und bei der mangelhaften Kenntnis der Zusam-mensetzung waren Verfälschungen, besonders der überseeischen Öle, an der Tagesordnung. Der Mangel an geeigneten Identifizie-rungsmethoden verurteilte jeden Kampf gegen die Fälscher von vornherein zu Erfolglosigkeit. Gegen die wenig wissenschaftlichen Methoden hat *Wallach* unter dem Eindruck seiner ersten Arbeiter-gebnisse direkt Stellung genommen. Er hat als Vorbedingung für ein sicheres Urteil über die Echtheit ätherischer Öle 1. die Erkennt-nis ihrer Bestandteile hinsichtlich ihres chemischen Verhaltens und ihrer charakteristischen Reaktionen und 2. die Erforschung der Grenzwerte des quantitativen Vorkommens der Hauptbestandteile nach Jahrgang und Herkunft gefordert und insbesondere für die zweite Forderung die Fabriken ätherischer Öle zur Mitarbeit an dem für sie so wichtigen Problem aufgerufen. Die Industrie – an erster Stelle die Firma *Schimmel & Co.* in Leipzig – ist seinem Rufe gefolgt und hat in systematischer Arbeit die chemischen und physikalischen Eigenschaften der ätherischen Öle festgelegt, deren Kenntnis den früher groben Verfälschungen einen Riegel vorschiebt.«

Die Riechstoff-Firma *Schimmel & Co. AG* wurde 1829 in Miltitz bei Leipzig gegründet. 1950 erfolgte in Hamburg eine Neugründung. Sie ging später in den Besitz von Haarmann & Reimer (heute Symrise) in Holzminden über (s. Abschnitt 2.4.2). In der DDR bestand sie bis 1959 als VEB Chemische Fabrik Miltitz (s. auch in Abschnitt 2.4.2).

2.2.2 Systematischer Überblick über Terpene/Terpenderivate und ihr Vorkommen

Als *Terpene* werden alle gesättigten und ungesättigten acyclischen, mono-, bi- und tricyclischen Kohlenwasserstoffe mit 10 C-Atomen bezeichnet, deren Strukturformel den biogenetischen Aufbau (s. Abschnitt 4.2) aus zwei Isopren-Molekülen erkennen lassen. Von den Terpenen abgeleitete Alkohole, Aldehyde, Ketone, Ether und Ester werden unter der Bezeichnung *Terpenoide* zusammengefasst. Die Strukturformeln sind im Anhang dargestellt.

1. Monoterpen-Kohlenwasserstoffe

Acyclisch, mehrfach ungesättigt

Myrcen (7-Methyl-3-methylenocta-1,6-dien), nach dem *Oleum myricae* benannt, das aus dem Öl der Kirschmyrte (*Eugenia*) oder aus Nelkenpfeffer (*Pimenta acris*) als farblose, angenehm riechende Flüssigkeit gewonnen werden kann. Außerdem kommt das weit verbreitete Myrcen in Lavendel, süßem Pomeranzenöl und in Lemongrasöl (bis 7,5 %) vor.

β-Ocimen (3,7-Dimethyl-1,3,6-octatrien) bildet ebenfalls ein farbloses, angenehm riechendes Öl, das in zwei stereoisomeren Formen existiert. Es kommt in Zitrusfrüchten, Lavendel (zwischen 8 und 15 %

im Lavendelöl), Mangofrüchten und im *Ocimum gratissimum* (Basilikum-Spezies) aus Taiwan vor.

Monocyclisch, zweifach ungesättigt

Limonen (*p*-Mentha-1,8(9)-dien) ist der Hauptbestandteil der Zitrusschalenöle (im Orangenschalenöl zu 92 %), weiterhin auch im Ingwer und im Fichtennadelöl. Die farblose Flüssigkeit riecht stark zitronenartig.

α-Phellandren (*p*-Mentha-1,5-dien) kommt im Terpentin- und Eucalyptusöl in Form von zwei Enantiomeren (optisch aktiv), darüber hinaus auch in Piment, Zimt und Ingwer vor.

α-Terpinen (*p*-Mentha-1,3-dien) ist Bestandteil zahlreicher ätherischer Öle aus Gewürzpflanzen und kommt auch im Orangenöl vor.

Monocyclisch, aromatisch

p-Cymen (*p*-Cymol; 1-Isopropyl-4-methylbenzol) ist ein Riechstoff, der nach dem botanischen Namen des Römischen Kümmels (*Cuminium cyminum*) benannt wurde – eine farblose, angenehm riechende Flüssigkeit, die auch im Thymianöl vorkommt. Insgesamt ist *p*-Cymen im Pflanzenreich weit verbreitet, u. a. in den ätherischen Ölen aus den Blättern und Früchten von Zimt, Eukalyptus und Koriander.

Bicyclisch, einfach ungesättigt

Camphen (2,2-Dimethyl-3-methylenbicyclo-[1.2.2]-heptan) kommt in zwei optischen Formen und als Racemat vor. Dieser bicyclische Terpenkohlenwasserstoff ist meist in nur geringen Mengen, aber in vielen ätherischen Ölen vorhanden – besonders reichlich in Bergamott-, Zitronen-, Zypressen- und Neroliöl, im sibirischen Fichtennadelöl und im Ceylon-Citronellöl. Die mild campher- und sandelholzartige riechende Substanz bildet weiße Kristalle.

α-Pinen / β-Pinen, zwei isomere Formen der ungesättigten Form des Pinans (2,6,6-Trimethylbicyclo[3.1.1]heptan), die in vielen ätherischen Ölen aus Nadelgehölzen vorkommen. Die optisch aktive L-Form wird auch als Terebenthen bezeichnet. Pinen ist Hauptbestandteil der Terpentinöle und kommt auch in Früchten und Blättern von Zitrusarten vor. α-Pinen ist das am häufigsten genutzte Terpen, das den typischen Terpentingeruch verursacht. Das Öl verharzt sehr leicht infolge von Autoxidation.

α-Thujen (4-Methyl-1-methylethyl-bicyclo[0,1,3]-hex-3-en) kommt in Eukalyptus, Thymian und auch Zitrusschalenöl, aber auch in vielen anderen ätherischen Ölen vor. Das ätherische Öl von Salbei besteht sogar zu 40% aus diesem bicyclischen Monoterpen-Kohlenwasserstoff.

2. Sesquiterpen-Kohlenwasserstoffe

Acyclisch, mehrfach ungesättigt

α-Farnesen (3,7,11-Trimethyl-2,6,10-dodecatrien), dessen Name von der Akazienart *Acacia farnesiana* abgeleitet ist, weist eine geringe Stabilität auf (als Alkohol – s. Farnesol – stabiler) und kommt z. B. in Salbei sowie der Cuticula von Äpfeln, Birnen und Quitten vor.

β-Farnesen (2,6-Dimethyl-10-methylen-dodeca-2,6,11-trien) riecht nach Orange, kommt somit in Zitrusölen vor und vermittelt ein warmes, mild-süßes Apfelaroma.

Monocyclisch, mehrfach ungesättigt

α-Bisabolen (2-Methyl-6-(4-methyl-3-cyclohexenyl)-2,5-heptadien), sowie *β-Bisabolen* und *γ-Bisabolen* kommen im Gemisch als farblose,

Acacia Farnesiana W. – Blütenköpfchen in natürlicher Größe
(Hirzel: Toiletten-Chemie, 1892).

isomere Sesquiterpene vor, die aus verschiedenen Pflanzenölen, vor allem Bergamott- und Zitrusöl isoliert wurden. α-Bisabolen kommt u. a. auch in Myrrhe, β-Bisabolen in Gewürzen wie Anis, Ingwer und im ätherischen Öl der Ackerminze und γ-Bisabolen in Wermut und Ingwer vor.

α-Humulen (von Humulus: Hopfen; auch α-Caryophyllen genannt) – 2,6,6,9-Tetramethyl-1,4,8-cycloundecatrien – kommt in ätherischen Ölen vieler Pflanzen vor – so z. B. außer in Hopfen auch in Nelken, Wacholder, in der japanischen Satsuma-Mandarine und Salbeiblättern.

Sesquiphellandren – s. auch Phellandren – ist vor allem im ätherischen Öl von Kurkuma und von Ingwer (7 % im ätherischen Öl, das sich zu 1–4 % aus Ingwer gewinnen lässt) enthalten.

Zingiberen (5-(1,5-Dimethyl-4-hexenyl)-2-methyl-1,3-cyclohexadien) ist zu 70 % Bestandteil des Ingweröls (Ingwer: *Zingiber officinale*), bis zu 25 % des Curcumaöls, zu ca. 1 % im Veilchen-Blütenöl vorhanden.

Bicyclisch, mehrfach ungesättigt

Bergamoten kann als Öl aus *Aspergillus fumigatus* gewonnen werden und zählt zu den Sesquiterpenen.

β-Caryophyllen verströmt ein nelken- bis terpentinartiges Aroma und kommt verbreitet u. a. in Ceylonzimt, in Lavendel, Pfefferminzöl und im ätherischen Öl des Zitronenstrauches vor.

Selinene (Eudesmene) bilden farblose Öle und kommen vor allem im Sellerieöl vor. Sie sind heute auch synthetisch zugänglich.

Valencen kommt als wichtige Komponente im Schalenöl der Mandarine (jap. Satsuma – *Citrus unshiu*) sowie auch in Grapefruit- und Orangenöl vor.

Cadinen ist ein Hexahydro-Derivat des 4-Isopropyl-1,6-dimethyl-naphtalins mit 9 möglichen Stereoisomeren und ist als farbloses Öl mit angenehmem Geruch das im Pflanzenreich verbreitetste Sesquiterpen. Es kommt u. a. in Grapefruit, Zitrone, Lavendel und Kamille vor.

Tricyclisch

α-Cedren als optisch aktiver tricyclischer sesquiterpenoider Inhaltsstoff der Zeder lässt sich zu 80 % aus Zedernöl gewinnen.

3. Monoterpen-Alkohole

Borneol (endo-Bornan-2-ol) hat seinen Namen von der indonesischen Insel Borneo (heute: Kalimantan), ein campher-artig riechender Terpen-Alkohol, der hexagonale Kristalle bildet. Sein Essigsäureester (Bornylacetat) wird als künstliches Fichtennadelöl verwendet. Borneol kommt im ätherischen Öl des *Dryobalanops aromatica*, eines auf Sumatra und Borneo wachsenden Baumes, sowie in Rosmarin- und Lavendelöl und in vielen Gewürzpflanzen vor. Die linksdrehende Form L-Borneol hat man in Aleppo-Kiefernnadelöl, Citronell-, Coriander- und Thujaöl gefunden.

Geraniol (*trans*-3,7-Dimethylocta-2,6-dien-1-ol) – nach *Geranium*: Storchschnabel – ist ein flüssiger, farbloser, nach Rosen duftender Terpen-Alkohol, der ebenso wie seine Ester (Geranylester) in der Parfümerie eingesetzt wird.

Citronellol (2,6-Dimethyloct-2-en-8-ol) kommt in der linksdrehenden Form in Rosen- und Geraniumölen und in der rechtsdrehenden Form in Citronellöl vor. Er riecht rosenartig. Citronellylester werden durch Veresterung der primären Hydroxygruppe als flüchtige Ester synthetisiert. Sie riechen meist fruchtig und/oder blumig und werden daher häufig in der Parfümerie eingesetzt. Die Geruchsnoten der Ester unterscheiden sich je nach Estergruppe: Formiat (fruchtig, blumig, zitrusartig), Acetat (Bergamotte, Lavendel), Propionat (Rose, Maiglöckchen), Isobutyrat (süß, fruchtig).

Linalool (3,7-Dimethyl-octa-1,6-dien-3-ol) bildet eine farblose Flüssigkeit und verströmt eine blumige, nach Maiglöckchen riechende Note. Er ist in vielen ätherischen Ölen verbreitet, so in Bergamott-, Koriander-, Lavendel-, Rosen-, Zimt-, Thymian-, Geranium- und Zitronenöl. Er findet ebenso wie seine Ester, vor allem Linalylacetat, breite Anwendung in der Parfümerie.

Menthol (*p*-Menthan-3-ol) bildet farblose, optisch aktive, pfefferminzartig riechende Kristalle und ist Hauptbestandteil des Pfefferminzöles.

Nerol (*cis*-3,7-Dimethylocta-2,6-dien-1-ol) – zu Neroliöl (Orangenblütenöl), das in der 2. Hälfte des 17. Jahrhunderts in Frankreich als Duftstoff eingeführt wurde (angeblich von einem Prinzen Neroli di Orisini oder von Flavia Orsini, Prinzessin von Neroli) – ist ein farbloser nach Rosen duftender Terpen-Alkohol (cis-Isomer zum Geraniol – s. o.).

Terpineol besteht aus einem Gemisch aus *p*-Menthenolen (stereoisomere Hydroxymenthene, die wegen ihres an Flieder erinnernden
Geruches in der Parfümerie verwendet werden). Menthene sind einfach ungesättigte Derivate des *p*-Menthans (1-Methyl-4-isopropyl-
cyclohexan), einem Grundkörper vieler natürlicher Terpene.

4. Sesquiterpen-Alkohole

Farnesol (2,6,10-Trimethyl-dodeca-2,6,10-trien-12-ol), ein farbloses,
nach Maiglöckchen riechendes Öl, kommt verbreitet im Öl von Moschuskörner, in Lindenblüten und in vielen ätherischen Ölen, insbesondere in Zitrusölen und Blütenölen vor. Es wird zur Herstellung
von Maiglöckchenduft und Cassiablütenöl verwendet. Sein Name leitet sich von der Akazienart *Acacia farnesiana* ab.

Nerolidol (3,7,11-Trimethyl-1,6,10-dodecatrien-3-ol) bildet als cis-
trans-Gemisch (in je zwei enantiotropen Formen) eine farblose bis
hellgelbe Flüssigkeit und wurde in zahlreichen ätherischen Ölen
nachgewiesen. Die Enantiomeren-Zusammensetzung ist als Indikator für die Echtheit von Neroliöl, Petitgrain- und Bitterorangenöl geeignet. Das synthetische (aus Linalool über Geranylacetat zugängli-
che) Racemat weist ein lang anhaltendes Aroma auf und wird als Basisnote für hochwertige blütenartige Duft- und Aromanoten verwendet.

5. Monoterpen-Aldehyde

Geranial (Citral a) (3,7-Dimethylocta-2,6-dien) und *Neral* (Citral b)
kommen als cis-trans-Isomeren-Gemisch im so genannten Handels-
Citral, einem leicht beweglichen, schwach gelblichen, nach Zitronen
riechenden Öl vor. Es kommt vor allem im Lemongrasöl (70–85 %),
Zitronenöl (3,5–7,5 %) und in Basilikumölen vor. Es kann auch durch
Oxidation von Geraniol (s. o. Punkt 3) gewonnen werden.

D-Citronellal (3,7-Dimethyl-6-octenal) kommt im Citronell(Bart-
gras)-, Zitronen-, Lemongras- und Melissenöl sowie auch im Eukalyptusöl vor. Die Fruchtschalen der Kaffirlimette (*Citrus lystrix*) enthalten bis zu 10 % D-Citronellal. Die Flüssigkeit weist einen erfrischenden Geruch auf.

Safranal (4,5-Dihydro-(β-cyclocitral) ist das charakteristische Terpe-
noid im ätherischen Öl (0,9 %) des Safrans (mit 45 %).

6. Monoterpen-Ketone

Carvon (*p*-Mentha-6,8-dien-2-on) kommt mit einem kümmel- bzw. minzeartigen Geruch im Öl aus Kümmel bzw. Krauseminze vor. Carvon ist das Oxidationsprodukt von Limonen (s. o. Punkt 1).

Chrysanthenon zählt zu den ungesättigten bicyclischen Monoterpen-Ketonen mit einer Pinan-Struktur. Es lässt sich mit ca. 40 %iger Ausbeute aus Winterastern (*Dendranthema indicum*) isolieren.

Kampfer (1,7,7-trimethylbicyclo[1.2.2]heptan-2-on) bildet weiche, farblose, sublimierende, typisch riechende Kristalle (aus dem ätherischen Öl des in Südostasien wachsenden Kampferbaumes *Cinnamomum camphora*).

Campher-Lorbeerbaum (Hirzel: Toiletten-Chemie, 1892).

Menthone, p-Menthanone sind monocyclische Monoterpen-Ketone (5-Methyl-2-(1-methylethyl)-cyclo-hexanone), die im Geraniumöl und im ätherischen Öl der Ackerminze vorkommen. Sie werden in Mischungen mit anderen Duftstoffen in Parfums verwendet.

D-Pulegon (1-Methyl-4-isopropyliden-cyclohexan-3-on) kommt verbreitet in Lippenblütlern vor und ist im ätherischen Öl der Ackerminze zu 0,9 % enthalten.

7. Sesquiterpen-Ketone

Davanon im braunen, viskosen Davanaöl (zu 50 %) verströmt einen warmen, süßen, an Trockenobst erinnernden Geruch. Das Öl wird durch Wasserdampfdestillation des in Südindien wachsenden Krautes *Artemisia pallens* gewonnen.

Nookaton bildet farblose, bittere Kristalle, kommt als Aromastoff im Schalenöl der Grapefruit, auch im Grapefruitsaft und im Zitrusschalenöl vor. Das Aroma von (+)-Nookaton ist grapefruitartig, das von (–)-Nookaton dagegen holzig-würzig.

Vetivon (α-Vetivon als Isonookaton) kommt im Vetiveröl vor, einem dickflüssigen, braunen bis rötlich-braunen Öl mit einem schweren, sehr haftfesten, erdigen bis holzigen, balsamigen Geruch. Das Öl wird durch Wasserdampfdestillation aus den Wurzeln einer tropischen Grasart (*Vetiveria zizanioides*), die auf Haiti, in Indien, Brasilien, China und Indonesien wächst, gewonnen.

8. Sesquiterpen-Aldehyde

Sinensale sind ölige, geruchsprägende Inhaltsstoffe kaltgepressten Orangenschalenöls (*Citrus sinensis*), Mandarinenöls (*Citrus reticulata*) und weisen einen ausgeprägten Apfelsinencharakter (Geruchsschwelle 0,5 ppb) auf. Die β-Form zeigt einen unangenehmen stark metallisch-fischigen Unterton.

9. Terpenether

1,8-Cineol ist eine farblose, würzig nach Campher riechende Flüssigkeit, die auch den Hauptbestandteil des Eukalyptusöles (bis zu 85 %) darstellt. Darüber hinaus ist 1,8-Cineol in Juniperus-, Salbei- und Myrtenöl und vielen anderen ätherischen Ölen enthalten.

1,4-Cineol kommt im Limettenöl vor.

Neroloxid (s. Nerol, Punkt 3) – 3,6-Dihydro-4-methyl-2-(2-methyl-1-propenyl)-2H-pyran, ein cyclisches Terpen mit einer Etherbrücke, kommt u. a. in der Blüte des Schwarzen Holunders vor. Es besitzt ein fruchtiges Aroma.

Rosenoxid (4-Methyl-2(2-methyl-1-propenyl)-tetrahydropyran) bildet ein farbloses Öl und kommt in der linksdrehenden Form im Rosen- und Geraniumöl in geringen Anteilen vor. Rosenoxid weist in hoher Verdünnung noch den intensiven Rosengeruch auf (0,1 Mikrogramm in einem Liter Wasser). Es stellt auch eine Aromakomponente des Gewürztraminers dar und kann chemisch-technisch sowie mikrobiell (durch Konversion von Citronellol) gewonnen werden.

10. Spezielle Terpenoide

Damascone als Ionon-Isomere gehören zu den so genannten Norsesquiterpenen (oder C_{13}-Norisoprenoiden) – 1-(2,6,6-Trimethyl-1,3-cyclohexenyl)-2-buten-1-on (Unterscheidung nach der Stellung der Doppelbindung) – und bilden ölige Flüssigkeiten mit fruchtigem, rosenähnlichem Charakter. Als Synonym wird die Bezeichnung *Rosenketon* gebraucht, was auf sein Vorkommen im ätherischen Öl der Damascenerrose zurückzuführen ist.

β-Damascenon (1-(2,6,6-Trimethyl-1,3-cyclohexadienyl)-2-buten-1-on) ist ein farbloses Öl und als Bestandteil des bulgarischen Rosenöls (der Damascenerrose) mit nur 0,05 % ganz wesentlich für das Rosenaroma verantwortlich. Als essentieller Bestandteil von Parfums verleiht es diesen als Schlüsselsubstanz Frische und Brillanz.

Geraniumsäure (2,6-Dimethyl-octadi-2,6-en-8-säure oder 2,6-Dimethyl-heptadi-1,5-en-dicarbonsäure), wird auch Nerolsäure genannt, kommt als dünnflüssiges Öl in den ätherischen Ölen von Eukalyptus, Lemongras und im Zitronen-Petitgrainöl vor. Sie ist auch ein wichtiger Aromastoff der Scheurebe und des Traminer-Weins.

α-Terpinylacetat und *δ-Terpinylacetat* sind Ester des Terpineols (s. Punkt 3), kommen im Zypressenöl bzw. in Spuren im Lorbeeröl vor. Das δ-Terpinylacetat riecht holzig und angenehm frisch-würzig.

2.3 Parfümeure und Flavouristen

Parfum in der heutigen Definition ist stets eine alkoholisch-wässrige Lösung von Parfumölen (meist 15–30 %). Als Parfumöle werden ätherische Öle, Balsame sowie andere natürliche oder auch synthetische Riechstoffe eingesetzt. In der Antike wurden zunächst duftende Salböle verwendet. Erst die Destillierkunst der Araber vom 8. bis 11. Jahrhundert führte dann zur Herstellung aromatischer Öle, die in Alkohol gelöst wurden. Die arabischen Kenntnisse gelangten im Mittelalter durch die Kreuzzüge nach Mitteleuropa. Der Handel von Parfums wurde von den Venezianern, Genuesen und Florentinern beherrscht. Im 16. Jahrhundert entwickelte sich in Frankreich eine Parfum-Industrie. Katharina von Medici (heiratete 1533 Heinrich II., ab

Kupferstich (1736) *Der Duft* von Jacques Philippe Le Bas
oder Lebas (1707–1783).

1547 König von Frankreich) hatte ihren Hofparfümeur aus Italien mit
nach Frankreich gebracht (s. Abschnitt 1.1.3).

Ein römischer Edelmann mit Namen *Frangipani* soll aus Gewürzen, Moschus oder Zibet und Veilchenwurzel das erste Riechpulver
hergestellt haben (H. Wurm). Als erster Parfümeur gilt sein Neffe
Mauritius Frangipani, der das Riechpulver in starkem Weingeist aufgelöst habe (s. Abschnitt 1.1.3). Eine Pflanze, *Plumeria Frangipani*,
trägt offensichtlich seinen Namen. *Plumeria*, nach Charles Plumier
(1646–1704), einem französischen Franziskaner, Botaniker und Rei-
senden, der drei botanische Forschungsreisen nach Nordamerika un-
ternahm, bezeichnet eine Gattung der Hundsgiftgewächse (Bäume
oder Sträucher) mit nur wenigen Arten in Amerika. Mit *Frangipani*
wird der Tempelstrauch (*Plumeria alba*) bezeichnet, der aus Westindien stammt. In wieweit ein Mitglied oder Nachkomme des römischen Adelsgeschlechtes Frangipane, seit dem späten 11. Jahrhundert
nachweisbar, Niedergang in der zweiten Hälfte des 13. Jahrhunderts,
dessen Hauptlinie im 17. Jahrhundert ausstarb, damit in Verbindung
steht, ließ sich nicht sicher ermitteln.

Heinrich Hirzel schrieb dazu in der 4. Auflage seines Werkes »Die Toiletten-Chemie« von 1892 unter »Geschichtliches« (s. unter Grasse in Abschnitt 1.1.3):

»Der Erste, welcher ein (...) Riechpulver darstellte, war ein römischer Edelmann namens *Frangipani* aus einer der angesehensten Familien. Dieses Riechpulver besteht aus gleichen Teilen der bekanntesten Gewürze, mit ein Prozent Moschus oder Zibeth und mit so viel feingepulverter Veilchenwurzel versetzt, als das Gewicht aller angewandten Gewürze zusammen beträgt; es wird jetzt noch zuweilen dargestellt und führt den Namen seines Erfinders. Später bereitete ein Enkel (!) des Frangipani, *Mercution Frangipani,* den ersten flüssigen Parfum auf die Weise, dass er das Frangipanische Riechpulver mit starkem Weingeist einige Zeit erwärmte (digerierte), wobei die wohlriechenden Teile an den Weingeist übergehen. Dieses Frangipanische Riechwasser wird ebenfalls jetzt noch fabriziert und zeichnet sich dadurch aus, dass es einer der dauerhaftesten Parfume ist. Ein *Marquis Frangipani,* welcher in Frankreich unter Ludwig dem XIII. diente, erfand eine Methode zum Parfümieren der Handschuhe.«

In Frankreich bildete sich bereits im 12. Jahrhundert eine Zunft von Destillateuren – als Standesbezeichnung für Parfümeure. Als Titel eines Hoflieferanten galt der »Destillateur du roi«. Auch Johann Anton Farina (s. Abschnitt 1.1.1) bezeichnet sich 1762 in den Pariser »Annonces, Affiches et Avis Divers« als *Destillateur.* 1770 wurde auch in einer deutschen Zeitung – der »Frankfurter Kaiserl. Reichs-Ober-Post-Amts-Zeitung« – in einem Inserat die Bezeichnung *Destillateur chimique* verwendet (E. Rosenbaum). Nach den Gesetzen der Zunft – 1190 durch König Philipp II. August (1180–1223) von Frankreich bis Ludwig XIV. (1658) immer wieder bestätigt – musste ein zukünftiger Parfümeur eine vierjährige Lehrzeit absolvieren und danach drei Jahre als Geselle in einem Geschäft tätig sein, bevor er als Meister arbeiten durfte. Die Duftstoffgewinnung erfolgte in Frankreich im 17. und 18. Jahrhundert in kleinen Familienbetrieben. Die »Handwerksmeister« nannten sich *artisan,* ihre Werkstätte wurde als *atelier* bezeichnet.

Über die Situation in Deutschland am Ende des 19. Jahrhunderts vermittelt Hirzel in seiner »Toiletten-Chemie« folgendes (auch kritisches) Bild:

Französische Parfümerie des 18. Jahrhunderts
(Polycarpe Poncelet: La Chymie du Goût et de l'Odorat, Paris 1766).

»Infolge der von Jahr zu Jahr sich steigernden Verwendung von Parfümerien hat der Parfümeriehandel sehr an Bedeutung zugenommen; dagegen hat sich die Kunst der Parfümerie noch nicht in entsprechendem Verhältnis entwickelt. Es wird immer noch zu viel und ohne Verständnis nach alten Rezepten gearbeitet und – besonders in Deutschland – zu viel geringe Ware auf den Markt gebracht. Durch grobe, sehr geringe Parfume wie z. B. Mirbanöl (Nitrobenzol!, als künstliches Bittermandelöl), künstlichen Moschus u. dergl., wird das Geruchsgefühl gerade so verdorben, wie der Kunstsinn des Kindes durch Bilderbücher mit schlecht gemalten Bildern und wie das musikalische Verständnis Erwachsener durch schlechte Musik. Es sollte daher des intelligenten Parfümeurs eifrigstes

Bestreben sein, durch die Anfertigung von wirklich fein riechenden Parfümerien in seinem Kreise dazu beizutragen, dass das grosse Publikum den Wert des wirklichen Parfums kennen und schätzen lernt. Die Ausübung der Parfümerie ist zurzeit mit viel geringeren Schwierigkeiten verbunden als früher.

Besonders der deutsche Parfümist kann gegenwärtig alles, was er zur Darstellung seiner Erzeugnisse gebraucht, in bereits zur Verwendung vorbereitetem Zustande aus grossen Fabriken beziehen, während er früher manches Präparat selbst erst mühsam herstellen musste und oft mit grossen Schwierigkeiten zu kämpfen hatte, um einzelne ausländische Waren unverfälscht zu erhalten. Der deutschen Parfümerie wird, wie schon bemerkt, alles, was sie zu ihrem Betriebe gebraucht, in bester Beschaffenheit geboten, daher steht ihrem ferneren Aufschwung nichts entgegen. Es ist nur erforderlich, dass der Parfümist zu der Erkenntnis kommt, dass die Parfümerie ein Gewerbe ist, das nach bestimmten rationellen Grundsätzen betrieben werden muss, dessen Bedeutung daher nicht von den einzelnen Rezepten abhängt. Der Parfümist, der auf der Höhe der Zeit steht, muss den sein Gewerbe betreffenden Ergebnissen der Wissenschaft lebhafteres Interesse und Verständnis entgegenbringen, als dies früher geschah; er muss nach Kräften dazu beitragen, die Fortschritte der Wissenschaft praktisch zu verwerten.

In Frankreich, wo seit langer Zeit wohlriechende Blumen und Kräuter in grossem Massstabe kultiviert werden, um daraus den Blumenduft oder ätherisches Öl abzuscheiden und für die Parfümerie nutzbar zu machen, steht die Kunst der Parfümerie auf hoher Stufe. Mancherlei könnte in dieser Richtung auch in Deutschland gethan werden, wenn man endlich das Vorurteil aufgeben würde, dass das deutsche Klima zur Gewinnung feiner Blütengerüche nicht geeignet sei. Mit einer Rosenplantage, die von Jahr zu Jahr erweitert wird, hat in der Nähe Leipzigs die Firma Schimmel & Co. bereits einen Anfang gemacht, dessen Resultat ein überraschend günstiges ist. Aus den vielen wohlriechenden Blumen, die in Deutschland gedeihen, würden sich herrliche Wohlgerüche abscheiden lassen. Wir wollen daher nicht unterlassen, an dieser Stelle zur Ausführung fernerer derartiger Versuche aufzumuntern. Die Erzeugung feinster Blütengerüche ist ebenso schön als einträglich.«

Die Aussage im letzten Satz dieses ausführlichen Zitats aus dem Jahr 1892 gilt auch heute noch. Wie sich jedoch der Anbau von »Duftpflanzen« entwickelt hat, ist in Abschnitt 1.1.3 nachzulesen. Im Standard-Handbuch »Die ätherischen Öle« von E. Gildemeister und F. Hoffmann (Band I, 1956) schrieb Friedrich Gietz über den »Parfümeur und sein Aufgabengebiet« u. a.:

»In Frankreich wird seit etwa 200 Jahren der Parfümerie-Fachspezialist »*Parfumeur*« benannt, eine Berufsbezeichnung, die von anderen Kulturvölkern übernommen wurde. Da umfangreiche Kenntnisse der Drogenkunde und der Angewandten Chemie verlangt werden müssen, ist es verständlich, dass dieser Berufszweig seit Generationen von gut durchgebildeten Apothekern und Chemikern, daneben auch von tüchtigen Drogisten und erfahrenen Seifenfachleuten ausgeübt wurde. (...)

Dem Parfümeur fällt als berufliches Betätigungsfeld die Aufgabe zu, die Blumendüfte der Natur nachzubilden, neue Dufteffekte zu entwickeln und vorhandene Parfume zu kopieren. Die Arbeit der Nachbildung von Parfums ist oftmals sehr schwierig und entspricht etwa der Tätigkeit eines Malers, der ein berühmtes Gemälde kopiert. Um die zur Verfügung stehenden zahlreichen natürlichen und synthetischen Duftstoffe zu einer fein abgestimmten Komposition harmonisch zusammenfügen zu können, müssen die bereits genannten Eigenschaften [*Geruchsvermögen* und ausgeprägtes *Geruchsgedächtnis*] durch ein feines künstlerisches Empfinden und eine ausdrucksreiche Phantasie ergänzt werden. Die Parfümerie ist also ein ausgesprochenes Kunstfach.

Voraussetzung dieser künstlerischen Betätigung sind gründliche Kenntnisse der qualitativen und quantitativen chemischen Analyse, um den verwickelten Aufbau von Duftstoff-Kompositionen, wenigstens in großen Zügen, aufzuklären. Hieran schließt sich die nicht minder schwierige Synthese. Ein geschulter Geruchssinn, gründliche Ausbildung und eine feines Gefühl für Duftharmonien müssen den Parfümeur zu selbständiger schöpferischer Arbeit befähigen. (...) Ist der Parfümeur ein Meister der Kombinatorik und überrascht er durch neuartige Gedankengänge, dann ist er im Aufbau von Parfum-Kompositionen unerschöpflich.

Die Aufgaben des Parfümeurs greifen auch in das Gebiet der *Seifenindustrie* über, wo die Duftkompositionen anders aufgebaut werden müssen als bei den Parfums. Der Parfümeur muß wissen, welchen Veränderungen die Riechstoffe in der Seifenmasse unterworfen sind, um der daraus resultierenden Verflachung des Duftefektes in gebührender Weise Rechnung zu tragen.

Neben den genannten Tätigkeitsbereichen muß ein guter Parfümeur auch noch »*Kosmetiker*« sein, also pharmazeutische, pharmakologische und wenn möglich auch medizinische Kenntnisse besitzen. Er muß die Technik der Emulsionen und anderer kolloidaler Massen für die Herstellung von Hautkrems, Zahnpasten, Rasiermittel und dergleichen beherrschen. (...)

Durch die Aufklärung der Zusammensetzung natürlicher und die Synthese künstlicher Riechstoffe wurde auch dem *wissenschaftlich durchgebildeten Chemiker* das Tor zum Eintritt in den Beruf des Parfümeurs geöffnet, jedoch sind die Hochschulen heute noch nicht in der Lage, eine Spezialausbildung zu vermitteln. (...) Es erscheint zunächst merkwürdig, dass der Beruf des Parfümeurs weit überwiegend von Männern ausgeübt wird, jedoch sollen Frauen bei der Geruchswahrnehmung langsamer reagieren als Männer. E. Toulouse und N. Vaschide (1899) haben festgestellt, daß sich die Riechschärfen bei Kindern, Frauen und Männern verhalten wie 5 : 70 : 900 [?]. Ähnlich wie in der Parfümerie liegen die Dinge bekanntlich in der Kochkunst. Die Küchen großer gastronomischer Betriebe werden von Männern geleitet.

Sehr hemmend auf die Entwicklung der Parfümerie wirkte sich die Geheimniskrämerei aus. Die Parfümeure der Vergangenheit haben ihre wichtigen Beobachtungen und sehr wertvollen Erkenntnisse nicht der Nachwelt als verwertbares Erbe hinterlassen, sondern mit ins Grab genommen. (...)« [Ausnahmen s. in Abschnitt 1.1.1 und 1.1.2]

Über die Ausbildung zum Parfümeur in unserer Zeit berichtet eine Schrift der Firma Haarmann & Reimer in Holzminden (o. J.) mit dem Titel »Informationen zu Duftstoffen. Mit Sinn und Verstand ...« im Abschnitt »Die kreative Arbeit der Parfümeure ...«. Ihre »Zunft« wird als sehr speziell bezeichnet, sie erfordere Fachwissen, Routine, handwerklichen Fleiß, jedoch von genau so großer Bedeutung seien Intuition und Kreativität. Auch wenn es kein offizielles Berufsbild gibt, so dauert eine Ausbildung doch fünf Jahre. Als Vor(aus)bildung haben viele zukünftige Parfümeure bereits einen fachlich vorgeprägten Beruf wie den des Drogisten, Laboranten, Chemikers, Pharmazeuten – oder sie sind Quereinsteiger, z. B. als kaufmännische Angestellte aus einer Parfümerie oder aus Kosmetikunternehmen. Wörtlich heißt es in dem genannten Bericht:»Auch wenn intellektuelle Vorbildung und fachliche Ausbildung erwünscht sind, kommt es in diesem Beruf vor allem auf musische Begabung und eine ausgeprägte sinnliche Erlebnisfähigkeit an.«

Denn Parfümeure *komponieren* ihre Kreationen und das zunächst als Rezeptur auch auf dem Papier und mit Hilfe eines Computers. Dann erst greifen sie zu den Fläschchen mit den Rohstoffen aus einem Regal, das sie auch Duftorgel nennen. In der Beschreibung des Parfums wird dann auch der Begriff »Akkorde« verwendet. Ein Parfümeur muss in den ersten Jahren seiner Ausbildung als Trainee bis zu 2 000 Duftstoffe kennen, d. h. riechen und unterscheiden lernen. Die Schulung des Geruchssinnes und des Geruchsgedächtnisses, die immer wieder trainiert werden müssen, nimmt einen breiten Raum ein. Im zweiten Teil der Ausbildung wird dann die Entwicklung von Kompositionen vermittelt. Die Verfeinerung einer ersten Rezeptur kann mehrere Wochen dauern. Kundenvorgaben, ein so genanntes Briefing, definieren die Anforderungen an die zu erzielende Düfte. Als Beispiel dafür werden genannt:»Ein Duft, der an einen Herbstspaziergang in der Toskana erinnert.« Die chemischen Beschaffenheit der Riechstoffe (auch synthetischer) und die damit verbundenen Geruchsqualitäten gehören selbstverständlich zur grundlegenden Ausbildung eines Jung-Parfümeurs. Auch erfahrene Parfümeure müssen täglich trainieren, wofür technisch Riechstreifen und für das Geruchsgedächtnis Eselsbrücken verwendet werden, die Bilder assoziieren – wie Patchouli = orientalischer Markt oder Jasmin = Erotik. Und zusammenfassend heißt es abschließend:»...nur das trainierte Geruchsgedächtnis, die Vorstellung ganzer Duftkomplexe, die Fähigkeit, sie im Kopf abzurufen und im Geiste neu zusammenzustellen, macht die eigentliche Begabung des Parfümeurs aus.«

Im Unterschied zum Parfümeur ist der *Flavourist* einen Aromenspezialist – er beschäftigt sich mit der Aromatisierung von Lebensmitteln. Als *Aroma* wird der olfaktorische Eindruck flüchtiger Bestandteile unterschiedlicher chemischer Strukturen eines Lebensmittels im Mund-Nasen-Raum bezeichnet.

Ein typischer Aromaeindruck kann durch natürliche (aus pflanzlichen oder tierischen Bestandteilen gewonnenen), naturidentische (gleicher chemischer Aufbau wie die natürlichen Aromastoffe, aber voll oder teilweise synthetisch gewonnen) oder künstliche (synthetisch gewonnenen) Aromastoffe erzielt werden. Kombinationen aus Aromstoffen werden als *Aromen* bezeichnet – zur Geschichte s. auch Abschnitt 2.4.3.

Über den Beruf des Flavouristen berichteten zwei Mitarbeiter der Holzmindener Firma Dragoco (heute Symrise) aus der Produkt- und Verfahrensentwicklung / Komposition Aromen in ihren Firmenberichten (Ulrich Audria und Helmut Gehle, 4/1990). Ein Flavourist ist ein Aromenspezialist oder Aromatiker, der sich mit der Entwicklung von Aromen für vorgegebene Lebensmittel beschäftigt. Vor der eigentlichen Entwicklung eines Aromas hat er zunächst einmal den Geschmack des vorgegebenen Lebensmittels in seiner gesamten Komplexität zu erfassen. Das zu erstellende Aromaprofil eines oft natürlichen Vorbildes liefert einen Geschmacksrahmen aus Kopfnote (vgl. auch beim Parfum – s. Abschnitt 4.4), Körper und Nachgeschmack. Bei Früchten, aber auch bei zubereiteten Lebensmitteln wie Fleisch oder Gemüse, ergibt sich jedoch immer nur eine Momentaufnahme, d. h., Aromen unterliegen der Veränderung. Sucht man ein Aroma für ein Kaugummi, so will man einen Langzeiteffekt erzielen; bei einem Instantprodukt soll dagegen ein Frische-Effekt erzeugt werden. In dieser ersten Phase wird somit das gewünschte Aromaprofil exakt festgelegt bzw. definiert. Danach werden alle erreichbaren Informationen – von der aktuellen Literatur, bewährten Rezepturen bis zu Ergebnissen der internen Analytik und Forschung – herangezogen. Aromastoffgemische lassen sich gaschromatographisch in Einzelkomponenten auftrennen (s. Abschnitt 3.6) und beim so genannten GC-Sniffing auch olfaktorisch beurteilen. So erkennt man die »Impact-Komponenten«, die über den Aromeindruck entscheiden. Meist sind es nicht die Hauptbestandteile eines Gemisches. Auch hier sind somit die Erfahrungen wie beim Parfümeur von sehr großer Bedeutung. Jahrelange Erfahrung und ständige Übung ermöglichen nun dem Flavouristen, seine eigentliche als schöpferisch-kompositiv zu bezeichnende Arbeit zur Entwicklung des gewünschten Aromas zu beginnen. Geht man von den bekannten Einzelkomponenten z. B. des Erdbeeraromas (ca. 300) aus, so lässt sich der Aromaeindruck auch aus wenigen Stoffen, den Impact-Komponenten rekonstruieren. Schwieriger ist es, eine Duftnote wie »grün« zu entwickeln, denn »grün« kann als fruchtig, gemüsig, modrig oder holzig interpretiert werden. Die weiteren Schritte der Entwicklung entsprechen denen des Parfümeurs: Eine erste Rezeptur wird so lange variiert, bis das gewünschte Aromaprofil zunächst in Testlösungen (neutral, sauer, süß, salzig) erreicht und dann am Produkt selbst erreicht ist. In der letzten Phase müssen lebensmittelrechtliche Vorgaben, lebensmitteltechnologische Einflüsse und Veränderungen durch die Lagerung und bei der Zubereitung berücksichtigt und überprüft werden. Wie auch für den Parfümeur gibt es für den Beruf des Flavouristen keine vorgeschriebene Laufbahn. Anwärter kommen aus der Chemie/Lebensmittelchemie oder Lebensmitteltechnologie und erlernen ihre Kunst und das Handwerk als Trainee-Flavouristen. Oft gibt ein erfahrener Senior-Flavourist seine Erfahrungen und Kenntnisse an einen begabten Mitarbeiter weiter. Besondere Anforderungen werden verständlicherweise an ein besonders ausgeprägtes und feines Geruchs- und Geschmacksempfinden gestellt, »einen angeborenen Kompaß für die Orientierung in der Welt der Gerüche und des Geschmacks und dazu ein Gedächtnis, das noch nach Jahren weiß, was wie gerochen und auch geschmeckt hat.«

Parfümerien waren im 20. Jahrhundert stets eine Abteilung der Drogerien. Als Spezialgeschäft eröffnete bereits 1910 die 1821 in Hamburg gegründete Firma Parfümerie und Seifenfabrik J. S. Douglas Söhne ein Geschäft am Jungfernstieg. Heute ist die Douglas-Parfümerie mit fast 900 Filialen als Marktführer über Deutschland und Europa hinaus vertreten.

2.4 Ätherische Öle industriell

2.4.1 Anfänge der Industrie

In Fachbüchern des 19. Jahrhunderts wird immer wieder die Firma *Schimmel* mit den Orten Miltitz und Leipzig genannt (s. auch Abschnitt 2.2 und 2.3).

In seinen Lebenserinnerungen hat vor allem Otto Wallach (s. Abschnitt 2.2.1) über die Zusammenarbeit mit dieser wohl ersten Duftstoff-Firma in Deutschland berichtet. Wallach hatte für kurze Zeit (1871/72) auch als Industriechemiker in der Aktiengesellschaft für Anilinfarben (Agfa) in Rummelsburg bei Berlin Erfahrungen sammeln können. Wegen einer Erkrankung – Wallach hatte die Aufgabe, die gewonnenen Anilinöle zu analysieren und die Chlorfabrikation zu überwachen – gab er diese Stellung jedoch bald wieder auf. Er selbst schrieb darüber:

>»Wenn ich mich in die Fabrikarbeit soweit auch ganz gut einlebte, so konnte sie mich doch nicht befriedigen. Von allen Dingen aber fühlte ich mich bald den üblen hygienischen Verhältnissen der Tätigkeit nicht mehr gewachsen. Infolge der täglichen Reizungen der Atmungsorgane stellten sich hartnäckige Katarrhe ein, die einen Verbleib unter denselben Bedingungen untunlich erscheinen lassen mussten.«

Von 1872 bis 1889 wirkte Wallach in Bonn, dann als Ordinarius und Nachfolger von Viktor Meyer (1848–1897), der als Nachfolger von Robert Bunsen nach Heidelberg berufen worden war, bis 1915 in Göttingen.

In der »Festschrift. Otto Wallach zur Erinnerung an seine Forschungen auf dem Gebiet der Trepene in den Jahren 1884–1909« berichtet sein ehemaliger Schüler Albert Hesse (1866–1924, Promotion bei Wallach 1891), der nach zweijähriger Assistenzzeit bei Wallach von 1893 bis 1902 im Leipziger Riechstoffunternehmen Heine & Co. tätig war, »Über die Entwickelung der Industrie der ätherischen Öle in Deutschland in den letzten 25 Jahren«.

Die Leipziger Firma wurde 1853 durch Carl Heine (1819–1888) gegründet und 1907 nach Gröba bei Riesa verlegt (s. u.).

Wallach dankt in seiner Rede vor allem der Leipziger Firma Schimmel & Co. für die gute Zusammenarbeit, indem er zunächst feststellt, dass er und seine Schüler den Fortschritt ihrer Arbeiten auch »dem Wohlwollen und dem steten Entgegenkommen der Männer der Praxis (zu) verdanken« haben. Und dann nennt er auch Namen, die mit der frühen Geschichte der industrielle Riech- und Aromastoffproduktion unmittelbar verbunden sind:

>»In erster Linie habe ich dabei den Chefs der Firma Schimmel & Co., vor allem des leider schon dahingegangenen Herrn Hermann Fritzsche zu gedenken, der allein rein wissenschaftlichen Bestrebungen das vollste Verständnis entgegenbrachte und nicht weniger des ausgezeichneten, stets hilfsbereiten Chemikers dieser Firma, Herrn Dr. Bertram, den ich mit besonderer Freude hier begrüsse

Titelseite der Festschrift für Otto Wallach (1909) mit
Beiträgen zur Industriegeschichte.

und der mir durch sein Erscheinen die grosse, wenn auch etwas
unverdiente Ehre antut, sich zu meinen Schülern rechnen zu wollen,
während ich doch selbst so viel von ihm gelernt habe. Dann meines
verehrten Freundes Dr. E. Gildemeister (...) Ebenso bin ich in der
angenehmen Lage, persönlich Herrn Dr. Otto Lampe danken zu
können, der die Firma Sachs(s)e & Co. vertritt, deren Produkte, wie
ich schon erwähnte, die ersten waren, welche mir für so manche
Untersuchungen zur Verfügung standen. Aber ich sehe hier unter
meinen Schülern auch Vertreter der Firma Mehrlaender & Bergmann (...) in Hamburg, die mir vielfach geholfen haben.«

Die Leipziger Firma Schimmel & Co., mehrmals erwähnt, ging 1854 aus einer 1830 gegründeten Firma hervor. Inhaber (als Teilhaber seit 1868) war u. a. *Hermann Traugott Fritzsche* (1843–1906), der 1879 das erste industrielle Versuchslaboratorium für ätherische Öle in Deutschland einrichtete und ab 1901 in Miltitz bei Leipzig sowohl natürliche als auch künstliche Riech- und Aromstoffe sowie Essenzen produzierte. Von 1878 bis 1900 leitete der Chemiker *Julius Bertram* (1851–1926) das chemische Laboratorium des Riechstoffunternehmens.

Bereits 1906 wurde der noch heute existierende *Deutsche Verband der Aromenindustrie,* 50 Jahre später der *Deutsche Verband der Riechstoffindustrie* (Sitz in Meckenheim) gegründet. Gemeinsam gaben sie 2006 eine Broschüre heraus, in der ausführlich auch auf die »Geschichte der deutschen Riechstoffindustrie und ihres Verbandes« eingegangen wird. Über das Zentrum *Leipzig* schon zu Beginn des 19. Jahrhunderts heißt es, dass dort die ersten Fertigungsstätten entstanden seien, die sich im Laufe der nächsten Jahrzehnte zu beachtlicher Bedeutung entwickelt hätten. »Die Betriebe entstanden dort, wo man aromatische Pflanzen anbaute und wo Handel mit diesen Erzeugnissen betrieben wurde.«

Und dann ist in der genannten Broschüre zu lesen:

»Im frühen 19. Jahrhundert war es zunächst eine kleine Leipziger Firma, die der Drogist Spahn und der Apotheker Büttner gegründet hatten, um sich besonders dem Drogenhandel zu widmen. Zehn Jahre nach ihrer Gründung gab es Veränderungen in dieser Firma. Der Apotheker Büttner schied aus, und Friedrich Edmund Louis Schimmel trat in die Firma ein. So entwickelte sich in Leipzig und ab 1901 in Miltitz bei Leipzig die Traditionsfirma Schimmel.

Die Geschichte dieses Hauses war in vieler Hinsicht turbulent. Wirtschaftlich konnte diese Firma bald nach dem Ersten Weltkrieg mit anderen namhaften Riechstoff- und Aromenherstellern konkurrieren. Das war keine Selbstverständlichkeit, bedenkt man die verheerenden Folgen des Ersten Weltkriegs und den wirtschaftlichen Niedergang in den zwanziger Jahren mit ihren politischen Verwerfungen, die schließlich in den Zweiten Weltkrieg einmündeten. Nach diesem Krieg stand die Firma in Miltitz unter kommunistischer Herrschaft, und ihr Geschäft war auf den kommunistischen Wirtschaftsblock ausgerichtet. Weltweit ging die Entwicklung weiter.

Dort, wo keine staatliche Willkür herrschte und wo man unter marktwirtschaftlichen Bedingungen arbeitete, war es möglich, Forschung und Entwicklung voranzutreiben. Dabei konnte man auf das Wissen aufbauen, das in Miltitz seinen Ursprung hatte.«

Über das weitere Schicksal dieses bedeutenden Unternehmens ist in wenigen Sätzen berichtet: 1948 wurden alle Betriebe der Riechstoff- und Aromenindustrie in einem neuen Kombinat in Miltitz zusammengelegt. In Hamburg entstand die Firma Schimmel neu, die zu den ersten Mitgliedern des 1956 gegründeten Verbandes zählte.

Eduard Gildemeister (1860 als Sohn eines Orientalistik-Professors in Bonn geboren, gest. 1938 in Bremen) studierte ab 1884 Pharmazie in Bonn, dann in München und Freiburg. Als Assistent arbeitete er bei Wallach in Bonn über Eukalyptusöl und promovierte mit seiner Arbeit 1888 in Freiburg. Er wirkte dann in der Fa. Schimmel und wurde 1900 Leiter der Neuanlage dieser Firma in Miltitz sowie 1917 Leiter der Gesamtfabrik. 1926 trat er in den Ruhestand. Von ihm stammt das Standardwerk »Die Ätherischen Öle«, das von Wilhelm Treibs herausgegeben noch 1956 in der vierten Auflage erschien.

Die Firma E. Sachsse & Co. wurde 1859 als selbstständige Fabrik zur Herstellung ätherischer Öle, Essenzen und pharmazeutischer Präparate in Verbindung mit einer Mühle für Gewürze und Drogen gegründet. 1897 richtete die Firma neben dem technischen Laboratorium auch ein wissenschaftliches Forschungslabor nach dem Vorbild des Göttinger Universitätslaboratoriums ein. Otto Lampe war seit 1889 zusammen mit Carl Heinrich Albert Dufour-Feronce Inhaber dieser Firma.

Warum gerade Leipzig sich zu einem ersten Zentrum für Riechstoffe entwickelte, beschreibt der Autor Albert Hesse in seiner umfangreichen Dokumentation »Über die Entwicklung der Industrie der ätherischen Öle in Deutschland in den letzten 25 Jahren« in der Festschrift für Otto Wallach (1909) am Beispiel der *Firma Heine & Co.*, in der er bis 1902 tätig war, wie folgt:

»Gleich einer Anzahl anderer Fabriken ätherischer Öle hat sich die Firma Heine & Co. aus kleinen Anfängen im Zentrum der deutschen Riechstoffindustrie, Leipzig, entwickelt, welche Stadt vermöge ihrer für den Anbau von ölhaltigen Sämereien und Kräutern günstigen Lage auch sonst vorteilhafte Bedingungen für die Destillation äthe-

rischer Öle bot. Die Gründung der Firma erfolgte im Jahre 1853.
Doktor Karl Heine, jener weitblickende Schöpfer und Erbauer der
industriereichen Westvorstadt Leipzig, richtete zur besseren Ausnutzung des Dampfes seiner Waschanstalt einen Distillationsbe-
trieb ätherischer Öle ein.«

Hesse nennt dann den Anbau von Anis, Fenchel und Kümmel in der
Umgebung von Leipzig. Andererseits wurden auch Studien in Grasse betrieben. So hielt sich Hesse wiederholt im Zentrum der französischen Blumenindustrie auf und er stellte fest, dass diese Besuche
vor allem auch seine eigenen Studien über die Blütenriechstoffe in
hervorragender Weise gefördert hätten und die dort an der Quelle ge-
machten Beobachtungen und Arbeiten auch zu wichtigen Entdeckungen geführt hätten.

In der Hamburger Riechstoff-Firma Dr. Mehrländer & Bergmann,
1892 gegründet, waren mehrere Schüler Wallachs, u. a. Curt Engel-
brecht und Friedrich Jäger, tätig. Schwerpunkt nach der Gründung
war die Destillation ätherischer Öle aus Hölzern, Sämereien, Gewürzen, Wurzeln und aromatischen Harzen. Neben der Wasserdampfdestillation wurde auch die Rektifikation ausländischer Öle, zum Teil
im Vakuum, durchgeführt.

Über die weitere Entwicklung der Riechstoffindustrie wird in der
bereits zitierten Broschüre des Aromen-/Riechstoffverbandes wie
folgt berichtet:

»In Deutschland entstanden Firmen, die sich zunächst mit dem
Handel, der Herstellung und der Verarbeitung ätherischer Öle
befassten. Im Jahre 1806 begann in Bremen das Haus C. Melchers
& Co. mit dem Handel ätherischer Öle, 1836 nahm in Hamburg die
Firma Frey & Lau ihre Tätigkeit auf. Parallel entwickelte sich eine
Sparte der Chemieindustrie, die Aromstoffe, Riechstoffe und deren
Kompositionen betraf. Auch einige Firmen, die heute noch exis-
tieren, oder deren Folgegesellschaften seien erwähnt. In Holzminden wurde 1874 eine Vanillinfabrik aufgebaut, die seit 1876 unter
dem Namen Haarmann & Reimer firmierte und sich zu einem weltweit bedeutenden Aromen- und Riechstoff-Hersteller entwickelte.
1875 entstand in Leipzig die Firma Curt Georgi. Die heutige Firma
Drom Fragances geht aus Firmen hervor, die 1911 beziehungsweise
1921 die Produktion von Parfumölen aufnahmen. In Holzminden

entwickelte sich in den zwanziger Jahren die im Jahre 1919 unmittelbar nach dem ersten Weltkrieg gegründete Aromen- und Riechstoff-Farbik Dragoco schnell zu beachtlicher Bedeutung. Die beiden Holzminder Häuser fanden im Oktober 2002 zueinander und firmieren heute unter dem Namen Symrise.«

2.4.2 Düfte/Aromen aus Holzminden an der Weser

1875 beginnt die Geschichte der Duft- und Geschmackstoffindustrie im Weserstädtchen Holzminden. Ein Jahr zuvor hatte der Chemiker Wilhelm Haarmann bei seinem Lehrer August Wilhelm von Hofmann in Berlin zusammen mit Ferdinand Tiemann die Oxidation von Coniferin, das Glucosid des Coniferylalkohols (4-Hydroxy-3-methoxyzimtalkohol) mit Chromtrioxid zu Glucovanillin entdeckt. Diese monomere Vorstufe des Lignins wurde aus dem Kambialsaft von Nadelbäumen isoliert, oxidiert und dann in Glucose und Vanillin gespalten (durch Hydrolyse mit Schwefelsäure).

Wilhelm Haarmann (geb. 24.5.1847 in Holzminden, gest. 6.3.1931 in Höxter) begann sein Studium 1866 an der damaligen Bergakademie (heute TU) Clausthal, studierte dann in Göttingen, wo Friedrich Wöhler lehrte, und ab 1869 in Berlin bei August Wilhelm von Hofmann. Ferdinand Tiemann (geb. 10.6.1848 in Rübeland, gest. 14.11.1899 in Meran) absolvierte zunächst eine Lehre als Drogist, studierte ab 1866 Chemie und Pharmazie am damaligen Collegium (der späteren TU) Braunschweig und legte 1869 das Examen als Apotheker ab. Dann wurde es Assistent von A. W. von Hofmann in Berlin und promovierte als Externer 1870 zum Dr. phil. an der Universität Göttingen. In Berlin habilitierte sich Tiemann 1878, wurde 1882 außerordentlicher Honorarprofessor und 1891 ordentlicher Honorarprofessor. Tiemann wurde wissenschaftlicher Berater und stiller Teilhaber von Haarmann's Vanillinfabrik in Holzminden. Die beschriebene Vanillinsynthese wurde im Februar 1874 patentiert. Haarmann und Tiemann erreichten es durch die Vermittlung ihres Lehrers, das Vanillin im damals führenden Land der Parfümerie, in Frankreich, durch die Pariser Firma De Laire & Co. in Lizenz produziert wurde.

1891 gelang es Haarmann mit einem weiteren Bekannten aus der Berliner Studienzeit, Karl Ludwig Reimer (1845–1883), Vanillin aus dem zu günstigeren Kosten aus dem Nelkenöl isolierbaren Eugenol zu synthetisieren. 1890 war es Tiemann gelungen, Eugenol in Isoeugenol umzuwandeln, das dann zu Vanillin umgesetzt wird. Reimer trat 1876 in die Vanillinfabrik in Holzminden ein und die Firma wurde in »Haarmann & Reimer« umbenannt.

Über den Lebensweg und das Wirken von Karl Ludwig Reimer berichtete A. W. Hofmann in den Berichten der Deutschen Chemischen Gesellschaft (16) kurz nach dessen Tod (Sitzung vom 22. Januar 1883). Reimer wurde als Sohn einer bekannten Buchhändlerfamilie in Leipzig geboren, besuchte in Berlin das Friedrichs-Gymnasium und studierte ab 1865 an den Universitäten Göttingen, Greifswald, Heidelberg und Berlin. Mit einer Arbeit »Ueber einige Derivate des Gärungsbutylalkohols« promovierte er 1871 zum Dr. phil. und war danach als chemischer Assistent der Königlichen Forst-Akademie in Neustadt-Eberswalde, in der chemischen Fabrik Kahlbaum und als Leiter einer Fabrik für Zinn-Präparate tätig. 1875 entwickelte er die Synthese von Salicylaldehyd durch Einwirkung von Trichlormethan (Chloroform) auf Phenol in Anwesenheit von Alkali.

Im selben Jahr war das synthetisch aus Coniferin gewonnene Vanillin zunächst noch fast genau so teuer wie das aus den fermentierten Orchideen-Fruchtstangen der Natur-Vanille (*Vanilla planifolia*, eine Orchideenart aus Mexiko) extrahierte Vanillin – etwa 7 000 Mark je Kilogramm. Nach dem Verfahren auf der Grundlage des Nelkenöls kostete Vanillin 1891 dann nur noch 126 Mark je Kilogramm, nachdem der Preis nach dem ersten Verfahren bereits 1890 auf 700 Mark gesunken war.

Tiemann synthetisierte 1893 auch das Ionon, den Duftstoff der Veilchen, der in Holzminden ebenfalls nach der Patentanmeldung produziert wurde.

Die Firma Haarmann & Reimer (H&R) war das erste Unternehmen, das weltweit den ersten synthetischen Geschmacksstoff auf den Markt brachte. Auf der Weltausstellung (International Exhibition) in Philadelphia 1876 erhielt H&R bereits die erste Auszeichnung für Vanillin. Es wurde aber auch mit der Gewinnung natürlicher Pflanzenextrakte begonnen. In Holzminden wurden dafür eine Lavendelplantage und Reseda- und Lupinenpflanzungen angelegt.

In einem Jahrzehnt, von 1893 bis 1903, erfolgten weitere 30 Patentanmeldungen, zu denen auch die Reimer-Tiemann-Synthese des Salicylaldehyds als Vorprodukt des Waldmeister-Aromas Cumarin gehört (s. o.).

1903 veröffentlichte Otto N. Witt in »Chemische Berichte« (34) ein »Lebensbild« von Ferdinand Tiemann, in dem sehr ausführlich und auch auf sehr persönliche Weise sowohl auf den Arbeitsstil von Tiemann als auch auf die Persönlichkeit von Haarmann eingegangen wird. Aus diesem auf 50 Druckseiten einer wissenschaftlichen Zeitschrift veröffentlichten »Lebensbild« sollen daher dazu zwei Absätze zitiert werden:

»Es ist vielleicht hier der Platz, einige Worte über *Tiemann*'s Arbeitsweise und die Art seines Verkehrs mit seinen Mitarbeitern zu sagen. Beide waren in hohem Grade charakteristisch für ihn. Als Chemiker konnte *Tiemann*, ebenso wie als Mensch, den Anspruch erheben, ungewöhnlich vielseitig gebildet genannt zu werden. Wenige Chemiker beherrschten so wie er das gesamte Wissen ihrer Zeit. Aus diesem Grunde war *Tiemann* auch ein so ausgezeichneter Redacteur unserer Berichte. Aber seine Vielseitigkeit erstreckte sich nicht auf seine praktische Arbeit im Laboratorium. Den weiter oben geschilderten Eigenthümlichkeiten seines Charakters entsprechend, blieb er nicht nur seinen einmal gewählten Arbeitsthematen treu, indem er sie bis zu den letzten Consequenzen durchführte, sondern er hielt auch fest an seinem verhältnismässig kleinen Methodenschatz, dessen Grenzen er nur überschritt, wenn er nicht anders konnte. Die von ihm bevorzugten Methoden aber wusste er auch in meisterhafter Weise zu handhaben und jedem gegebenen Falle anzupassen. Wer *Tiemann*'s Gesamtwerk überblickt, kann nicht umhin, darüber zu staunen, mit wie wenigen und einfachen Hülfsmitteln er seinen Zielen zuzustreben verstand und wie discret er dieselben verwandte. Er hatte, wenn man so sagen darf, das Talent, chemische Substanzen mit weicher Hand anzufassen und gerade das war die Ursache, dass er bei dem Studium sehr empfindlicher und veränderlicher Körper so grosse Erfolge errang.

Dabei hatte *Tiemann* das Bedürfniss, mit anderen Chemikern zusammen zu arbeiten, und das Talent, sie für die gemeinsame Arbeit zu interessieren. Selbst die nur unter seinem Namen veröffentlichten Untersuchungen enthalten im Text fast immer den Hinweis auf die wertvolle Hülfe jüngerer Fachgenossen. *Tiemann* selbst war stets so ganz bei der Sache, dass er unbedingt Jemanden brauchte, mit dem er alle Beobachtungen sofort besprechen konnte. Aus dieser Eigenart entsprang *Tiemann*'s eminente Bedeu-

tung als Lehrer. Er hat nicht nur sehr viele junge Chemiker herangezogen, sondern namentlich auch eine grosse Zahl solcher Kräfte,
welche sich in ihrer späteren Laufbahn durch strenge Methodik und
wissenschaftliche Schärfe des Urtheils ausgezeichnet haben.«

Über Haarmann und den Start des Unternehmens in Holzminden ist
dann Folgendes zu lesen:

>*Wilhelm Haarmann* hatte nie daran gedacht, sich der wissenschaft-
lichen Laufbahn zu widmen, sondern er und die Seinen hatten sich
stets mit allerlei Projecten zu gewerblichen Unternehmungen in der
Vaterstadt Holzminden getragen, die ihnen mit Recht für solche
Zwecke wohlgelegen erschien. Nachdem er nun mit seinem Freunde
die Mittel und Wege erkannt hatte, um aus dem in unbegrenzter
Menge zur Verfügung stehenden Fichtensafte den kostbaren Duftstoff der Vanille zu gewinnen, reifte in ihm alsbald der kühne Plan
einer technischen Ausnutzung dieser Errungenschaft. *Tiemann*, der
die akademische Carriére nicht verlassen wollte, wurde sein stiller
Gesellschafter und wissenschaftlicher Mitarbeiter. Verwandte und
Freunde beschafften das erforderliche Capital, und schon im Jahre
1875 wurde mit dem Bau der Vanillinfabrik in Holzminden
begonnen.«

Nach dem Tod von Firmengründer Wilhelm Haarmann an den Folgen eines Unfalls auf einer Schiffsreise übernehmen dessen Söhne
die Geschäftsführung. 1938 erreicht das Unternehmen mit über 100
Mitarbeitern einen Umsatz von 2 Millionen Reichsmark. Infolge des
Zweiten Weltkrieges gehen alle Auslandsbeteiligungen verloren.

Nach der Währungsreform 1949 entwickelt sich die Firma H&R
mit Hilfe des Bayer-Konzerns als Kapitalgeber zu einem auch international bedeutenden Hersteller von Duft- und Aromstoffen. 1953 erwirtschaften über 260 Mitarbeiter einen Umsatz von 5 Millionen DM.
Die Exportquote beträgt 17 %. 1954 wird H&R von Bayer aufgekauft,
jedoch als selbstständige Tochtergesellschaft weitergeführt. Es entstehen Tochterfirmen in Mexiko, in den USA, in Brasilien, Großbritan-
nien, Südafrika, Frankreich und Spanien. Der Umsatz steigt bis 1968
mit über 1000 Mitarbeitern auf 80 Millionen DM, bei einer Exportquote von nun 35 %. 1973 gelingt die vollsynthetische Herstellung von
Menthol. Von 1990 bis 1995 werden mehrere Duftstoff- bzw. Aroma-

stoffhersteller wie Créations Aromatique und Florasynth aufgekauft. In neue Anlagen wie eine Reaktions-Destillationsanlage für Riech- und kosmetische Wirkstoffe wird in Holzminden und in Mexiko 1997/98 investiert. 1999 wird ein neues Werk in Nördlingen einge- weiht.

Im Jahre 2003 verkauft Bayer H&R an den schwedischen Finanz- investor EQT (Northern Europe Private Equity Fonds – zur Wallen- berg-Familie gehörend), der auch das Familienunternehmen Dragoco übernimmt und als eine bedeutende Umstrukturierung in der Un- ternehmenswelt (W. Hasenpusch, CLB 12/2006) zur Firma Symrise zusammenführt. Im Jahre 2005 erzielte Symrise mit 4 800 Mitarbei- tern einen Umsatz von 1,15 Milliarden Euro und zählt damit zu den vier weltweit größten Anbietern für Duft- und Aromstoffe.

Die Firma Dragoco wurde 1919 von dem Friseurmeister Carl Wil- helm Gerberding gegründet – zur Herstellung von Parfum- und Sei- fenkompositionen. Der Name als Abkürzung von »Dragon Company« entstand aus Interesse des Firmengründers an ostasiatischer Kultur (lat. *drago* für Drachen). Der chinesische Drachen wurde auch als Wa- renzeichen gewählt. Mitbegründer und Mitinhaber war August Bell- mer. 1928 erfolgte der erste größere Ausbau des Unternehmens mit dem Bau neuer Gebäude. Ab 1930 wurden auch Geschmack(Aro- ma)stoffe produziert. Nach dem Zweiten Weltkrieg entwickelte sich Dragoco unter der Geschäftsführung der Söhne des Gründers, von Carl-Heinz und Horst Gerberding, und Prinz Wilhelm Karl von Preu- ßen zu einem modernen Spezialunternehmen für konzentrierte Riech- und Aromastoffe. Bis 1999 werden weltweit 25 Tochtergesell- schaften gegründet, die mit insgesamt 1800 Mitarbeitern einen Um- satz von ca. 500 Millionen DM erwirtschaften. 1981 übernahm Horst- Otto Gerberding die Geschäftsführung, 1993 erfolgte eine Umstruk- turierung und Umwandlung in die Dragoco Gerberding & Co. AG. 2002 übernahm EQT bereits Anteile der Minderheitsgesellschafter. 2003 erfolgte die Fusion zur Symrise GmbH & Co. KG.

2.4.3 Firmenich in der Schweiz und die supramolekulare Chemie

Die mit Hauptsitz in Genf beheimatet Firma Firmenich & Cie. ent- stand aus den Firmen Chuit und von Naef 1895, die von Fred Firme- nich 1900 zusammengeführt wurden. Sie ist heute das weltweit dritt- größte Unternehmen im Bereich Aromen und Parfums. 1922 erfolgte die erste Synthese des Nerols und Nerolidols für »Haut Couture«-Kreationen. In der Firmengeschichte wird mit dem Jahr 1939 auch die Verleihung des Nobelpreises an Leopold *Ruzicka* (1887–1976) aufgeführt. Ruzicka (Ru_i_ka), in Vukovar in Kroatien geboren, studierte ab 1906 an der TH Karlsruhe Chemie und promovierte dort 1910 zum Dr. Ing. Danach arbeitete er bei dem makromolekularen Chemiker Hermann Staudinger (1881–1965), mit dem er 1912 an die ETH Zürich wechselte. Hier habilitierte er sich 1916 und wurde 1917 auch Schweizer Staatsbürger. Über seine Kontakte bzw. Zusammenarbeit mit Riechstoff-Firmen berichtete er in der Zeitschrift »Helvetica Chimica Acta« 1971 – unter dem Titel: »Rolle der Riechstoffe in meinem chemischen Lebenswerk – Herrn Dr. Roger Firmenich zum 65. Geburtstag gewidmet«. Der folgende Abschnitt aus diesem Bericht stellt zugleich auch ein Stück ganz persönlicher Chemie- und vor allem Riechstoff-Geschichte dar. Ruzicka schrieb:

»Nach meiner Promotion nahm ich *Staudinger*'s Angebot gerne an, ihm behilflich zu sein bei einer Untersuchung der unbekannten Bestandteile der Blüten von *Chrysanthemum cinerariifolium Bocc.* Das Vorkommen sehr giftiger Stoffe für kaltblütige Tier war der Grund, warum die getrockneten, fein gemahlenen Blüten als Insektenpulver verwendet wurden. Meine Beteiligung an diesen Forschungen erstreckte sich von 1911 bis 1916, und zwar bis September 1912 noch in Karlsruhe und dann in Zürich, wo *Staudinger* die Nachfolge *Willstätter*'s übernahm. Die von uns *Pyrethrine* genannten Träger der Wirksamkeit sind ebenso wenig Riechstoffe wie die Ketene, gehören aber wie die meisten Riechstoffe zu den alicyclischen Verbindungen. Die nach der Verseifung des wirksamsten Pyrethrins erhältliche, von uns *Chrysanthemumsäure* genannte, Verbindung ist ein neuartiges Monoterpen und spielte eine Rolle bei der später aufgestellten Isoprenregel.

Gegen Ende der 51/2-jährigen Tätigkeit auf dem Pyrethringebiet, speziell bei synthetischen Versuchen, kam ich zur festen Überzeugung, dass wir auf einem Holzwege herumirrten. Daher beschloss ich, eine Habilitationsarbeit zu beginnen. Als Thema wählte ich eine Synthese des von *Tiemann & Krüger* aus einer Irisart isolierten, veilchenartig riechenden *Irons* [2-Methyljonon; Gemisch isomerer ungesättigter C_{14}-Ketone aus Iriswurzeln; G. S.], das die beiden Forscher zur Herstellung der berühmten α- und β-Jonone anregte. Diese

Stoffe wurden von der wohl ältesten Riechstoff-Fabrik, *Haarman &
Reimer*, fabriziert. Da ich kein Geld hatte und meine Assistentenstelle nicht behalten konnte, war ich froh, nach verschiedenen ver-
geblichen Versuchen die Unterstützung der genannten Firma
gewinnen zu können, die mir dann mitteilte, dass die Iron-Formel
nicht richtig sei. Bei der katalytischen Hydrierung sei nur ein Dihy-
droderivat zu erhalten gewesen und Iron müsse daher bicyclisch
sein. Ich änderte sofort meine Pläne und wollte, ausgehend vom
bicyclischen Terpenketon Fenchon, eine Verbindung von einem bicyclischen Jonontyp bereiten. Das Fenchon [Oxidationsprodukt des
aus Fenchelöl isolierbaren Terpenalkohols Fenchol – als Riechstoff-
komponente gebräuchlich; G. S.] trägt nämlich, nach der von
Semmler aufgestellten Formel, drei Methylgruppen in der gleichen
Anordnung wie die Jonone und das Iron. *Wallach* hatte aber in
seiner 1910 gehaltenen *Nobel*-Vorlesung alle Monoterpene als Derivate des *p*-Cymols definiert und daher die *Semmler*'sche Formel ver-
worfen, da sie seiner Definition nicht entspricht. Da ich aber die
Semmler'sche Formel für wahrscheinlich richtig hielt, beschloss ich,
durch eine Totalsynthese eine Entscheidung zu treffen. Nun, diese
Arbeit wurde 1917 als *Totalsynthese des Fenchons* publiziert. Auch
Fenchon setzt sich also, wie Chrysanthemumsäure, aus zwei Iso-
prenresten zusammen, ohne ein *p*-Cymolderivat [1-Isopropyl-
methyl-benzol, farblose, angenehm riechende Flüssigkeit; G. S.] zu
sein, und war daher bei der Aufstellung der Isoprenregel beteiligt. ...
    [Es folgen weitere fachliche Ausführungen, bevor Ruzicka dann
wieder über die Zusammenarbeit mit der Industrie berichtet.]
    Während der anschliessenden 21/2 Jahre meiner ersten Zusam-
menarbeit mit der Ciba wurden interessante *chininähnliche Verbindungen* hergestellt. (...) Am Ende dieser Periode kam noch hinzu die
wenige Monate dauernde Bekanntschaft mit einer kleinen chemischen Fabrik, welche die Absicht hatte, ins Riechstoffgeschäft einzu-
steigen. Die Rolle, die diese Episode in meinem Leben spielte, war
sehr negativ, und so teilte ich der Firma *Naef & Cie.* mit, dass ich
jetzt bereits sei, das Angebot von 1919 anzunehmen.
    Es begann nun die beste und angenehmste Periode meines che-
mischen Lebenswerkes, die 1930 nach meiner Rückkehr aus Holland
durch die zweite Periode einer Zusammenarbeit mit der Ciba
ergänzt wurde. Die Zusammenarbeit führte zu verschiedenen wich-

tigen Resultaten. (...) Die Freundschaft mit den zwei Firmen währte über meine Emeritierung hinaus bis zum heutigen Tag. Zurück zu 1921. Es ergab sich, dass sowohl *Chuit* sowie ich selbst, unabhängig voneinander, jeder eine Liste von natürlichen Riechstoffen aufstellte, deren Bearbeitung erwünscht schien. Meine Liste erhielt Nerolidol, Farnesol, Zibeton, Muscon, Iron, Jasmon. Die *Chiut*'sche Liste enthielt statt Nerolidol den aliphatischen Monoterpenalkohol Nerol und die gleichen 5 übrigen Namen. Damit hatte ein gutes gegenseitiges Einvernehmen begonnen.«

Nach einer kurzen Darstellung der ersten Totalsynthesen der beiden Riechstoffe der Sesquiterpenreihe, von Farnesol und Nerolidol, steht dann in einem Satz (und Absatz!):»Es kam dann gelegentlich die letzte Änderung der Firma-Nomenklatur in »*Firmenich & Cie.*«.«

Zwölf Jahre nach Erscheinen dieses Aufsatzes von 1971 von Ruzicka selbst, der 1976 verstorben war, berichteten in derselben Zeitschrift»Helvetica Chimica Acta« (1983) zwei berühmte Kollegen, Vladimir Prelog (Jg. 1906, Nobelreis 1975) und Oskar Jeger (Jg. 1917, Arbeitsgebiet u. a. Terpene), aus dem Laboratorium für Organische Chemie der ETH Zürich in einer ausführlichen Würdigung über Ruzickas Entwicklung und Zusammenarbeit mit der Industrie wie folgt:

»*Staudinger* war ein begeisternder Lehrer, aber in seinem Drang, seine eigenen Arbeiten zu fördern, auch ein harter Vorgesetzter. Als ihm Ruzicka 1916 seinen Wunsch mitteilte, sich auf einem eigenen Forschungsgebiet zu habilitieren, verlor er die Assistentenstelle, und seine Arbeitsmöglichkeiten wurden stark eingeengt. Er hatte deshalb zu seinem Lehrer ein etwas zwiespältiges Verhältnis, bei dem sich die Bewunderung über die wissenschaftliche Leistung mit einem Schuss Enttäuschung mischte. Die Folge seiner Verselbständigung war, dass er sich genötigt sah, die finanziellen Mittel für seinen Lebensunterhalt und die Laboratoriumsausgaben bei der chemischen Industrie zu suchen. Er brauchte Zeit, bis er für diese durch die Umstände aufgezwungene Zusammenarbeit einen für beide Partner befriedigenden *modus cooperandi* fand, welcher später für die Wechselwirkung von industrieller und akademischer chemischer Forschung in der Schweiz vorbildlich wurde.

Sein Interesse für die Terpen-Chemie hat ihn dazu bewogen, die finanzielle Hilfe zuerst bei der Riechstoff-Industrie zu suchen. Seit 1917 wurde von der bekannten deutschen Firma *Haarmann und Reimer* sein Projekt unterstützt, den Veilchenriechstoff Iron zu synthetisieren, dessen Konstitution und Summenformel damals nicht richtig bestimmt worden waren. Ruzickas Synthesen führten deshalb nicht zum Ziel, sie machten ihn aber auf die *Wagner-Meerwein*-Umlagerung aufmerksam, die bei seinen späteren Arbeiten eine wichtige Rolle spielen sollte. Diese erste Zusammenarbeit mit der Industrie wurde 1920 unterbrochen.

Eine zweite solche Zusammenarbeit, welche Synthesen in der China-Alkaloid-Reihe als Thema hatte, hat Ruzicka schon 1918 mit der *Gesellschaft für Chemische Industrie* (die spätere CIBA) in Basel begonnen. Mit einer Tochtergesellschaft dieser Firma, der *Chemischen Fabrik* in Brugg, wollte er 1920 auch seine Arbeiten auf dem Riechstoff-Gebiet fortsetzen. Die Synthesen in der China-Alkaloid-Reihe führten jedoch zu keinem technisch verwertbaren Produkte und die Arbeiten über Riechstoffe waren noch nicht richtig angelaufen, als 1921 Ruzicka auch diese Zusammenarbeit auflöste.

Er fand dann in der Genfer Riechstoff-Fabrik *M. Naef & Cie.* einen in jeder Hinsicht befriedigenden industriellen Partner. Im Frühjahr 1921 begann eine Symbiose, die sich als äusserst fruchtbar erwies.«

Ein Sprung in das 21. Jahrhundert führt uns zu einem Interview (veröffentlicht im Internet) mit der 1953 in Buenos Aires geborenen Maria Inés Velazco, die Chemie und Biochemie an der Universität Genf studierte und seit 1986 bei Firmenich (2006 als Vice President Analysis and Perception in der Forschungsabteilung) tätig ist. Sie berichtet darüber, dass Geschmack und Geruch ein *Fall für die supramolekulare Chemie* seien, und geht davon aus, dass die Phänomene, welche die Qualität eines Parfums bestimmen, sich auf molekularer Ebene abspielen (s. 3.1). Bei ihren Forschungen geht es unter anderem darum, der Frage nachzugehen, wie Moleküle eines Parfums oder Aromas interagieren, wie interagieren sie mit Oberflächen, auf die die Produkte aufgetragen werden. Auch gehen die Studien dahin, zu verstehen, wie die Struktur eines Duftstoffmoleküls mit der Stimulierung eines Geruchsrezeptors in Beziehung steht. Im Hinblick auf die Technologie, die Optimierung von Emulsionen und den Einschluss von Parfum- oder Aromamolekülen in Polymerkapseln, werden

Methoden der Nanowissenschaften wie die Kraftmikroskopie – in Zusammenarbeit mit der ETH Zürich – eingesetzt. Aus den Ergebnissen der Forschung sollen Verbesserungen für Anwendungen in der Parfümerie oder im Lebensmittelbereich (Aromen) abgeleitet werden. Für die Zukunft setzt Maria Inés Velazco auf neue Technologien, die das Verhalten von Parfums und Aromen auf molekularer Stufe verständlich und sichtbar machen. Sie denkt dabei an kleinste Instrumente, an spezielle Sensoren, direkt auf oder sogar im menschlichen Körper, die es ermöglichen, die Verdunstung von Duftmolekülen zeitabhängig zu beobachten. Ihr Fazit dieser Visionen lautet: »In der supramolekularen Chemie erhoffen wir uns bessere Kenntnisse über die Interaktion zwischen den Duftmolekülen und den Rezeptoren auf der Ebene der Zellmembran von Geruchsneuronen.«

3
Zur Chemie der Düfte

3.1 Zur Physiologie des Riechens

Frühe Erkenntnisse über die physiologischen Vorgänge des Riechens reichen bis in das antike Griechenland. Aristoteles (384–322 v. Chr.) erkannte, dass Schmecken nur in Gegenwart von Feuchtigkeit möglich ist. Der griechisch-römische Arzt Claudius Galen(os/us) – lebte 129–199 n. Chr. – entdeckte die Riechnerven und Leonardo da Vinci (1452–1519) stellte in seinen anatomischen Zeichnungen bereits die Verbindung dieser Nervenstränge mit dem Riechkolben des Vorderhirns dar.

Die Nase wird oft umgangssprachlich auch als *Riechkolben* bezeichnet. In der Anatomie ist ein Riechkolben (lat. *Bulbus olfactorius*) eine kolbenartige Verdickung des *Riechlappens* (*Lobus olfactorius*), des Teils im Vorderhirn, in den die Fasern des Riechnervs einmünden. Der Riechkolben ist durch Nervenfäden mit dem Riechnerv und Riechepithel verbunden. Der Riechnerv oder Geruchsnerv (*Nervus olfactorius*) stellt ein zentralwärts zum Gehirn ziehenden Fortsatz der Sinneszellen der Riechschleimhaut dar und besteht aus einzelnen Faserbündeln. Diese Nervenfaserbündel treten durch die Siebbeinplatte hinter der Nasenwurzel in das Gehirn. Die Riechorgane befinden sich im oberen, dritten Teil der Nasenmuschel. Dieser Teil ist kleiner als die darunter liegenden und außerdem nach hinten verlagert. Zusammen mit der Nasenscheidewand bildet er eine Rinne, Riechfurche (*Sulcus olfactorius*) genannt, deren Seitenwände das Riechepithel (Epithel allgemein als mehrschichtiges Zellgewebe) tragen. Diese Riechschleimhaut stellt die Riechzone (*Regio olfactoria*) dar. Soviel zur Anatomie.

Auf molekularer Ebene kann man sich den Vorgang des Riechens wie folgt vorstellen: Mit der Atemluft gelangen spezielle Moleküle,

Betörende Düfte, sinnliche Aromen. Georg Schwedt
Copyright © 2008 WILEY-VCH Verlag GmbH & Co. KGaA, Weinheim
ISBN 978-3-527-32045-5

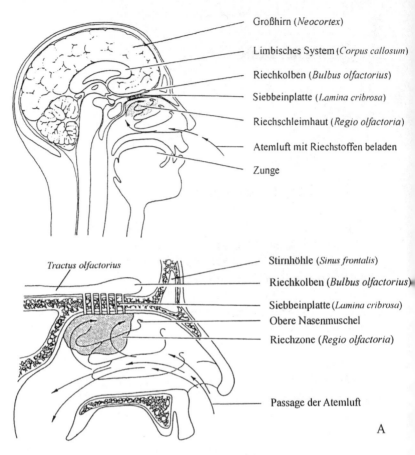

Großhirn (*Neocortex*)

Limbisches System (*Corpus callosum*)

Riechkolben (*Bulbus olfactorius*)

Siebbeinplatte (*Lamina cribrosa*)

Riechschleimhaut (*Regio olfactoria*)

Atemluft mit Riechstoffen beladen

Zunge

Tractus olfactorius

Stirnhöhle (*Sinus frontalis*)

Riechkolben (*Bulbus olfactorius*)

Siebbeinplatte (*Lamina cribrosa*)

Obere Nasenmuschel

Riechzone (*Regio olfactoria*)

Passage der Atemluft

A

Der menschliche Riechapparat – (G. Ohloff: Düfte, Weinheim 2004; Kapitel 3.1 Die chemischen Sinne).

z. B. aus einem Parfum, bis zum Riechepithel. Den Riechzellen in dieser Region steht eine große, spezialisierte Proteinfamilie zur Verfügung, die so genannten *Duftrezeptoren*. Wird nun ein Duftstoffmolekül von einem speziellen Duftrezeptor erfasst, so erfolgt die Stimulation einer Riechzelle, die einen Botenstoff in den Zilien (Zilie: feines Haar – an der Spitze der Riechzellen) bildet. Jede Riechzelle verfügt nur über einen Typ Duftrezeptor und reagiert daher auch nur auf eine kleine Gruppe chemisch sehr ähnlicher Substanzen. Die Duftrezeptoren sind zwar in ihrer Struktur sehr ähnlich, weisen aber in den mittleren transmembranalen Domänen große Unterschiede in der

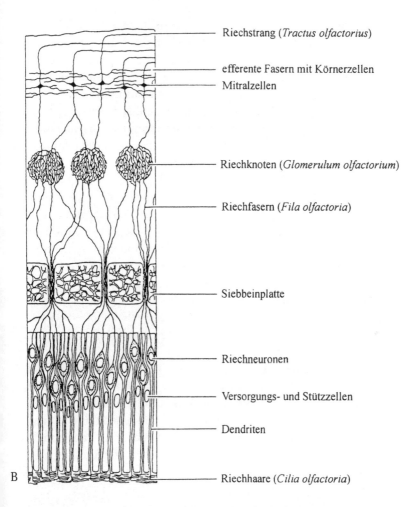

Riechstrang (*Tractus olfactorius*)

efferente Fasern mit Körnerzellen
Mitralzellen

Riechknoten (*Glomerulum olfactorium*)

Riechfasern (*Fila olfactoria*)

Siebbeinplatte

Riechneuronen

Versorgungs- und Stützzellen

Dendriten

B

Riechhaare (*Cilia olfactoria*)

Aminosäurefrequenz auf. Das Riechsignal wird nun an den Riechkolben weiter gegeben, wo die erste Verarbeitung dieser molekularen Riechinformation im Gehirn stattfindet. Im Labor hat man die Reaktionen von Riechzellen auf Duftstoffe untersucht. Dazu werden einzelne Zellen aus dem Riechepithel isoliert. Bringt man nun den Duftstoff in die Zilien, so kann man ein Membranpotential, eine elektrische Spannung im Bereich von mV, innerhalb von ein- bis zweihundert Millisekunden messen. Ein chemisches Signal wird somit in ein elektrisches Signal umgewandelt. »Dockt« also ein Molekül an einen zu ihm passenden Rezeptor an, so wird das ausgelöste elektrische Signal als Reiz an das Gehirn gesandt. Im Riechkolben, wo Hunderte von Nervenfasern enden, findet eine Vorselektion der Reize statt. Sie werden von dort an Teile des Mittelhirns und an das so genannte Riechhirn weitergeleitet. Das Riechhirn zählt entwicklungsgeschichtlich zu den ältesten Teilen des Großhirns. Diese sind ihrerseits mit dem limbischen (insgesamt entwicklungsgeschichtlich ältesten Teil von Gehirnstrukturen) System verbunden, das nämlich unsere Emotionen, unser Gefühlsleben, steuert. Die beschriebenen Nervenimpulse können nicht nur in einer Richtung wirken. Infolge einer Art von Rückkopplung werden Düfte insgesamt vielfältig moduliert bzw. modifiziert, z. B. auch mit Farbeindrücken verbunden (Gelb assoziiert Frische, Rot fruchtige Süße). Darüber hinaus spielt die Konzentration, die Duftstärke, eine wichtige Rolle: Ein Schwellenwert muss überschritten werden, der je nach Substanz sehr unterschiedlich hoch (oder niedrig) sein kann. Zu hohe Konzentrationen dagegen können anderseits auch als unangenehm empfunden werden. Die Nasenschleimhaut wird überreizt, die Moleküle lagern sich offensichtlich auch an Rezeptoren an, die nicht zu ihnen passen. Dadurch wird eine geruchliche Verwirrung ausgelöst. Der Geruchssinn spricht nicht nur Gefühle, sondern auch den Verstand an. Die Reizübertragung und das Erkennen eines Duftes findet in der rechten, die intellektuelle Aufbereitung, d. h. auch die Zuordnung zu einem Namen, dagegen in der linken Hirnhälfte statt. Damit erklärt sich gehirnphysiologisch auch das Phänomen, das jemand einen Duft genau wahrzunehmen vermag, ihn aber nicht benennen kann. Das Riechen ist genetisch codiert, das Erkennen und Beschreiben von Gerüchen dagegen ist eine erworbene, d. h. erlernbare, Fähigkeit.

Diese neuzeitliche stereochemische Geruchstheorie wurde in der zweiten Hälfte des 20. Jahrhunderts entwickelt. Aber schon 2000 Jahre früher schrieb der römische Philosoph und Dichter *Titus Lucretius Carus*, genannt Lukrez (um 98–55 v. Chr.), ein Vertreter der Atomistik, in seinem Werk »De rerum natura«, dass eine Geruch dann ausgelöst würde, wenn Teilchen (»Moleküle«) durch Schlitze des Sinnesorgans (der Nase) mit angepasster Gestalt hindurchtreten könnten. Er stellte sich angenehm riechende Substanzen in Form von glattrunden Partikeln, bitterscharfe Gerüche in Form kompakter und gebogener Teilchen vor.

1894 stellte Emil Fischer (1852–1919; Nobelpreis 1902) bei Untersuchungen zur enzymatischen Vergärung der Zucker die These auf, dass Zucker und vergärendes Agens konfigurativ-strukturell aufeinander abgestimmt sein müssten – eine Theorie, die als Vorläuferin des heutigen Schloss-Schlüssel-Prinzips zur Stereospezifität der Enzyme angesehen werden kann.

1892 erschien die »Toiletten-Chemie« von Heinrich Hirzel, aus der bereits zitiert wurde (s. in Abschnitt 2.3). Hirzel (1828–1908), in Zürich als Sohn eines Kaufmannes geboren (ab 1867 sächsischer Bürger), studierte Chemie an den Universitäten in Zürich und in Leipzig. Er wirkte dort von 1849 bis 1863 als Assistent, promovierte 1851 zum Dr. phil. und habilitierte sich 1852. Danach war er zunächst als Privatdozent, ab 1865 bis 1891 als außerordentlicher Professor für pharmazeutische Chemie tätig. Ab 1862 war er auch Teilhaber einer Fabrik für chemisch-technische Anlagen. Ab 1880 vertrat er sein Geburtsland, die Schweiz, als Konsul für die sächsischen Staaten im Deutschen Reich. In seinem o. g. Werk schreibt er u. a. über das Riechen, bevor er eine *Skala der Gerüche* vorstellt:

»Es ist ferner eine wichtige Thatsache, das man im stande ist, die Geruchsempfindungen im Gedächtnisse zu behalten und sich immer wieder an dieselben zu erinnern. So vermag ein erfahrener Parfümist jeden einzelnen von den 200 [heute sind es etwa 2000!] verschiedenen Gerüchen, welche er in seinem Laboratorium haben wird, zu unterscheiden und beim Namen zu nennen.

In nachstehender Skala haben wir versucht, verschiedene Gerüche in der ihrer Wirkung auf den Geruchsnerv entsprechenden Reihenfolge und Anordnung zusammenzustellen; es wurden dabei vorzugsweise die in der Parfümerie gebräuchlichen Gerüche berücksichtigt; man kann jedoch sämtlich Gerüche in solcher Weise klassifizieren. Wenn ein Parfümist ein Parfum aus einzelnen Gerüchen zusammensetzten will, darf er nur solche Gerüche wählen, die zusammenpassen. Die nachstehende Skala giebt einen Überblick über die Gerüche, welche in Harmonie oder Disharmonie mit einander stehen.«

Auch heute wird der aus der Musik entlehnte der Begriff »*Duftorgel*« verwendet. In der ersten Hälfte des zwanzigsten Jahrhunderts wurden auf Regalen in Hufeisenform angeordneten Konsolen Fläschchen, mit ätherischen Ölen oder synthetischen Substanzen gefüllt,

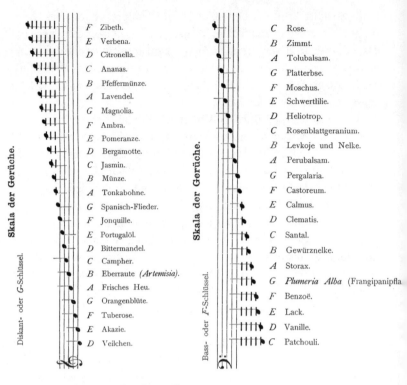

Skala der Gerüche.

Diskant- oder G-Schlüssel.

F	Zibeth.
E	Verbena.
D	Citronella.
C	Ananas.
B	Pfefferminze.
A	Lavendel.
G	Magnolia.
F	Ambra.
E	Pomeranze.
D	Bergamotte.
C	Jasmin.
B	Münze.
A	Tonkabohne.
G	Spanisch-Flieder.
F	Jonquille.
E	Portugalöl.
D	Bittermandel.
C	Campher.
B	Eberraute (*Artemisia*).
A	Frisches Heu.
G	Orangenblüte.
F	Tuberose.
E	Akazie.
D	Veilchen.

Skala der Gerüche.

Bass- oder F-Schlüssel.

C	Rose.
B	Zimmt.
A	Tolubalsam.
G	Platterbse.
F	Moschus.
E	Schwertlilie.
D	Heliotrop.
C	Rosenblattgeranium.
B	Levkoje und Nelke.
A	Perubalsam.
G	Pergalaria.
F	Castoreum.
E	Calmus.
D	Clematis.
C	Santal.
B	Gewürznelke.
A	Storax.
G	*Plumeria Alba* (Frangipanipfla
F	Benzoë.
E	Lack.
D	Vanille.
C	Patchouli.

Skala der Gerüche – (Hirzel: Toiletten-Chemie, 1892).

aufgestellt. Auf einem Arbeitstisch befand sich eine Waage. Vom Parfümeur wurden Proben auf Löschpapierstreifen gegeben und so geruchsmäßig beurteilt, dann gemischt und gewogen.

Darstellung einer Duftorgel.

Heute ist die Skala elektronisch verfügbar, nach den am Computer komponierten Parfums wird dann das Gemisch zusammengestellt. Duftorgeln werden aber auch für Museen als so genannte Phänobjekte im Handel angeboten. So kann eine Duftorgel beispielsweise aus 16 Edelstahlrohren mit Schiebhülsen bestehen, die auf einer Grundplatte kreisförmig angeordnet werden. In den Edelstahlrohren befinden sich die Duftstoffe auf speziellen Trägersubstanzen, die der Besucher nach dem Öffnen der Schiebhülsen dann wahrnehmen kann.

Eine moderne Klassifizierung von Gerüchen mit der Zuordnung zu Pflanzen(teilen) oder auch anderen Naturbereichen beschreibt Günther Ohloff in seiner Kulturgeschichte der Duftstoffe wie folgt:
Blumig: Jasmin, Rose, Veilchen, Mimose, Orangenblüte, Maiglöckchen;
Grün: Buchenblätter, Gurken, Heu, Myrte, Galbanum (s. Abschnitt 1.2);
Holzig: Sandelholz, Zedernholz, Vetiver (Süßgras, aus dessen Wurzeln ein ätherisches Öl mit Sesquiterpenen für die Feinparfümerie gewonnen wird), Patchouli, Koniferen;
Animalisch: Ambra, Moschus, Bibergeil, Schweiß, Fäkalien (s. Abschnitt 3.3);
Fruchtig: Zitrusfrüchte, Apfel, Himbeere, Erdbeere, Ananas, Passionsfrucht;
Würzig: Zimt, Anis, Vanillin, Nelken, Pfeffer, Kampfer;
Harzig: Weihrauch, Myrrhe, Labdanum (Zistrose: immergrüne strauchartige Pflanze im westlichen Mittelmeerraum mit rosaroten Blüten – Harz aus den Drüsenhaaren, Öl in den ledrigen Blättern), Kiefernholz, Mastix;
Erdig: Erde, Schimmel, Ozean.

(Weitere Beispiele für die Einteilung von Gerüchen/Düften in Klassen s. auch in Abschnitt 4.4.)

Der Hersteller von Duftorgeln (MEKU Erich Pollähne GmbH, Wennigsen) führt auf seiner Internetseite folgende sieben Grundgerüche auf: kampferartig – moschusartig – blumig – minzig – ätherisch – stechend – faulig.

Und er geht offensichtlich auf die Theorie des Lukrez zurück, indem er Folgendes mitteilt:
»Die Moleküle zeichnen sich durch verschiedene Formen aus: kampferartig: *kugelförmig*, moschusartig: *scheibenförmig*, blumig: *scheibenförmig mit beweglicher Zunge*, minzig: *keilförmig*, ätherisch: *stäbchen-*

förmig. ›Stechend‹ und ›faulig‹ beruhen wahrscheinlich auf elektrischen Verhältnissen …«– So werden offensichtlich antike Vorstellungen mit Erkenntnisse der modernen Forschung verbunden!

Der *Nobelpreis für Physiologie und Medizin* 2004 ging an zwei US-Forscher, die sich mit der Erforschung des menschlichen Geruchssinnes beschäftigt hatten – an Richard Axel (Jg. 1946; Professor für Biochemie, molekulare Biophysik und Pathologie an der Columbia University in New York) und Linda Buck (Jg. 1947; Forscherin am Fred Hutchinson Cancer Research Center in Seattle). Beide Forscher untersuchten und beschrieben 1991 rund tausend Gene der Maus, die der Geruchswahrnehmung dienen. In ihren Arbeiten konnten sie zeigen, dass diese Gene die Bauanleitungen für die Rezeptoren der Riechzellen liefern. In jeder Riechzelle wird nur eines dieser Gene abgelesen. Somit verfügt jede Zelle des olfaktorischen Epithels in der Nase nur über einen Rezeptortyp, die daher auch nur auf eine Gruppe chemisch verwandter Geruchsstoffe in unterschiedlicher Stärke reagiert. In der Begründung der Königlichen Schwedischen Akademie in Stockholm zur Verleihung des Nobelpreises ist zu lesen, dass Axel und Buck mit ihren Forschungen »zu verstehen helfen, wie Menschen bewusst den Geruch von Flieder im Frühling erfahren und diese Erinnerung später abrufen können.« Die Nervenzellen des olfaktorischen Epithels senden Impulse an das Geruchszentrum im vorderen Teil des Gehirns, der mit der Hirnrinde verbunden ist, in der bewusste Gedanken entstehen. Außerdem wird die Geruchsinformation auch an das für die Gefühlswahrnehmung zuständige limbische System weitergeleitet. (Bayerischer Rundfunk, Sendung vom 4. Oktober 2004).

Die Entdeckung machten die beiden Nobelpreisträger im Howard Hughes Medical Institute der Columbia University. Dort fanden sie auf der DNA von Mäusen die genannten tausend unterschiedlichen Gene, die 1000 verschiedenen molekularen Duftdetektor-Typen entsprechen. Später konnten sie beim Menschen etwa 350 Riechrezeptoren ermitteln, was drei Prozent des gesamten Erbguts nur für das Riechen entspricht. Zum Sehen sind nur drei unterschiedliche Rezeptoren – für Rot, Grün und Blau – erforderlich. Den »richtigen Riecher« hatte vor allem Linda Buck (damals als Postdoktorandin bei Richard Axel) – so zu lesen im Beitrag in »Senses. The Symrise Magazine III/04«. In der Fachzeitschrift »Cell« beschrieben beide Forscher im April 1991 u. a., dass die Rezeptorproteine der Nase zur Gruppe der so genannten G-Protein-gekoppelten Rezeptoren gehörten. Es handelt sich dabei um einen Proteintyp, der auch bei der Signalweitergabe mancher Neurotransmitter und Hormone beteiligt ist.»Passt ein Botenstoff, im Falle der Nase ein Duftmolekül, in den Rezeptor, dann wird das gekoppelte G-Protein aktiviert und leitet eine mehrstufige Reizkaskade und somit schließlich die Signalübertragung ein.« Die geografisch voneinander getrennt arbeitenden Forscher blieben dem gemeinsamen Thema treu. Sie fanden heraus, dass in jeder Riechzelle der Nasenschleimhaut immer nur eines der Rezeptorgene aktiv ist. Auf ihrer Oberfläche besitzt somit jede Zelle nur einen der zahlreichen Rezeptortypen; die Zelle ist also auf einen bestimmten Molekültyp spezialisiert. Von den Zellen mit dem jeweils gleichen Rezeptortyp gehen »Leitungen« in den Riechkolben, vereinigen sich dort in so genannten Glomeruli (Glomerulus: Verkleinerungsform zu lat. *glomus*: Knäuel), von wo dann Nerven direkt ins Gehirn gehen. Lina Buck konnte zeigen, dass die Signalübertragung je nach Glomerulus in verschiedenen Mikroregionen des Gehirns enden kann – ein möglicher Hinweis darauf, dass unterschiedliche Gerüche auch ganz unterschiedliche Empfindungen auslösen.

Die beiden Wissenschaftler haben in ihren Arbeiten gezeigt, wie die Reizübertragung im Detail erfolgt. Und sie entwickelten auch eine Vorstellung, warum der Mensch (vor allem der Parfümeur) mehr Düfte unterscheiden kann, als seine Nase an Rezeptoren aufweist – nämlich etwa 10 000. Denn viele Gerüche würden erst durch das Auftreten mehrerer Molekülarten ausgelöst: »Wer etwa an Pfefferminze schnuppert, riecht einen ganzen Molekülcocktail, darunter vor allem Menthol, Menthylacetat und Menthylvalerat.« – die als Schlüsselsubstanzen bezeichnet werden. Die Kombinationsvielfalt der verschiedenen Rezeptoren führt also zu Erkennung von den rund 10 000 Düften. Linda Buck hat sich in ihrer Heimatstadt Seattle mit der Entwicklung einer *Geruchslandkarte* beschäftigt, in der bestimmten Düften auch konkrete Regionen in der Großhirnrinde zugewiesen werden. Richard Axel hat sich in der Forschung u. a. mit dem Geruchssinn von Insekten beschäftigt, um vielleicht dadurch Ansätze zu einer speziellen Schädlingsbekämpfung zu finden.

In Deutschland gehört Hanns Hatt von der Ruhr-Universität Bochum zu den führenden Physiologen auf dem Gebiet des Riechens (www.cphys.ruhr-uni-bochum.de). Ihm gelang es, einen Blocker zu finden, der spezifisch einen der Duftrezeptoren, den für Maiglöckchen, blockiert. Aus den Erkenntnissen der Grundlagenforschung, mit molekulargenetischen und elektrophysiologischen Methoden, eröffnet er als Perspektiven im Anwendungsbereich die Möglichkeit, mit Hilfe so genannter »molecular-modelling«-Verfahren für einen Rezeptor den idealen Liganden (Duft) zu konstruieren bzw. durch kleine Veränderungen am Rezeptorprotein einen »Super«-Rezeptor für einen bestimmten Duft zu erzeugen. Hatt schreibt (am 17.12.2004): »Vor allem die chemische Industrie (Parfumindustrie) hat dafür bereits großes Interesse bekundet. Damit sind auch die Voraussetzungen gegeben, um in Kooperation mit Chemie- und Pharmafirmen an einem Biosensorsystem zu arbeiten, mit dessen Hilfe für den Menschen relevante Düfte erkannt und identifiziert werden können.« (s. auch Abschnitt 3.6).

3.2 Ätherische Öle – Aromen und Essenzen

Unter historischen Gesichtspunkten und mit Zitaten aus den Warenkunden des 19. und 20. Jahrhunderts wurde über ätherische Öle (exakte Schreibweise heute: *etherisch*, die sich aber bisher nicht allgemein durchgesetzt hat) bereits in mehreren vorhergehenden Kapiteln berichtet. Eine Definition jedoch fehlte bisher.

Ätherische Öle ist eine Sammelbezeichnung für alle duftenden Stoffe, die durch physikalische Verfahren aus Pflanzen oder Pflanzenteilen (auch Gewürzen) gewonnen werden können. Sie unterscheiden sich von den so genannten fetten Ölen dadurch, dass sie auf Papier keinen Fleck hinterlassen – bei Raumtemperatur also flüchtig sind; sie verdunsten. Ätherische Öle sind also flüchtige Stoffe, nicht nur geruchs-, sonder auch geschmacksintensiv. Es handelt sich um Gemische lipophiler Stoffe. Die meisten dieser Stoffe zählen zu den Terpenen.

Der sensorische Gesamteindruck eines Lebensmittels ergibt sich aus der Wechselwirkung von Geruchs- und Geschmacksstoffen. Diese werden *olfaktorisch* (durch den Geruchssinn in der *Regio olfactoria* – s. Abschnitt 3.1), *gustatorisch* (durch den Geschmackssinn) oder *haptisch* (durch den Tastsinn) erfasst. Der Gesamteindruck von Geruchs- und Geschmacksstoffen wird als *Flavour* bezeichnet. Als *Aroma* im engeren Sinne versteht man die Sinneswahrnehmung durch die Geruchsrezeptoren in der Nasennebenhöhle sowie in der Mundhöhle-

Rachen-Nasen-Passage, da ein Teil der Aromastoffe erst beim Kauen freigesetzt wird. *Aromastoffe* sind somit flüchtige chemische Verbindungen, die über diese Rezeptoren wahrgenommen werden (G. Schwedt: Taschenatlas Lebensmittelchemie, 2006). *Essenz* ist ein eigentlich veralteter Begriff für konzentrierte, nicht unmittelbar zum Genuss bzw. Verbrauch bestimmte Zubereitungen von Aromen bzw. konzentrierte ätherische Öle. Allgemein verwendet man jedoch die Bezeichnung Essenz auch weiterhin für konzentrierte flüssige Gemische natürlicher und/oder synthetischer Aromastoffe.

Im Folgenden werden die wichtigsten *ätherischen Öle* mit ihrem jeweiligen Aroma und ihren Hauptinhaltsstoffen vorgestellt, soweit sie nicht bereits in den Kapiteln 1 vorgestellt wurden. Zur Systematik wird deren Herkunft aus Pflanzenteilen, die so genannten Duftbausteine, zugrunde gelegt. Als Quellen wurden das »Römpp Chemie Lexikon«, die »Brockhaus Enzyklopädie 2001«, das »Lexikon der Lebensmittel und der Lebensmittelchemie« (Ternes/Täufel/Tunger/Zobel, 2005) sowie G. Ohloff, »Irdische Düfte – himmlische Lust« (1996) und »Parfum – Lexikon der Düfte« benutzt. Die chemischen Substanznamen werden im Anhang mit Strukturformeln erläutert.

3.2.1 Ätherische Öle aus Blüten

Geraniumöl wird durch Wasserdampfdestillation aus dem blühenden Gras *Pelargonium graveolens*, *P. roseum* Willdenow (s. auch Botanischer Garten Berlin in Abschnitt 1.1.4) und auch einigen Hybriden gewonnen. Hauptanbaugebiete sind Madagaskar, Reunion (Insel der Maskarenen, französisches Übersee-Department östlich von Madagaskar im Indischen Ozean), Ägypten und China. Das ätherische Öl ist gelb-grünlich gefärbt und strömt einen rosenartigen Geruch aus. Es enthält vor allem (–)-Citronellol neben Isomenthon und Tiglate (Salze der Tiglinsäure = Methylbutensäure), die selten in ätherischen Ölen vorkommen. Die Weltjahresproduktion liegt im Bereich von mehreren Dekatonnen. Der so genannte Bourbonton, welchen das Geraniumöl aus der Reunion aufweist; macht dieses Öl am wertvollsten und auch teuersten.

Hyazinthen sind aus dem Orient stammende Zwiebelgewächse (*Hyacinthus orientalis*), die zu den Liliengewächsen gerechnet werden. Aus ihren stark duftenden Blüten(dolden) wird ein *Hyazinthenöl* in

Pelargonium odoratissimum – zur Gewinnung von Geraniumöl
(Hirzel: Toiletten-Chemie, 1892).

ca. 0,15%iger Ausbeute gewonnen, das Benzylbenzoat, Benzylalkohol, Zimtalkohol, Phenethylalkohol, Eugenol, Methyleugenol, Benzaldehyd, Zimtaldehyd, Dimethylhydrochinon u. a. Alkohole, Ester und Aldehyde enthält. Der typische Hyazinthen-Geruch wird durch Acetylaldehyd-(ethyl-phenethyl-acetal) und Hydratropaldehyd als Riechstoffe verursacht. Hydratropaldehyd (2-Phenylpropionaldehyd) ist eine flieder-hyazinthen-artig duftende Substanz, die in der Parfümerie für Blütengerüche allgemein verwendet wird.

Das *Jasminöl* des vor allem in tropischen Ländern Asiens kultivierten *Jasminum sambac* L. bzw. des *Jasminum grandiflorum* L. stammt aus den gefüllten oder halbgefüllten, angenehm duftenden weißen Blüten, die am Abend vor dem Aufblühen gesammelt werden. Es lässt sich nicht durch Destillation, sondern nur durch das Verfahren der Enfleurage (s. Abschnitt 3.5) oder Extraktion gewinnen. Aus einer Tonne handgepflückter Blüten (etwa 8 Millionen) erhält man schließlich in Alkohol gelöst 0,5–1 kg absolutes Öl. Es wird unter den Bezeichnungen *Essence absolue* oder *concrète* gehandelt. Das Aroma wird vom (Z)-Jasmon bestimmt, einem Keton, das auch im Bergamottöl (s. Kapitel 1) und Pfefferminzöl vorkommt. Der Jasmonsäuremethylester ist ein weiterer und wesentlicher Schlüsselaromastoff des Jasmins. Weitere Inhaltsstoffe sind Benzylalkohol (5 %), blumig riechend, Benzylacetat (34 %) und Benzylbenzoat und der Lavendel-Riechstoff Linalool (8 %) sowie Geraniol, Eugenol, Farnesol, Farnesen, α-Trepineol, Phytol, Nicotinsäureester, Vanillin, Methylheptenon, Amino-

Jasmin – *Jasminum grandiflorum* und Jasmin-Pflückerin
(Hirzel: Toiletten-Chemie, 1892).

benzoesäuremethylester. Jasmon kommt zu 3 % vor und außerdem das Stickstoffderivat Indol, das als Reinsubstanz einen widerlichen Geruch ausströmt, in starker Verdünnung dagegen blumig riecht. Der so genannte Spanische Jasmin stammt aus dem indischen Himalaya-Gebiet, wurde von Mauren nach Europa gebracht, zunächst in Spanien und dann vor allem ab 1860 um Grasse kultiviert. Auf den Kanarischen Inseln ist *Jasminum odoratissimum* L. heimisch.

Keoraöl (bei Ohloff als Kewda-Blütenöl bezeichnet) wird aus den Blüten einer Art aus der Gattung der Schraubengewächse, der asiatischen und australischen *Pandanus odoratissimus,* gewonnen. Nach alten Rezepturen fängt man die Riechstoffe in beigemischten Sesamsamen auf, die man dann nach längerer Mazeration auspresst. Das noch fette, aber wohlriechende Öl wird dann destilliert. Als *Pandanusöl* kann man es heute auch durch Extraktion mit Lösemitteln wie n-Butan oder n-Pentan (unter Druck) gewinnen. Im Öl sind als wesentliche Duftstoffe das honigartig riechende Phenylethylacetat (4 %), der Zitronenriechstoff Citral (2 %) und der Methylether des Rosenalkohols β-Phenylethanol (80 %) mit einem exotisch-blumigen Geruch vorhanden. Mit steigender Verdünnung werden Eindrücke vergleichbar mit dem Jasmin-, Tuberosen- und Rosenduft wahrnehmbar.

Lavendelöl wurde bereits in Abschnitt 1.1.1 vorgestellt. Der Geruch des so genannten *Französischen Lavendel* ist charakteristisch süß-blumig. Seine typische Zusammensetzung wird mit 80–90 % sauerstoffhaltiger Anteile, freie Alkohole zu 25–45 % (vor allem Linalool), mit 1,5–3,0 % an Aldehyden und Ketonen und einem Estergehalt von 30–60 % (Linylacetat), angegeben. Lactone wie Cumarin oder Methylumbelliferon sowie Phenole kommen nur in Spuren vor. *Italienisches Lavendelöl* enthält 20–40 % an Estern und ähnelt in seiner übrigen Zusammensetzung dem *Französischen Lavendelöl*. Dagegen enthält *Englisches Lavendelöl* nur 8–18 % an Estern (als Linylacetat), 48–58 % Alkohole (vor allem Linalool) und bis zu 2 % an Cineol.

Das in der Parfümerie benutzte *Mimosablütenöl* stammt aus den Blüten einer zur Familie der Mimosen gehörenden Akazienart, z. B. von der Französischen Akazie (*Acacia dealbata* L.). Das ätherische Öl wird durch Enfleurage gewonnen und enthält u. a. Acetat-Ester, langkettige C_{16}-Aldehyde, Anisaldehyd, Anissäure, Oenanthate und 4-Me-

Lavendelfeld (Hirzel: Toiletten-Chemie, 1892).

thylacetophenon. Es weist einen bienenartigen Geruch mit einer Veilchenbeinote auf.

Rosenblütenöl (s. auch in Abschnitt 1.4) wird aus den frischen Kronblättern von nur drei oder vier der insgesamt etwa 7 000 Rosenarten gewonnen. Die Rose war die erste Blüte, die destilliert wurde. Das ätherische Öl ist weißlichgelb bis grünlich gefärbt, ziemlich dickflüssig und weist einen durchdringenden, betäubenden Geruch auf. Es erstarrt sogar bei Raumtemperatur zu einer weichen, durchsichtigen Masse. Der rosenartige Geruchseindruck tritt erst bei großer Verdünnung auf – siehe Rosenwasser in Abschnitt 1.4. Die wichtigsten Rosenarten zur Gewinnung des Öles sind: Portland- oder Damscener-Rose (*Rosa damascena* Mill. – bulgarische oder türkische hellrot blühende Rose sowie die Varietät *R. semperflorens*), die Weiße Rose (*Rosa alba* L.) und die Moschus-Rose (*Rosa moschata* J. Herrm.) bzw. nach Römpp Chemie-Lexikon die *Rosa centifolia* (Mai-Rose, französisch, marokkanisch, italienisch). Die *Rosa damascena* war die von den Sufi-Dichtern (Anhänger des Sufismus: asketisch-mystische Frömmigkeit praktizierende Richtung des Islam im 10.–12. Jahrhundert) und in der Türkei gefeierte Rose. Türkische Händler brachten sie nach Bulgarien. Das *Bulgarische Rosenöl* erstarrt bei 16,5–23,5 °C, wobei sich beim Abkühlen 16–22 % an *Stearopten* (Gemisch höherer Paraffine) abscheidet. Der Rosenöl-Anteil, *Eleopten* genannt, als hellgelbe bis gelbgrüne leicht erstarrende Flüssigkeit weist einen schwer nachzuahmenden Geruch mit Rosen-, Tee- und Honignoten auf. Das Bulgarische Rosenöl enthält 30–40 % Geraniol und Nerol, 34–55 % an (–)-Citronellol und geringere Konzentrationen an Phenylethanol, Hexenol, Linalool, Franesol, Nonylaldehyd, Citral, Eugenol, Rhodinol, Carvon. Nur in Spuren, aber den Duft bestimmend, sind Rosenoxid (ein Pyran-Derivat), Rosenfuran, Damascenon und β-Damascon als Iosmeres des β-Jonons vorhanden. Insgesamt kennt man im Rosenöl über 230 Einzelstoffe. *Marokkanisches Rosenöl* als Rosenöl-Concréte wird durch Petrolether-Extraktion gewonnen. Daraus wird dann mit Ethanol das Rosenöl-Absolue als Rosenextraktöl (rötlich gefärbt) mit ca. 63 % an Phenylethanol und ca. 22 % Citronellol sowie 15 % Geraniol hergestellt.

Das ätherische Öl der *Tuberose* oder *Nachthyazinthe* (*Polianthes tuberosa* L.), die in Mittelamerika heimisch und in Südeuropa (Frankreich), Ägypten, Marokko und Indien zur Gewinnung von Duftsstoffen aus den Blüten angebaut wird, enthält u. a. Farnesol, Methylanthranilat, Eugenol, Methylbenzoat, Benzylbenzoat, Geranial und Neral. Aus chemischer Sicht ist das Vorkommen zahlreicher Lactone besonders bemerkenswert. Das Öl wird durch Enfleurage oder durch Lösemittel-Extraktion gewonnen. Es verströmt einen stark blumigen, honigartig süßen, betäubenden Duft und zählt zu den kostbarsten Rohstoffen der Parfümerie.

Das *Veilchenblütenöl* zählt zu den teuersten, auf dem Weltmarkt gehandelten, ätherischen Ölen. Es wird aus den Blüten der März- oder Duftveilchen (*Viola odorata* L.) vor allem in Südwesteuropa gewonnen. Wesentliche Geruchsträger sind Jonone, insbesondere *p*-Jonon, Piperonal, Zingiberen und der so genannte Veilchenblätteraldehyd (*n*-Nona-2,6-dien-1-al) bzw. auch -alkohol (*n*-Nona-2,6-dien-1-ol). 1 000 kg Veilchenblüten ergeben nur 250 g *Essence concrète*.

Auf das *Ylang-Ylang-Öl* aus den Blüten des 20 m hohen Baumes *Cananga odorata* (auch als Canangaöl bezeichnet) aus dem tropischen Ostasien ist die Parfümerie erst durch die Pariser Weltausstellung 1878 aufmerksam geworden. Das aus Indonesien stammende Öl der Subspezies *genuina* (auf Madagaskar und den Komoren kultiviert) ist hellgelb bis dunkelgelb gefärbt und verfügt über ein blumig-würziges, jasminartig und balsamisch duftendes, narkotisch-süßliches Aroma.

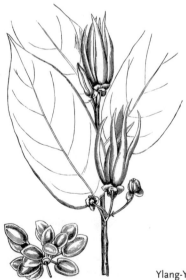

Ylang-Ylang-Baum (Hirzel: Toiletten-Chemie, 1892).

Die Qualität Extraöl enthält zwischen 15 und 20 % *p*-Cresylmethylester und 20–25 % Benzylacetat als Hauptinhaltsstoffe sowie 5–10 % Geranylacetat, Linalool und andere Terpene. Nach Ohloff enthalten die besten Ylang-Ylang-Öle bis zu 40 % eines Gemisches aus Benzylbenzoat und Benzylsalicylat im Verhältnis 4:1, worauf der schwach balsamisch-blumige Geruche zurückzuführen ist. Der typische Geruch des Ylang-Ylang-Öles wird vom 4-Methylanisol (13 %) hervorgerufen. Ohloff stellt fest, dass alle Inhaltsstoffe des Öls auch durch Synthese zugänglich seien, weshalb es möglich geworden sei, den Ylang-Ylang-Typ chemisch zu rekonstruieren bzw. auch wesentliche Einzelsubstanzen in unbeschränkter Menge zu verwenden.

3.2.2 Holzgerüche

Agaroöl wird aus dem Kernholz von Aquilaria-Arten (Adlerholzbäumen – zum lateinischen Wort *aquila*: Adler) gewonnen. *Aquilaria malaccensis* liefert Aloeholz. Das dunkelbraune, wohlriechende Holz war bereits im Altertum beliebt und wurde teuer bezahlt. Nach Plinius und Dioscurides kam Aloeholz aus Indien und Arabien. In der Antike wurde es von Griechen und Römern, später auch in Byzanz zur Pflege des Atems angebaut. Heute wird Agar- oder Aloeholz hauptsächlich in Assam, Kambodscha und Indonesien angebaut. Durch Wasserdampfdestillation gewinnt man daraus ein sehr viskoses, ätherisches Öl mit einem charakteristischen balsamischen Geruch. Zu den Inhaltsstoffen gehören neu entdeckte Sesquiterpenderivate wie Agarofurane und Agarospirol. Als Agarofurane werden Sesquiterpen-Alkaloide und -Ester bezeichnet. Drei weitere Agaro-Sesquiterpene sind für die orientalische Note verantwortlich, die nach Ohloff mit holzigen, balsamischen, leicht kampferartigen und würzig-rauchigen Tönen behaftet ist.

Kostusöl wird aus den Wurzeln der im Himalaya-Hochland wild wachsenden *Saussurea lappa* Clarke in einer Ausbeute von 1 % als ein dickflüssiges, gelbbraunes ätherisches Öl gewonnen, das nach Ohloff »einen schweren, holzig-erdigen Geruch animalischer Prägung mit irisartigem Unterton« aufweist. Eine andere Charakterisierung lautet: »riecht holzig-süß bis veilchenartige mit animalischer Note« (Römpp Chemie-Lexikon). Es enthält sauerstoffhaltige Sesquiterpen-Derivate, vor allem Terpenlactone wie das Costunolid sowie die beiden holz- und amberartig riechenden Substanzen Bergamotadienal und Caryophyllenoxid. Die Terpenlactone können als photoaktive Substanzen Hautallergien auslösen und müssen daher bei der Verwendung des Öles für Kosmetika vorher entfernt werden.

Die Heimat der *Patchouli*-Pflanze (tamilisch *pacculi*: eigentlich grünes Blatt) ist der indische Subkontinent. Der Lippenblütler wird als Halbstrauch bis zu einem Meter hoch, die weißen Blüten sind violett überlaufen und die Blätter werden 7–10 cm lang. Heute wird Patchouli hauptsächlich auf Sumatra, Java und den Philippinen, aber auch in Südosteuropa, Brasilien, Russland und China wegen der stark nach Sandelholz riechenden Blätter angebaut. Die Blätter werden fermentiert und dann einer Wasserdampfdestillation unterworfen, womit sich bis zu 5 % eines orangebraunen, dickflüssigen ätherischen Öles gewinnen lassen. Inhaltsstoffe sind fast ausschließlich Sesquiterpen-Derivate, zu 60 % als so genannter Patchoulialkohol, dessen komplizierte Struktur erst 1963 von Georg Büchi aufgeklärt werden konnte. Er bildet eine chirale Verbindung, die in zwei optischen Antipoden existiert, von denen nur der (–)-Antipode als Geruchsträger wirkt. Das ätherische Öl mit seinem stark durchdringenden, krautigholzigen Grundgeruch sowie aromatisch-würzigen, erdig-kampferartigen, balsamigen und sogar süßlich-blumigen Tönen weist auch bakterizide, antirheumatische und insektenabweisende Wirkungen auf.

Sandelholzöl wird schon im Brockhaus des Jahres 1841 als »ein hartes, dichtes, schweres Holz, das aus Ostindien zu uns gebracht wird« beschrieben. Durch Destillation mit Wasser ziehe man ein nach Ambra riechendes, ätherisches Öl und durch Weingeist ein wohlriechendes Harz daraus. Und es wird angegeben, weißes und gelbes Sandelholz werde in Apotheken, Parfümerie- und Liqueurfabriken verwendet. Der botanische Name der zur Gewinnung des ätherischen Öles verwendeten Baumart lautet *Santalum album*. Also ist das weiße Sandholz gemeint, von dem man aus Kernholzspänen und auch zerkleinerten Wurzeln durch Wasserdampfdestillation etwa 6 % an Öl als farbloses bis hellgelbes, leicht viskoses Öl von angenehmem Geruch gewinnt. Hauptbestandteile des Öles sind bis zu über 90 % zwei spezielle Sesquiterpenalkohole, mit α- und β-Santalol bezeichnet, und zwar im Mischungsverhältnis 2:1. Darüber hinaus wurden bisher über 60 Spurenstoffe analysiert, von denen einige die balsamisch-süße Holznote noch verstärken. Einige dieser Stoffe sind Phenole, welche wie das Eugenol auch in Gewürznelken vorkommen. Die Strukturaufklärung des in reiner Form nur schwach riechenden Hauptproduktes α-Santalol gelang Friedrich Wilhelm Semmler 1910 und wird als Meilenstein in der Chemie ätherischer Öle bezeichnet, da es sich beim Santalol um das erste Sesquiterpenderivat handelte, dessen Struktur ermittelt werden konnte. Vom isomeren β-Santalol, dem eigentliche Geruchsträger des Sandelholzöles, wurde die Struktur durch Leopold Ruzicka erst 1935 ermittelt. Ohloff berichtet, dass inzwischen strukturverwandte, einfacher synthetisierbare Stoffe entdeckt worden seien, die leicht herstellbar wären und als Ersatz oder Zusatz zu Sandelholzöl in modernen Kreationen verarbeitet würden. Sandelholz-Noten sind parfümistisch sehr geschätzt, andererseits gehört Sandelholzöl zu den teuersten ätherischen Ölen.

Spikeöl wird aus den Wurzeln der Gattung Nardostachys, Baldriangewächse mit der einzigen Art Echte Narde (*N. jatamansi*), beheimatet im Himalaya-Gebiet, einer kurzstämmigen Staude mit kleinen rosafarbenen Blütenbüscheln, gewonnen. Alle wohlriechenden Inhaltsstoffe gehören zur Sesquiterpen-Reihe, mit denen sich Chemiker vor allem in den 6oer und 7oer Jahren des 20. Jahrhunderts intensiv beschäftigt haben. Charakterisierend sind drei unterschiedliche Ketone des Aristolans, des Nardostachons und die auch im Baldrian vorkommende Komponente Valeranon. In buddhistischen Tempeln werden Spikenardewurzeln als Räucherwerk verwendet. Bereits zur Zeit der Pharaonen gelangte Spikenarde von Indien über einen Zwischenhandel der Israeliten nach Ägypten.

Vetivergrasöl wird durch Dampfdestillation aus den Wurzeln des in Indien, Indonesien und Mittelamerika heimischen oft meterhohen Grases *Vetiveria zizanioides* in Ausbeuten bis zu 3 % gewonnen. Das ätherische Öl ist gelb gefärbt und weist einen warmen, holzig-erdigen und balsamischen Grundton auf. Das komplexe Gemisch mit dem lang anhaltenden Geruch besteht aus mehr als 150 Komponenten aus der Reihe der Sesquiterpene – vor allem Ketone und Alkohole, wie insbesondere die Ketone α- und β-Vetivon (so genannte Spiroverbindungen), und zahlreiche ähnlich aufgebaute Aroma- und Duftstoffe als bi- und tricyclische primäre, sekundäre und tertiäre Alkohole, wie Khusinol und Khusol. Die Zusammensetzung ist sehr stark von der Grasvarietät und vom Gewinnungsverfahren abhängig. Zur Ernte von 1 kg Wurzeln müssen 1 000 kg Erde umgegraben werden. Vetivergrasöl dient vor allem als Rohstoff bei der Gewinnung von Duftstoffen. Da die Erzeugungskosten sehr hoch sind, wird immer mehr auf preiswertere Rekonstitutionen umgestellt. Die stark duftenden Wurzeln wirken auch als Mottenschutz.

3.2.3 Zitrusnoten

Bergamott-, Neroli-, Orangenschalen- und *Zitronenöl* wurden bereits in Abschnitt 1.1.1 ausführlich vorgestellt.

Als *Agrumenöle* (Agrumen für Zitrusfrüchte = Sauerfrüchte) oder auch *Hesperidenöle* werden Zitrusöle insgesamt bezeichnet, die durch Auspressen oder Destillation von Früchten und anderen Teilen von Zitruspflanzen gewonnen werden. Hesperidenöle werden sie nach den drei Nymphen aus der griechischen Mythologie genannt, die in der Nähe des Atlasgebirges oder auf einer Insel im westlichen Atlantik in den herrlichen Gärten der Juno (dem Göttergarten) den Baum mit den goldenen Früchten bewachten, die einst Gaia (die Erde) der Juno zum Brautgeschenk hervorgebracht hatte. Die Früchte der Hesperiden, wie sie genannt wurden, raubte einst Herkules (Herakles), nachdem er den Verteidiger, den Drachen Ladon, getötet hatte. Als *Hesperidin* wird auch in den Schalen von Zitrusfrüchten vorkommendes Glykosid (Flavanoid) aus dem Flavanon Hesperitin und dem Disaccharid Rutinose (Hesperitin-7-rutinosid) bezeichnet. Zu den Zitruspflanzen (s. auch Abschnitt 1.1.1) zählen botanisch gesehen alle Arten der Gattung *Citrus* L. (Fam. *Rutaceae*, Rautengewächse). Zitrusfrüchte sind Beeren. Sie gehen aus mindestens fünf miteinander verwachsenen Fruchtblättern hervor. Das Fruchtfleisch besteht aus saftigen Fortsätzen. Sie wachsen von der Innenseite der Fruchtwand in den Samenfächer hinein. Damit sind auch die beim Zerteilen einer Frucht erscheinenden Segmente zu erklären. Die Schale besteht aus einer äußeren gefärbten (carotinoidereichen), mit zahlreichen Ölzellen (-drüsen) durchsetzten Schicht, Flavedo genannt (botanisch Exokarp), und einer inneren schwammigen, farblosen Schicht (Albedo bzw. Endokarp). Die wichtigsten Zitrusarten sind:

Die *Bitterorange* oder *Pomeranze* (*Citrus aurantium*) gilt als die Urmutter der süßen Orangen. Die kugelige, orangenähnliche Frucht weist eine bitter schmeckende, dicke Schale auf, die ein saures, frisch ungenießbares Fruchtfleisch umschließt (s. auch Abschnitt 1.1.4 Pomeranzengarten). Der Name entstand aus dem Italienischen *pomarancia* – *pomo*: Apfel und *arancia*: Apfelsine. Eine wild wachsende Unterart findet man am Südabfall des Himalaya, angebaut wird sie in Indien und im Mittelmeergebiet.

Citrus sinensis L. (Orange, Apfelsine) – die Orange (= Apfelsine) wird auch Süßpomeranze genannt, deren Heimat vermutlich China ist. Sie ist die Frucht des Orangenbaums, der schon vor mehr als 4 000 Jahren kultiviert wurde. Die Araber brachten ihn im 15. Jahrhundert über Persien und Ägypten nach Spanien und Nordafrika. Der Name Orange leitet sich vom arabischen Wort *narandj* ab, welches vom Sanskritwort *nagarunga* stammt. Kolumbus brachte den Orangenbaum am Ende des 15. Jahrhunderts nach Hispaniola (früher Haiti oder Santo Domingo). Im 16. Jahrhundert kam er durch die Spanier auch in das heutige Florida.

Citrus reticulata Blanco (Mandarine, Tangerine) – die Mandarine ist die Frucht eines kleinen Strauches, der in China oder Südostasien beheimat ist und für lange Zeit nur in Asien bekannt war. In China werden Mandarinensträucher seit über 3 000 Jahren angebaut, nach Amerika und Europa kamen sie erst im 19. Jahrhundert, wo sie vor allem in Spanien kultiviert werden. Man unterscheidet zwischen der Mandarine (*C. reticulata*), die einer leicht abgeflachten, kleinen Orange ähnelt, und der *Satsuma* (*C. unshiu*) aus Japan, sehr klein und völlig kernlos, und den Kreuzungen *Tangerine* (*C. tangerina* – nach der Hafenstadt Tanger, wo lange Zeit ein Großteil verschifft wurde), aus Mandarine und Bitterorange, sowie *Klementine* (*C. reticulata* x *C. aurantium* – erstmals nach 1900 in Algerien gezüchtet). Weitere Kreuzungen tragen die Namen *Tangor* (*C. nobilis* – aus Tangerine und Orange), *Tangelo* (*C. paradisi* x *C. reticulata* – aus Grapefruit und Mandarine) sowie *Ugli* (*C. paradisi* x *C. reticulata* – um 1900 als Varietät in Jamaika entdeckt, aus Tangerine und Grapefruit oder Pampelmuse bzw. aus Mandarine und Bitterorange – nach engl. *ugly*: hässlich, wegen der dicken, schrumpligen Schale).

Citrus limon L. (Zitrone) – Auch der Zitrusbaum stammt wahrscheinlich aus China oder Indien, wurde dort seit mindestens 2500 Jahren kultiviert und kam von dort im 8. Jahrhundert nach Persien sowie durch die Mauren im 11. Jahrhundert nach Spanien. Im übrigen Europa wurde er vor allem durch aus Palästina heimkehrende Kreuzritter verbreitet. Der Zitronenbaum wird 3–7 m hoch, besitzt Zweige mit Dornen, hellgrüne, eiförmige Blätter und große, weiße bis rosafarbene Blüten.

Citrus grandis Osbeck (Pampelmuse – vom tamilischen Wort *bambolmas*) – Fälschlicherweise wird die Pampelmuse auch Grapefruit (*Citrus x paradisi* Macf.) genannt, die vermutlich eine natürliche Kreuzung aus Pampelmuse und Orange oder Bitterorange aus dem 18. Jahrhundert darstellt. Der Pampelmusenbaum, in Asien beheimatet und dort seit über 4 000 Jahre kultiviert, wird bis zu 10 m hoch, die Früchte können Durchmesser bis zu 25 cm und ein Gewicht bis zu 6 kg erreichen. Ein englischer Kapitän mit Namen Shaddock brachte die Frucht im 17. Jahrhundert in die Karibik, wo sie auf Guadeloupe und Martinique auch als *chadèque* bekannt ist.

Citrus medica L. (Zedratzitrone) – Der Baum der Zitronat- oder Zedratzitrone wird in Asien seit uralten Zeiten angebaut. Seine Heimat ist wahrscheinlich Indien. Aus Manuskripten und archäologischen Funden in Ägypten ist bekannt, dass dort Zedratzitronen um 300 v. Chr. gezüchtet wurden.

Citrus aurantifolia (Limette) – Der Limettenbaum ist eine echte Tropenpflanze und wahrscheinlich im Gebiet zwischen Indien und Malaysia heimisch. Er wird heute in ganz Südostasien, in der Karibik, in Mexiko, Brasilien, den USA, Südafrika sowie Spanien und Italien kultiviert. Der immergrüne Baum wird 3–5 m hoch, hat sehr kleine, weiße (mit rotem Schimmer), duftende Blüten und trägt das ganze Jahr über Früchte. Die 3–5 cm im Durchmesser kleinen Früchte sind grün, mit zunehmender Reife gelblich.

Citrus aurantium ssp. bergamia (Bergamotte) – in Anlehnung an die Stadt Bergamo vom türkischen Wort *bey-armudi* für »Herrenbirne« – ist eine Unterart der Pomeranze (nach anderen Quellen eine Kreuzung von Bitterorange und Limette – s. Abschnitt 1.1.1), ein baumförmiges Rautengewächs mit blassgelben, sehr dickschaligen, bitter schmeckenden Früchten. Ein Anbau findet vor allem in Kalabrien, auf Sizilien und in Westindien statt.

3.2.4 Agrumenöle

Ein großer Teil dieser Zitrusfrüchte wird als Rohstoff zur Herstellung der so genannten *Agrumenöle* eingesetzt. Man bezeichnet damit ätherische Öle, die vorwiegend aus den Fruchtschalen gewonnen werden. Die genannten Ölzellen werden durch mechanisches Zerreißen der äußeren Schalen freigelegt. Durch Auspressen unter Druck lässt sich das darin enthaltene Öl bei Raumtemperatur (kalt) von den übrigen Schalenbestandteilen abtrennen. Im Gemisch mit dem Wasser anderer Zellen entsteht so zunächst eine wässrige Emulsion, aus der sich durch Zentrifugation (ohne die Verwendung organischer Lösemittel und ohne Erwärmung) ein *reines Agrumenöl* gewinnen lässt. Agrumenöle enthalten mit unterschiedlichen Gehalten vor allem Terpene/Terpenoide wie Limonen, β-Pinen, Linalool, Citral (s. Abschnitt 1.1.1), höhere Aldehyde (wie u. a. Octanal) und auch Ester. Bei hohen Terpengehalten besteht die Gefahr der Autoxidation und Verharzung. Den sensorischen Grundcharakter aller Agrumenöle bestimmt das (+)-Limonen. Aber auch geradzahlige aliphatische Aldehyde mit 8–12 Kohlenstoffatomen prägen als Spurenstoffe das Aroma von Agrumenölen. In den Schalenölen ist stets auch das Sesquiterpen (+)-Nootkaton enthalten. Stereoisomere Farnesene (lineare Sesquiterpene) sind ebenfalls stets in Agrumenölen nachweisbar. Je nach der Art der Zitrusfrüchte unterscheiden sich jedoch sowohl die Verfahren der Ölgewinnung als auch die verwendeten Pflanzenteile, so dass der Begriff Agrumenöle auch weiter gefasst wird, aber eigentlich auf Schalenöle begrenzt ist. Die bedeutendsten Produktionsstätten für Agrumenöle befinden sich in Europa im Mittelmeerraum, in den USA in Florida und Kalifornien sowie in Südamerika. An der Spitze der Jahresweltproduktion steht das Orangenöl, gefolgt vom Zitronenöl und dem Limettenöl. Insgesamt beträgt die Produktion von Agrumenölen etwa 20 000 Tonnen pro Jahr, davon zu 70 % Orangenöl.

Im Abschnitt 1.1.1 wurden bereits beim Besuch des Farina Duftmuseums in Köln die Eigenschaften einiger Agrumenöle kurz vorgestellt. An dieser Stelle erfolgen daher für Bergamott-, Limetten-, Zitronen- und Orangenschalenöle nur noch ergänzende Angaben.

Das preiswerteste aller Agrumenöle ist das auch mengenmäßig bedeutendste – das *Orangenschalenöl*. Hauptproduktionsgebiete befinden sich in Süditalien, Spanien, Portugal sowie in Florida und Brasilien. Die Qualität der Öle wird anhand der Gehalte an Aldehyden, von denen die bevorzugten Valenciaöle bis zu 3 % aufweisen, bestimmt. Neben n-Octanal spielt mit hohem Aromawert auch das 2,4-Decadienal eine wichtige Rolle. Ein ausgeprägtes Apfelsinenaroma vermitteln die Sinensale mit etwa 0,1 % Anteil. Orangen- und auch Grapefruitöle lassen sich von den übrigen Zitrusölen durch die Anwesenheit von Valencen (Sesquiterpen) unterscheiden. Die wichtigsten Terpenalkohole sind α-Terpineol, Terpineol-4 und Linalool. Erhöhte Konzentrationen dieser Alkohole führen jedoch zu einem Fehlaroma. α-Terpineol, ein charakteristischer Fliederriechstoff, entsteht durch mikrobielle Umwandlung aus Limonen und gilt als Alterungskomponente im Orangenöl.

Zitronenschalenöl wird nicht nur in der Parfumindustrie, sondern auch in der Lebensmittelindustrie eingesetzt. Über 300 chemische Inhaltsstoffe wurden bisher identifiziert. Der hohe Gehalt an β-Pinen (ca. 14 %) und Terpineol-4 verursachen gemeinsam den grünen Schalengeschmack. Den geruchsprägenden Anteil machen sauerstoffhaltige Verbindungen wie das Citral (4–5 %) und Alkanale (in der Duftstoffchemie oft als Fettaldehyde bezeichnet) mit 7–13 Kohlenstoffatomen aus. Die volle Fruchtnote des Zitronenöls wird auf Ester wie vor allem Geranylacetat (mit etwa 2 %) zurückgeführt. Im Extraktöl der Zitronenschale wurde auch der Jasminriechstoff Methyljasmonat entdeckt.

Als *Mandarinenöle* werden die kaltgepressten Schalenöle der Sorten Tangerine und Klementine (s. *Citrus reticulata*) bezeichnet. Sie unterscheiden sich von allen anderen Agrumenölen durch die relative hohe Konzentration (0,85 %) an N-Methylanthranylsäuremethylester. In hoher Konzentration weist er einen muffig-fruchtigen und trockenblumigen Geruch auf. Mit zunehmender Verdünnung dagegen setzt sich ein ausgeprägter Orangenblütenduft durch. Setzt man Thymol zu, so erinnert der Geruch wieder eher an den der Mandarine, der noch durch Zusätze an γ-Terpinen und β-Pinen verstärkt wird. Als typisch gilt α-Thujen mit ca. 0,5 % als Inhaltsstoff und der im Vergleich zu allen Zitrusölen höchste Gehalt an α-Sinensal (0,2 %).

Das *Bergamottöl* wird als Agrumenöl durch kaltes Auspressen unreifer Schalen (zur Gewinnung durch Wasserdampfdestillation s. Abschnitt 1.1.1) in einer Ausbeute von 0,5 % gewonnen. Die Bäume für die Gewinnung werden vor allem in der Provinz Kalabrien angebaut. Die Charakteristika dieses Öles im Unterschied zu den anderen Agrumenölen sind darauf zurückzuführen, dass nicht (+)-Limonen (mit 26 %), sondern der Lavendelriechstoff Linalool und dessen Acetat mit annähernd 50 % die höchste Konzentration aufweisen. Darüber hinaus wurden weitere 175 Substanzen nachgewiesen – 120 zählen zu der Mono- und Sesquiterpenreihe. Die bedeutendsten Sesquiterpene sind α-Bergamoten (0,3 %) und Caryophyllen (0,2 %). Die typische Bergamottenote wird durch sauerstoffhaltige Derivate wie Guajenol oder β-Sinensal sowie das holzig-ambraartig riechende Bergamotenal bestimmt. Auch Jasmon als Inhaltsstoff ist eine Besonderheit des Bergamottöles.

Limettenöl als kaltgepresstes Schalenöl ähnelt in seiner Zusammensetzung dem Zitronenöl. In der Parfümerie hat nach Ohloff jedoch das durch Wasserdampfdestillation (auf traditionelle indische Art mit der ganzen Frucht – zur Gewinnung der Öle s. auch Abschnitt 3.5) gewonnene Öl einen höheren Stellenwert; es ist verständlicherweise auch preisgünstiger. Im destillierten Öl haben sich aufgrund der Einwirkung der Fruchtsäuren Artefakte der Geruchs- und Aromastoffe gebildete, wodurch ihm das natürliche Bouquet des kaltgepressten fehle. Der terpenige Charakter bleibe jedoch erhalten.

3.2.5 Destillierte Öle / Petitgrainöle

Das aus den Schalen von Grapefruit durch kaltes Pressen gewonnene *Grapefruitöl* hat in der Parfümerie nur eine geringe Rolle, wird aber in der Getränkeindustrie als Fruchtaroma verwendet. Es weicht von den typischen Orangen- und Zitronenaromen durch andersartige terpen- und blütenartige Aromanoten ab. Als Aroma-Schlüsselsubstanzen werden neben dem Nootkaton die im Orangenaroma nicht vorkommenden geruchsintensiven Schwefelverbindungen wie 1-*p*-Menthen-8-thiol und 4-Mercapto-4-methylpentanon genannt.

Im Saftöl sind auch das Nelken-Sequiterpen Caryophyllen mit 6–7 % (mit sehr niedriger Geruchsschwelle von nur 64 ppb) und dessen Etherderivat mit einem holzig-balsamischen Geruch vorhanden. Als Begleiter des Linalools treten Linalooloxide mit bis zu 13 % auf, die in höheren Konzentrationen nur im Lavendelöl zu finden sind.

Als *Petitgrainöle* werden ätherische Öle bezeichnet, die durch Wasserdampfdestillation der Blätter und Zweige von Zitrusbäumen in Ausbeuten zwischen 0,25–0,5 % gewonnen werden. Aus den Blättern des Zitronenbaumes (*Citrus limon* L.) wird ein ätherisches Öl mit 29 % an Limonen, 23 % an Geraniol und 17 % an Neriol destilliert. Vom bitteren Orangenbaum (Pomeranze) wird ein *Pomeranzenöl* mit stark bitter-süßer und holzig-blumiger Note als ätherisches Öl gewonnen, in dem mehr als 400 Verbindungen nachgewiesen wurden, von denen aber bereits 25 mit Konzentrationen von mehr als 0,1 % einen Anteil von 95 % ausmachen. Das Gemisch aus Linalylacetat und Linalool (2:1) macht bis zu 80 % aus. Unter den Terpenen mit etwa 12 % sind die Monoterpene Ocimen, Myrcen und β-Pinen die wichtigsten; Limonen mit 1,7 % spielt im Vergleich zu anderen Zitrusölen eine untergeordnete Rolle. Wesentliche Sequiterpene sind Caryophyllen und Bicyclogermacren. Als Terpenalkohole sind Linalool, Geraniol, α-Terpineol und Nerolidol zu nennen. Auch *Pomeranzenschalenöl* sowie *Orangeschalenöl* (auch als bitteres bzw. süßes Pomeranzenschalenöl bezeichnet) werden aus den Schalen reifer Orangenfrüchte durch Destillation gewonnen. Die orangegelben ätherischen Öle werden vorzugsweise zum Aromatisieren von Likören und Süßwaren sowie auch für kosmetische Artikel verwendet.

3.2.6 Neroliöl

Orangenblütenöl wird auch als *Neroliöl* bezeichnet. Ohloff gibt an, dass aus »850 kg sorgfältig gepflückten Orangenblüten durch Wasserdampfdestillation 1 kg Neroliöl gewonnen« wird. In Nordafrika, wo die Haupterzeugerländer sich befinden, werden jährlich etwa zwei bis drei Tonnen erzeugt. Das Neroliöl mit seiner kraftvollen, frischen, blumigen Note, die einen warmen Unterton nach getrocknetem Heu aufweist, erinnert im Geruch an das Petitgrainöl. Jedoch sind die Gehalte an Ocimen und β-Pinen höher (6,5 bzw. 11 %). Höhere Gehalte weisen auch (+)-Limonen mit über 17 %, Linalool mit 36 % und Linalylacetat mit 6 % auf. 1902 wurde auch ein Sesquiterpenalkohol, (+)-Nerolidol (3 %), und 1913 der primäre Alkohol Farnesol (1 %), ein Verwandter des Nerolidols, entdeckt. Eine Grünnote erzeugt der Aromastoff der Peperoni, das 2-Isobutyl-3-methoxypyrazin, mit 1 ppm (Geruchsschwellenwert 0,002 ppb). Typische Substanzen der Agrumenöle wie Nootkaton wurden weder im Petitgrain- noch im Neroliöl nachgewiesen.

Im Römpp Chemie-Lexikon wird als *Neroliöl* das ätherische Öl der Pomeranze (*C. aurantium subspec. amara*, Bitterorange) mit den Haupterzeugungsgebieten Frankreich, Algerien, Marokko, Tunis und Italien aufgeführt (s. auch in Abschnitt 1.1.1). Es wird vermerkt, dass die Neroliöle aus Portugal – aus Süßorangenblüten – ebenfalls brauchbar seien. Zu den Inhaltsstoffen werden folgende Angaben gemacht: 35 % Terpenkohlenwasserstoffe (Ocimen, Dipenten, Pinen), 30 % Alkohole (Linalool), ferner 2 % Terpineol, ca. 4 % Greaniol-Nerol, ca. 6 % (+)-Nerolidol, ca. 11 % Ester (Linalylacetat u. a.), außerdem Methylanthranilat, Indol und Aldehyde. Speziell wird auch das *Neroliwasseröl* (*Orangenblütenwasser*) erwähnt, das nur Spuren von Terpenen, vorwiegend jedoch Terpenalkohole sowie Phenylethylalkohol und Methylanthranilat enthält. Im Römpp Chemie-Lexikon wird darauf hingewiesen, dass das Neroliöl, das so genannte Orangeblütenöl, nicht durch Wasserdampfdestillation, sondern durch Extraktion mit organischen Lösemitteln aus Pomeranzenblüten gewonnen werde, und das *Pomeranzenöl* aus der Schale der Pomeranze gepresst wird. Zur Verwendung des Neroliöles heißt es, dass es vornehmlich in »Kölnisch-Wasser-Kompositionen«, im »klassischen« 4711, aber auch in Parfums und Kosmetika eingesetzt werde. Neroli sei 1550 erstmals erwähnt und um 1650 durch den Prinzen Neroli di Orsini als Modeparfum eingeführt worden.

3.2.7 Spezielle Gewürznoten

Gewürzöle spielen nicht nur in Lebensmitteln (s. Abschnitt 4.1), sondern auch nachweislich seit 5000 Jahren eine wichtige, vor allem im arabischen Kulturkreis parfümistische Rolle. Die nicht in Europa beheimateten Gewürze und ihre ätherischen Öle, soweit sie auch in modernen Parfums eine Rolle spielen, werden hier vorgestellt.

Ingwer

Aus den indischen knollenartigen Wurzelstöcken der schilfartigen Ingwerpflanze (*Zingiber officinale*) wird zu 1–3 % das Ingweröl mit seinem charakteristischen würzig balsamischen Geruch gewonnen. Es erinnert ein wenig an Koriander und weist auch zitrusartige Noten auf. Die bisher bekannten Inhaltsstoffe stammen aus der Gruppe der Terpene – mit überwiegend Sesquiterpenen und nur 10 % an Monoterpenen. Der typische Geruch wird vom Zingiberen, einem Terpen-Kohlenwasserstoff, verursacht, der bei der Lagerung zu (+)-ar-Curcumen abgebaut wird. Weitere charakteristische Inhaltsstoffe sind (E)-α-Farnesen, β-Bisabolen, Sesquiphellandren und Nerolidol mit einer balsamisch-blumigen Note. Die genannte Zitrusnote lässt sich anhand der Spuren von Stoffen erklären, die auch im Orangenöl vorhanden sind.

Kardamon

Aus dem Ingwergewächs Kardamon (*Elettaria cardamomum*), Echter oder Malabar-Kardamon, lässt sich aus den Fruchtkapseln ein ätherisches Öl (3–8 %) gewinnen, das eine durchdringend frisch-aromatische, leicht campherartig-würzige Note aufweist. Eine blumige

Nuance wird vor allem durch den Fliederriechstoff α-Terpineolacetat (55 %), der würzige Geruch durch 1,8-Cineol (45 %), Eucalyptol genannt, erzeugt.

Kurkuma

Aus der Wurzel der indischen Kurkumastaude (*Curcuma longa*, Ingwergewächs) lässt sich mit 3–5 % ein orangegelbes ätherisches Öl gewinnen, das bis zu 60 % Sesquiterpene enthält. Im Unterschied zu Ingweröl besteht es zu etwa 65 % aus Sesquiterpenketonen mit einem warmen holzig-würzigen Aroma von großer Haftfestigkeit.

Muskat

In den ätherischen Ölen der Nüsse des Muskatbaumes (*Myristica fragrans*, in Ost- und Westindien heimisch), die als farblose Flüssigkeit durch Wasserdampfdestillation erhalten werden, befinden sich zu 75 % Monoterpene, zu 15 % pyschoaktive Substanzen wie Myristicin, Elemicin und Safrol. Muskatöle riechen angenehm würzig und finden vorrangig in der Parfümerie Verwendung.

Nelken

Der Gewürznelkenbaum (*Syzygium aromaticum*), ein Myrtengewächs, wird auf Madagaskar und in Indonesien angebaut. Aus den Blütenknospen wird ein wertvolles Öl von süßlich-würzigem, etwas fruchtigem Aroma mit den Hauptbestandteilen Eugenol (75–90 %), Eugenolacetat (bis 10 %), Caryophyllen sowie Heptanol und Nonanol gewonnen.

Pfeffer

Aus Schwarzem Pfeffer (*Piper nigrum*), in den feuchten Wäldern Südindiens und auf den Sundainseln beheimatet, lässt sich zu 1–3,5 % ein ätherisches Öl mit charakteristischem aromatischem Geruch und scharfem Geschmack (Piperin) isolieren. Die Gewürznote wird durch eine Kombination von Mono- und Sesquiterpenen, von denen der Nelkenriechstoff Caryophyllen (28 %) sowie 3-Caren (20 %), bicyclischer ungesättigter Terpen-Kohlenwasserstoff von angenehmem Geruch, aber leicht oxidierbar sind, sowie α- und β-Pinen bestimmt.

Piment

Piment, auch Nelkenpfeffer oder Jamaikapfeffer, werden die nicht ausgereiften Beeren des in Westindien (Jamaika), in Zentral- und im nördlichen Südamerika kultivierten immergrünen bis zu 13 m hohen Pimentbaumes (*Pimenta dioica*) genannt. Das daraus gewonnene ätherische Öl erinnert im Geschmack und Geruch an Nelken, Pfeffer und Zimt. Hauptinhaltsstoffe sind Eugenol, Methyleugenol, 1,8-Cineol und β-Caryophyllen mit angenehm süßlich-blumigem Geruch.

Zimt

Zimtöle werden aus Abfällen wie Spänen und Bruchstücken aus der Herstellung von Stangenzimt, Ceylon-Zimt (*Cinnamomum zeylanicum*) gewonnen – mit 83 % an Zimtaldehyd sowie nur Spuren von Terpenen wie dem Eugenol. Aus den Blättern und Zweigen von Chinesischem Zimt (*C. cassia*) gewinnt man das *Kassiaöl*, das im Unterschied zu anderen Zimtölen den Waldmeister-Riechstoff Cumarin bis zu 9 % enthält.

3.3 Duftstoffe tierischen Ursprungs

Zu den entscheidenden Kriterien für die Kreation von Parfums zählen die Verdünnung der Duftstoffe und deren Verhältnis zueinander. Durch die Änderung der Konzentrationen lassen sich grundlegende Veränderungen der Geruchseigenschaften erreichen. Diese Regel gilt ganz besonders für Materialien tierischen Ursprungs, die zunächst einmal eher »stinken« als gut riechen. Parfümistische Qualitäten hoher Strahlkraft – wie Ohloff es ausdrückt – erreicht man erst mit starker Verdünnung. Diese Feststellung gilt vor allem für das Drüsensekret der äthiopischen Zibetkatze und auch für Bibergeil (s. u.). Ambra dagegen riecht schwach – ein angenehmer Geruch entsteht erst in alkoholischen Extrakten und nach einer Reifezeit.

3.3.1 Ambra

Als *Ambra* wird eine wachsartige, graue bis schwarze Masse bezeichnet, die aus dem Darm von Pottwalen ausgeschieden wird. Man vermutet, dass es sich um eine krankhafte bzw. anomale Bildung handelt. Man kann Ambra aus erlegten Tieren gewinnen. Häufig aber

Pottwal (Hirzel: Toiletten-Chemie, 1892).

werden größere Stücke auf dem Meer treibend (Dichte 0,9) und sogar an den Küsten angeschwemmt gefunden. Ambra-Stücke können bis zu 400 kg schwer sein, sind wachsartig und oft weiß marmoriert. 1953 wurde in der Antarktis ein Fund von 421 kg gemacht. In seiner »Toiletten-Chemie« (1892) berichtet H. Hirzel über einige Fundorte:

»Diese Substanz wird im Meere schwimmend gefunden, in der Nähe der Insel Sumatra, der Molukken und Madagaskars, sowie auch an den Küsten von Südamerika, China, Japan und Koromandel [Südostindien]. An der Westküste von Irland wurden ebenfalls schon oft große Stücke dieser Substanz gefunden. (...) So hat man die Ambra namentlich in den Eingeweiden des *Potwalfisches, Physeter macrocephalus* L. aufgefunden und zwar vorzüglich nur in kranken Individuen.«

Heute wissen wir, dass Ambra ein pathologisches Stoffwechselprodukt des Pottwals ist. Die wachsartige Masse bildet sich dann im Magen-Darm-Kanal, wenn eine Verletzung der Schleimhäute durch die scharfen, papageienschnabelartigen Hornkiefer von Tintenfischen aufgetreten ist und dient als antibiotisch wirkender Wundverschluss. Schon bei H. Hirzel ist zu lesen:

»Es ist bekannt, dass der Potwal den Tintenfisch verfolgt und frisst. Der Mund des Tintenfisches ist mit einem schwarzen, scharf zugespitzten, gekrümmten Horn bewaffnet, welches sich durch seine

Härte, Festigkeit und Unzerstörbarkeit auszeichnet. Solche Stücke der Schnauze des Tintenfisches findet man hin und wider in echter Ambra.«

Und weiter heißt es bei Hirzel:

»Der Geruch von Ambra ist keineswegs ausgezeichnet, und viele, welche noch keine Ambra gesehen haben, würden sehr enttäuscht sein beim Anblick der rohen echten Ambra. Trotz ihrer Unansehnlichkeit und ihrer wenig hervorragenden Merkmale ist die Ambra eines der wertvollsten und unentbehrlichsten Parfume für die feine Parfümerie. Sie ist zeitweise sehr schwierig zu bekommen und schon bis zu 8000 M. das Kilogr. bezahlt worden [in den 1990er Jahren etwa 20 000 DM pro kg]. Ihr höchster Wert besteht darin, dass sie keiner Zersetzung unterworfen ist, nur langsam verfliegt und, mit anderen Wohlgerüchen vermischt, dieselben, wenn sie auch sehr flüchtig sind, gleichsam bindet und dadurch den Geruch derselben länger und besser zur Geltung bringt, ähnlich wie dies auch durch die Vanille, Veilchenwurzel und andere schwächer riechende, aber beständige Riechstoffe erfolgt. Die Ambra besitzt die Eigenschaft, die flüchtigen Gerüche zu fixieren, in besonders hohem Grade; dabei ist ihr Geruch selbst so passend zu den feinsten Blütengerüchen, dass diese nicht davon alteriert [= verändert] werden, wie dies z. B. durch den Moschus geschieht.«

Hirzel beschreibt Ambra wie folgt:

»Die Ambra ist wachsartig, aussen grau, im Innern heller, oft streifig, von 0,8–0,9 spez. Gew.; in konzentriertem Alkohol fast vollständig löslich; auf kochendem Wasser schmilzt sie [Schmelzpunkt bei 60 °C], wie ein Fett. Sie lässt sich entzünden und verbrennt unter Hinterlassung einer geringen Menge an Asche. Ihr Geruch ist schwach, aber unvergleichlich; er tritt besonders beim Erwärmen hervor und hält lange an. Als Hauptbestandteil enthält die Ambra ein unverseifbares Fett.«

Der Brockhaus von 1837 berichtet, dass Ambra beim Erwärmen einen eigentümlichen, äußerst lieblichen Geruch verbreite. Man habe Ambra schon im Altertum gekannt. Und über den Gebrauch ist zu lesen, dass man Ambra zum Räuchern gebrauche, sie jedoch sehr teuer sei – und auch häufig verfälscht.

In Römpps Chemie-Lexikon wird der Geruch von Ambra nach moosbedecktem Waldboden, Tabak und Sandelholz beschrieben. Als Hauptkomponenten werden der Triterpenalkohol Ambrein (geruchlos), Epicoprostanol und Coprostanon. Die Küstenbewohner Indiens kannten Ambra schon vor 3 000 Jahren. Orientalische Herrscher besaßen Ambra auch als Zeichen von Reichtum, Macht und Glück. Von den spanischen Mauren wurde Ambra zur Herstellung von Parfums verwendet. Berichte darüber stammen aus dem 10. Jahrhundert. Im Mittelalter war Ambra bereits wegen seines Wohlgeruches allgemein geschätzt und wurde als Aphrodisiakum und als Arzneimittel sehr geschätzt. Umgehängte »Ambraäpfel« (Pomambrae) sollten Schutz gegen Seuchen gewähren. In kleinen (oft kunstvollen, silbernen) durchbrochenen Kapseln wurden wohlriechende ambrahaltige Mischungen gefüllt, die man auch Bisamäpfel nannte.

Das komplexe Geruchsprofil von Ambra wird von Ohloff als exotischer Holzton mit weihrauchartigen Anklängen, ferner als erdig-kampferartig und warm-animalisch beschrieben. Als weitere Geruchsqualitäten werden auch die Noten Tee, Tabak, Veilchen, Moschus und Meeresduft genannt. Die meisten dieser Geruchseindrücke lassen sich auf einen sesquiterpenoiden Naturstoff vom so genannten Driman-Typ, *Ambrox* genannt (ursprünglich Markenname der Fa. Firmenich S.A. in Genf, heute allgemein in der Fachsprache gebräuchlich), zurückführen. Drimane sind Sesquiterpene mit dem Grundgerüst 4,4,8,9,10-Pentamethyldecalin, die in Petroleum, Tabakpflanzen, Baum- und Schimmelpilzen vorkommen. Als weitere Hauptkomponente ist der Triterpenalkohol *Ambrein* zu nennen, von dem alle Ambrariechstoffe abstammen (auch das Oxidationsprodukt Dihydro-γ-Jonon). Gewichtsmäßig machen die Ambrariechstoffe weniger als 0,5 % aus. Der Rest von 99,5 % besteht aus einem Gemisch hochmolekularer, geruchsloser Sterine und mit 60–80 % aus Ambrein, das dort einmalig in der Natur auftritt.

Für die Synthese von Ambrox® konnte ein wesentlich preiswerteres pflanzliches Ausgangsprodukt verwendet werden, das im Muskatellersalbei (*Salvia sclarea* L.) vorkommende *Sclareol*, im Muskatellersalbeiöl zu 60–70 % vorhanden. Dieser Terpenalkohol ist mit dem wichtigsten Teil des terpenoiden Ambreins strukturidentisch. So ist den Chemikern heute eine praktisch vollständige Substitution der grauen Ambra (auch zum Schutz der Pottwale) möglich.

3.3.2 Bibergeil

»Das Kostbarste am Biber ist (...) das *Bibergeil* oder Castoreum, eine zimmtartige fette Materie von betäubendem Geruche und bitterm Geschmacke, welche zwei Säckchen am After des Bibers enthalten, die ihren Namen davon haben, dass man sie früher für die Hoden des Thieres hielt. Sie werden dem getödteten Thiere ausgeschnitten, getrocknet und ihr Inhalt dient seit den ältesten Zeiten als eine der wichtigsten Arzneien und wird auch von Jägern zu Witterung benutzt. Das beste Bibergeil kommt aus Russland. ...« (Brockhaus 1837)

Bibergeil als Arzneimittel, z. B. gegen Nervenleiden und Epilepsie, gegen schwere Geburt und Impotenz, wurde von der Antike bis zum 19. Jahrhundert (noch im Deutschen Arzneimittelbuch DAB 2/1882, dann in den Ergänzungsbüchern) benutzt. Auch in der Homöopathie ist es bekannt.

Als *Castoreum* bezeichnen wir noch heute das Duftdrüsensekret, das aus Drüsensäcken zwischen After und Geschlechtsteilen des männlichen und weiblichen Bibers (*Castor fiber* L.) zur Wegmarkierung abgegeben wird. Aus den getrockneten Drüsensäcken wird

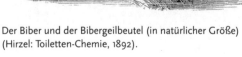

Der Biber und der Bibergeilbeutel (in natürlicher Größe)
(Hirzel: Toiletten-Chemie, 1892).

durch Lösemittelextraktion eine dunkelbraune, wachsartige, widerlich riechende Masse gewonnen, in der jedoch zahlreiche Duftstoffe enthalten sind.

Heinrich Hirzel beschreibt in seiner »Toiletten-Chemie« (1892) das Bibergeil wie folgt:

»Das eigentliche Bibergeil, welches sich in den Beuteln findet, ist eine dunkelrotbraune bis gelbbraune oder schwarzbraune, ziemlich weiche, fast salbenartige Substanz von eigentümlich durchdringend starkem, nicht angenehmem Geruch und lange anhaltendem bitterbalsamischem Geschmack. Bei Erwärmen wird es weich, lässt sich entzünden und brennt mit bläulicher Flamme. In Wasser ist es wenig, in Alkohol grösstenteils auflöslich. Durch Auflösen von 20 gr Bibergeil in 1 Liter Weingeist erhält man das Norma-*Bibergeilextrakt*. Wenn man aber mehr als 1/8 Liter von demselben zu 4 Liter eines Parfums hinzusetzt, so wird sein charakteristischer Geruch schon vorherrschend. Man darf daher nur kleine Mengen davon beimischen. Im Handel unterscheidet man zwei Sorten von Bibergeil, die sich sehr von einander unterscheiden, nämlich das *russische* oder *sibirische*, von feinerem Geruch und viel geschätzter, und das *kanadische* oder *amerikanische* von eigentümlichen Terpentingeruch und bedeutend geringerem Werte. *Guibort* vermutet, dass die Verschiedenheit des Geruchs der beiden Sorten Bibergeil durch die verschiedene Nahrung des Bibers bedingt werde. Der sibirsche Biber nährt sich hauptsächlich von Birkenrinde, daher erinnert das sibirische Castoreum in betreff seines Geruchs an *Juchtenleder*; der kanadische Biber dagegen lebt von den dort heimische terpentinreichen Nadelhölzern.«

Diese Meinung konnte durch Forschungen bestätigt werden. Ohloff hat diese als alkylsubstituierte Phenole wie Propylphenol und Ethylguajakol, weiterhin Benzoe-, Zimt- und Salicylsäure sowie Acetophenon und dessen Derivate aus den abgenagten Ligninen der Hölzer identifiziert. Er schreibt: »Dieses Konglomerat von Verbindungen ist für die dominierende lederartige Note von Bibergeil verantwortlich.«

3.3.3 Moschus

Im Arzneischatz Indiens, Chinas und Persiens war Moschus als anregendes Heilmittel bekannt. Nach Europa gelangten erste Nachrichten über Moschus durch den Venezianer Marco Polo (1254–1324) bzw. durch arabische Händler. Über Arabien und Persien kam Moschus dann auch in den so genannten Levantehandel (Handel der italienischen Stadtstaaten mit dem Orient durch armenische, griechische, italienische und jüdische Kaufleute des östlichen Mittelmeeres, Levantiner genannt – Levante: ital. eigentlich für (Sonnen)aufgang). Aus dem Orient gelangte Moschus auch durch Kreuzfahrer nach Europa. Sowohl die ärztliche Verwendung in der Ärzteschule von Salerno als auch der Einsatz in der Parfumherstellung gehen auf arabische Einflüsse zurück. Im 15. Jahrhundert wurde Moschus wie auch Ambra in Riechdosen verwendet. In Deutschland zählte Moschus vom 15. Jahrhundert bis 1891 zu den Arzneimitteln (als Aphrodisiakum, Nervenmittel, Riechmittel).

Als außerordentlich starken, lang anhaltenden Geruch charakterisiert H. Hirzel den Inhalt des so genannten *Moschusbeutels*, »welchen das männliche Moschustier in der Mittellinie des Bauches, durch lange Bauchhaare verborgen, zwischen dem Nabel und der Rute fast 150 mm weit von jenem und kaum 25–40 mm weit von dieser entfernt trägt.«

Moschustiere bilden eine Unterfamilie der Hirsche – mit der einzigen Art *Moschus moschiferus*. Sie leben in den feuchten Bergwäldern Zentral- und Ostasiens. Während der Brunst wird aus Drüsen eine stark riechende, aus Geschlechtshormonen, wachsartigen Substanzen und Cholesterinverbindungen bestehende Masse abgesondert. Der Moschus wurde wegen des Moschus stark bejagt und dezimiert. Seit 1958 wird er besonders in China in Farmen gehalten.

Der wichtigste Geruchsstoff des Moschus ist das *Muscon*, das 3-Methylcyclopentadecanon, eine farblose, intensiv nach Moschus riechende, ölige Substanz, die aus Moschus mit Ether extrahiert werden kann. 1926 entdeckte der spätere Nobelpreisträger Leopold Ruzicka (s. Abschnitt 2.4.3) diesen »Makrozyklen«, dessen Ring aus 15 Kohlenstoffatomen (»cyclopentadeca«) besteht. Diese Entdeckung wird von Ohloff als »Sternstunde der Riechstoffchemie« und auch als »bahnbrechend für die Entwicklung der organischen Chemie schlechthin« bezeichnet. Moschus-ähnliche Geruchseigenschaften besitzen auch

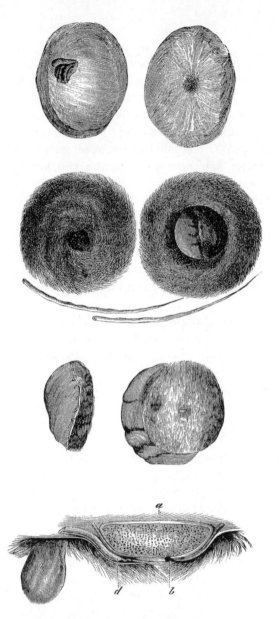

Moschusbeutel verschiedener Arten (von oben): chinesisch, bengalisch, sibirisch; unten: (a) Querschnitt(vertikal), mit (b) Öffnung und (d) Teil des Geschlechtsorgans (Hirzel: Toiletten-Chemie, 1892).

Das Moschustier (Hirzel: Toiletten-Chemie, 1892).

bereits 40 Jahre früher entdeckte hochnitrierte, substituierte Benzolderivate, welche Namen wie Baur-Moschus (nach ihrem Entdecker A. Baur), Xylol-, Ambrette- und Keton-Moschus erhielten. Muscon und Muscopyridin (dialkyliertes Pyridinderivat) werden wegen ihrer abrundenden und fixierenden Eigenschaften z. T. noch heute in der Parfumherstellung verwendet.

3.3.4 Zibet

Zibet gilt als sehr alter, in vielen afrikanischen und asiatischen Ländern sehr geschätzter Duftstoff, der wie die anderen Produkte tierischen Ursprungs auch als Heilmittel verwendet wurde. Über den Gebrauch zur Parfümierung am Ende des 19. Jahrhunderts berichtet H. Hirzel in seiner »Toiletten-Chemie«:

»Der Zibethgeruch ist in Deutschland wenig bekannt, dagegen in England und Frankreich ziemlich beliebt. Er dient besonders zum Parfümieren von Leder, welches, in ein Schreibpult gelegt, das Papier und die Couverts herrlich parfümiert, sodass diese selbst noch gut riechen, nachdem sie mit der Post weiter befördert worden sind.«

Zibetkatzen, *Viverra civetta* L., in Afrika von der Guineaküste und dem Senegal bis nach Abessinien (heute Äthiopien), wo sie am Ende des 19. Jahrhunderts auch gezüchtet wurde, sowie *Viverra zibetha* L., in

Zibetkatze (*Viverra civetta* L.) (Hirzel: Toiletten-Chemie, 1892).

Ostindien, auf den Molukken und den Philippinen, geben ähnlich wie Moschustiere, hier aber beiderlei Geschlechts, ein salbenartiges Sekret als Sexuallockstoff und zur Markierung aus zwei taschenartigen Drüsen in der Nähe der Sexualorgane ab. H. Hirzel beschreibt den Zibet wie folgt:

»Der Zibeth ist eine salbenartige, weiche, gelb bis gelblich-braun gefärbte Masse von scharfem, widrigbitterem Geschmack und eigentümlich urinösem, moschusähnlichem, nicht angenehmen Geruch, der erst bei großer Verdünnung etwas angenehmer wird. Er ist unlöslich in Wasser, nur zumteil löslich in Weingeist, enthält als Hauptbestandteil feste und flüssige Fette mit etwas flüchtigem Öl und hinterlässt beim Verbrennen etwa 4 Prozent Asche.«

Wie auch beim Moschus enthält Zibet als wichtigsten Geruchsträger eine makrozyklische Verbindung, das *Zibeton* (2,5–4 %), chemisch *cis*-9-Cycloheptadecenon mit 17 Kohlenstoffatomen im Ring. Ein weiterer Inhaltsstoff ist *Skatol* (3-Methylindol), der nur in äußerster Verdünnung angenehm, sonst sehr unangenehm nach Fäkalien riecht. Auch ihn verwendet in Spuren die Parfümerie. Im Sekret der chinesischen Zibetkatze wurden neben Zibeton auch weitere makrocyclische Ketone, bei den Weibchen auch Muscon gefunden. Zibet wird in alkoholischen Tinkturen als Fixateur in Parfums zur Erzielung blumig-süßer Duftnoten eingesetzt.

3.4 Aroma-Schlüsselsubstanzen

Die Aromastoff-Forschung ist ein weites Feld. Vor fast hundert Jahren beschäftigte sich der französische Biochemiker Louis Camille

Maillard (1878–1936) mit den Stoffen, die bei der Umsetzung reduzierender Zucker mit Aminosäuren entstehen – der heute nach ihm benannten *Maillard-Reaktion*. Noch heute ist diese Reaktion (richtiger: diese Reaktionen) Thema aktueller Forschung; immer noch werden neue Stoffe entdeckt. Reaktionen des Maillard-Typs sind für den Geruch, das Aroma insgesamt und auch die Farbe vieler gebratener, gebackener oder gerösteter Lebensmittel (vom Brot, Kaffee bis zu Karamell) verantwortlich.

Als *Aroma-Schlüsselsubstanzen* werden diejenigen Substanzen eines Lebensmittels bezeichnet, auf die dessen typischer Aromaeindruck zurückzuführen ist. In Lebensmitteln lassen sich im Allgemeinen bis zu mehreren Hundert Aromastoffe nachweisen, die insgesamt die Wahrnehmung eines Aromas mitbestimmen. Entscheidend tragen davon jedoch selten mehr als 5 % zum Aromaeindruck bei. Man bezeichnet solche Einzelstoffe, die für sich allein das typische Aroma eines Lebensmittels ausmachen, als *Aroma-Impact-Komponenten* (*aroma* oder *character impact compounds*) – bei mehreren Stoffen als *key components*.

Zu unterscheiden sind natürliche, naturidentische und künstliche Aromastoffe. *Natürliche* Aromastoffe sind chemisch definierte Stoffe, die in pflanzlichen oder tierischen Rohstoffen vorkommen und aus diesen durch Anwendung physikalischer Verfahren gewonnen werden.

Naturidentische Aromastoffe sind die in ihrem chemischen Aufbau den natürlichen gleichende Stoffe, die aber über chemische, biochemische oder thermische Synthesewege aus unterschiedlichen Ausgangsprodukten dargestellt werden. Der bekannteste naturidentische Aromastoff ist das *Vanillin* (s. auch Abschnitt 2.4.2), z. B. als Bestandteil des Vanillin-Zuckers. Ein Vergleich aus dem Jahr 1999 für Vanillin (naturidentisch versus natürlich):»Zum Beispiel haben 25 g Vanillin zu etwa 0,65 DM eine ähnlich starke aromatisierende Wirkung wie 1 kg Vanillin zu etwa 100,– DM. Wollte man Vanillearomen nur aus Vanille herstellen, würde die Weltproduktion an Vanilleschoten gerade den Bedarf in Deutschland decken.« (Dragoco Report 1/1999)

Künstliche Aromastoffe sind Substanzen, die nicht in der Natur vorkommen.

Die Bezeichnungen *Duftstoffe* oder *Riechstoffe* sind nur für Kosmetikartikel gebräuchlich. Als Riechstoffe werden natürliche, naturidentische und synthetische flüchtige Stoffe bezeichnet, die schon in geringen Konzentrationen als angenehm empfunden und zur Herstellung von Parfums, von parfümierten Erzeugnissen und Kosmetika eingesetzt werden. Allgemeine Charakteristika der Riechstoffe sind ein mehr oder weniger hoher Dampfdruck, odophore Gruppen in ihren Molekülen (s. Abschnitt 3.1) und auch eine gewisse Fettlöslichkeit. Von den bekannten Riechstoffen insgesamt zählen 40 % zu den Terpenen (s. Abschnitt 2.2 – Beispiele in der Tabelle 3.2), 17 % sind Derivate des Brenzcatechins, 13 % phenolische Substanzen und 20 % andere aromatische Verbindungen. Einige Substanzen als Beispiele für bestimmte Geruchstypen sind in der Tabelle 3.1 zusammengestellt.

Künstliche Aromastoffe werden für Lebensmittel wegen möglicher gesundheitlicher Gefährdungen nur in wenigen Einzelfällen vom Gesetzgeber zugelassen – so in Deutschland *Ethylvanillin* und *Ethylmaltol*.

Schwefelhaltige Stoffe spielen häufig als natürliche Aromastoffe in Lebensmitteln eine wichtige Rolle. Solche Verbindungen (mit Thio-, Mercaptan- oder Sulfid-Gruppen) sind als *Character-impact Compounds* z. B. im Brot (2-[(Methyldithio)methyl]furan), im Fleisch (Bis(2-Methyl-3-furyl)disulfid), in der Kartoffel (3-(Methylthio)popanal) oder im Kaffee (Furfurylmercaptan) gefunden worden (Einzelheiten in Ternes et al.: Lexikon der Lebensmittel).

Tab. 3.1 Geruchstypen mit Substanzbeispielen (nach Ternes et al.: Lexikon der Lebensmittel).

Geruchstyp	Duftcharakter natürlicher Produkte	Substanzbeispiele
Animalisch	Moschus, Ambra	Muscon, Moschus-Ambrette, Moschus-Xylol
Blumig	nach Blüten allgemein	Ionone, Geranial, Citronellol
Campherartig	Campherbaum	(+)-Campher
Citrusartig	Schalen von Zitrusfrüchten	Citral, Linalool, Limonen, Linylacetat
Fruchtig	Obst, exotische Früchte	Ester kurzkettiger Fettsäuren mit einfachen Alkoholen
Grün/grasig	Gras, grüne Blätter	3-Hexen-1-ol, 2-Hexanal
Holzartig	Sandelholz, Zeder	Santalole
Krautig	grüne Kräuter	Rosenoxid, Carvacrol
Minzig	Pfefferminzblätter	(–)-Menthol, Menthon
Würzig	Gewürze, Küchenkräuter	Eugenol, Carvon

Terpen	Aromaeindruck	Geruchsschwellenwerte in µg/l wässriger Lösung
Citronellol	rosenartig	10
Linalool	blumig	6
Geraniol	rosenartig	7,5
Geranial	zitrusartig	32
R(–)-α-Phellandren	terpenig	500
R(+)-α-Phellandren	dillartig, krautig	200
α-Terpineol	flieder-, pfirsichartig	330
α-Sinensal	orangenartig	0,05
(–)-β-Caryophyllen	würzig, trocken	64

Der Begriff *Aromen* macht deutlich, dass nicht Einzelsubstanzen, sondern im Allgemeinen Gemische als flüssige, pasten- oder pulverförmige Zubereitungen für Lebensmittel verwendet werden. Früher hat man für Aromen auch den Begriff *Essenzen* verwendet. Hinter bekannten Bezeichnungen wie *Bitter, Aquavit* oder *Anis* verbergen sich typische aromatisierte alkoholische Getränke, zu deren Herstellung Kräuter, in anderen Fällen auch Früchte, mit Ethanol extrahiert werden (Fruchtextrakte als Grundlage für Fruchtliköre). Andere klassische Spirituosen werden durch die Lagerung auf Holz aromatisiert (Holzaromen in Kornbranntweinen wie Whisky, Cognac, Brandy, Rum). Als Basiszutat für moderne alkoholische Getränke wie Cocktails, Frucht-/Sahne-Liköre bis zu den so genannten Alcopops (gemixten Getränken aus Limonade und z. B. Rum, Wodka, Tequila) werden konzentrierte Aromen verwendet. Der Herstellung von Aromen hat sich von den Spirituosenherstellern mehr und mehr zu den Unternehmen der Riech- und Duftstoffchemie wie Symrise in Holzminden (s. Abschnitt 2.4.2) verlagert.

Aromen sind im Sinne der nach dem Lebensmittelgesetz geltenden *Aromen-Verordnung* dazu bestimmt, Lebensmitteln einen besonderen Geruch und/oder Geschmack zu verleihen. Nach der Richtlinie der EU (1988) unterscheidet man sechs Klassen an aromatisierenden Bestandteilen: natürlich Aromastoffe, naturidentische Aromastoffe, künstliche Aromastoffe (s. o.), Aromaextrakte, Reaktionsaromen und Raucharomen. Die Aromaindustrie entwickelt und vermarktet aus über mehr als 2 000 Rohstoffen Aromen aller Geschmacksrichtungen. Davon sind etwa 75 % natürliche Aromen – Aromaextrakte und natürliche Aromastoffe. Zu den Aromaextrakten gehören ätherische Öle, Gewürz- und Kräuterextrakte (s. Abschnitt 4.1) und Saftkonzentrate sowie Destillate, Tinkturen und Absolues. Als *Absolues* bezeichnet man einen durch warmen Ethanolauszug (und Wachsabscheidung durch Abkühlung) aus *Concrètes* gewonnenen polaren Anteil eines pflanzlichen Aromaauszuges. Der Alkohol wird abdestilliert, so dass dann nur noch Absolue vorliegt. Als *Concrètes* wiederum werden pflanzliche, mit Hilfe von unpolaren Lösungsmitteln gewonnene und vom Lösemittel wieder befreite Extrakte bezeichnet – vorwiegend aus Blüten. Sie enthalten neben Aroma- und Riechstoffen auch nichtflüchtige Wachse und Fette. Aus ätherischen Ölen werden z. B. Citral und auch Benzaldehyd als natürliche Aromastoffe mit Hilfe physikalischer Verfahren isoliert. Nach biotechnologischen Verfahren werden Vanillin und Menthol als naturidentische Aromastoffe gewonnen.

Im Bereich *Kosmetika* werden seit Ende 1997 die Inhaltsstoffe der Produkte in allen Ländern der EU einheitlich nach der so genannten *INCI-Nomenklatur* (International Nomenclature Cosmetic Ingredients) gekennzeichnet. Sie werden nach ihren Wirkungen in 63 Gruppen (Stand 2005) eingeteilt – in Gruppe 14: desodorierend (verringert oder hemmt unangenehmen Körpergeruch) findet man Geruchsstoffe wie *Linalool*, in Gruppe 40: maskierend (verringert oder hemmt den Grundgeruch) dagegen das *Linalyl Acetate*. Die pflanzlichen Inhaltsstoffe, die in vielen Fällen mit einer bestimmten Gruppe von Duftstoffen identisch sind, werden nach dem System des schwedischen Naturforschers Carl von Linné (1707–1778) mit dem lateinischen Namen der Pflanze – z. B. *Citrus aurantium dulcis* für die Süßorange – und gegebenenfalls mit dem verwendeten Pflanzenteil (in englischer Sprache – z. B. *peel* für Schale) sowie der Art der Gewinnung (z. B. *extract* für einen Extrakt) – insgesamt also mit *Citrus aurantium dulcis peel extract* für einen Orangenschalenextrakt – angegeben. Die INCI-Bezeichnung für ein ätherisches Öl aus Kamillenblüten lautet danach: *Chamomilla recutita flower oil*. Der Industrieverband Körperpflege- und Waschmittel e.V. (www.ikw.org) gibt zum Thema »Kosmetika – Inhaltsstoffe – Funktionen« eine Broschüre heraus (1. Aufl. 1998, 2. Aufl. 2005) – s. auch Abschnitt 4.3.

3.5 Verfahren der Gewinnung

Ätherische Öle lassen sich durch *Auspressen, Destillation, Extraktion, Mazeration* oder *Enfleurage* gewinnen. Welches Verfahren gewählt wird, hängt von der Art der Naturprodukte sowie auch von den Eigenschaften der chemischen Substanzen in den Ölen ab. So lassen sich *Zitrusöle* aus den Schalen der Früchte effektiv und ohne Veränderungen nur durch Auspressen gewinnen. Blütenöle dagegen werden durch Extraktion mit Lösemitteln oder durch Enfleurage isoliert.

Gewinnung von Lavendelöl (aus: Septimus Piesse: Book of Parfumery, 1891).

3.5.1 Auspressen

Da heißer Wasserdampf den meisten Schalenölen schaden, d. h. ihre Inhaltsstoffe verändern würde, werden fast alle Zitrusöle durch *Kaltpressen* (wie auch die fetten Öle aus Oliven oder Erdnüssen) gewonnen. Die Duftdrüsen sind auf der ganzen äußeren Schale der Zitrusfrüchte verteilt. Drückt man eine Schale zusammen, so entsteht ein kleiner Sprühregen an ätherischem Öl, das in einer Kerzenflamme durch viele leuchtende Funken sichtbar wird. Unter dieser äußeren Schale, der *Flavedo*, befindet sich eine weiße, schwammige Schicht, die *Albedo*.

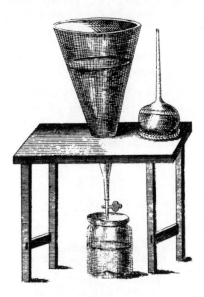

Filtrations-Apparatur für aus Fruchtschalen kaltgepresste Öle
(Orangen-, Zitronen- oder Grapefruit-Öle) – aus: Polycarpe Poncolet:
La Cymie de Goût et de l'Odorat, Paris 1766.

Bevor man über moderne Pressen verfügte, wendete man in Sizilien das traditionelle Schwamm-Verfahren an. Mit einem scharfkantigen Löffel entfernte man zunächst aus einer Orangenhälfte das Fruchtfleisch. Dann legte man die Schalen in Wasser und presste sie anschließend zwischen einem stumpfen Gegenstand und einem Schwamm aus. Der an ätherischem Öl gesättigte Schwamm wurde von einem Arbeiter in einen Behälter ausgepresst. Der Schwamm hatte die Funktion eines Filters, der Stückchen der Albedo zurückhielt. Höchste Reinlichkeit war oberstes Gebot. Auf diese Weise entstand eine Qualitätsöl.

Heute haben Maschinen das Auspressen der Schalen, die von der Frucht abgezogen wurden, übernommen. Das Öl wird abschließend durch Wollfilter gepresst. Früchte, die in sehr trockenem Klima angebaut werden, schützen sich vor dem Vertrocknen durch eine besonders dicke Albedo-Schicht. In diesen Fällen übernehmen Maschinen das Schälen, die sich jedoch auf sehr dünne Schalen einstellen lassen.

Die anschaulichsten und ausführlichsten Beschreibungen der grundlegenden Verfahren sind in der »Toiletten-Chemie« von Heinrich Hirzel zu finden, der selbst in seiner Firma Geräte entwickelt hat. Er schreibt zur »Schwammmethode«, dass je sechs Mann, von welchen zwei Mann schälen, die anderen vier Mann pressen, täglich im Durchschnitt 8000 Früchte verarbeiten könnten. Als Beispiel für seine Darstellungen wird hier der Text zu einem am Ende des 19. Jahrhunderts noch neueren Verfahrens zitiert:

»Sehr viel wird in neuerer Zeit die sogen. *Écuelle* verwendet. Es ist des eine einfache trichter- oder schüsselförmige, auf ihrer inneren Fläche mit starken, etwa 1 cm langen sogen. Nadeln versehene Vorrichtung. Um damit das Öl zu gewinnen, drückt der Arbeiter die Frucht unter beständigem Drehen gegen die Nadeln, wodurch die Ölzellen verletzt werden, und das Öl durch die in der Mitte der Écuelle angebrachte, mit Abflussrohr versehene Öffnung in eine untergesetzte Schüssel abfliesst. Diese Vorrichtung wird in der verschiedensten Weise modifiziert zur Anwendung gebracht. Anstatt der Nadeln z. B. werden scharfe Zähnchen, wie bei einem Reibeisen angebracht; zuweilen wird die Écuelle zugleich siebförmig durchlöchert und in eine Art Schüssel eingesetzt, damit das Öl sich in der Schüssel sammeln kann. Ferner wird die Écuelle selbst in langsam drehende Bewegung gesetzt, mit einem ebenfalls mit Nadeln versehenen Deckel verschlossen und eine Anzahl Früchte eingelegt, die durch Bewegung in wenigen Minuten entölt werden. Anstatt dessen verwendet man auch mit geripptem Boden versehene Apparate, in welch sechs bis acht der zu entölenden Früchte eingesetzt werden, darauf kommt ein beweglicher, ebenfalls gerippter Deckel, den man durch eine einfache Kurbel mit Zahnrad in rotierende Bewegung versetzt. Der Deckel, der auf den Früchten frei aufliegt, rollt die Früchte mit herum, wodurch die Öldrüsen zerrissen werden, das Öl ausfließt und in einem untergesetzten Gefässe gesammelt wird. Alle diese Apparate werden möglichst aus Holz oder Messing angefertigt. Eisen ist hierbei zu vermeiden.«

Der Text vermittelt auch die technischen Ansätze des Verfahrens für eine volle Automatisierung, den Übergang von der Manufaktur zur Industrie.

Andere Verfahren verwenden Schraubenpressen, Walzenaufziehpressen oder Ausquetschbehälter (mit Zacken, Messingschneiden oder Spitzen versehen), welche die Früchte eng umfassen, beim Pres-

Écuelle – eine trichter- oder schüsselförmige, auf ihrer inneren Fläche mit Nadeln versehene Vorrichtung zum Öffnen der Ölzellen (in Schalen von Zitrusfrüchten) (Hirzel: Toiletten-Chemie, 1892).

sen die Ölzellen aufreißen und auf diese Weise voll maschinell das Öl gewinnen. Im Allgemeinen wird nach jedem dieser Verfahren abschließend das Öl zentrifugiert. Nach Angaben von H. Wurm können aus grünen Früchten, die mehr als die reifen enthalten, durchschnittlich 450 Gramm Öl gewonnen werden. Das durch Pressung gewonnen Öl ist milchig (infolge des Wasseranteils) und wird entweder durch Stehenlassen (oder durch die genannte Zentrifugation) vom Wasser (und anderen Verunreinigungen) getrennt. Meist wird es dann noch einmal filtriert.

3.5.2 Destillation

Sehr verbreitet ist die Wasserdampfdestillation, die seit mehreren hundert Jahren angewendet wird. Obwohl die meisten ätherischen Öle im Bereich zwischen 150 und 300 °C sieden (und in diesem Temperaturbereich Zersetzungen auftreten würden), lassen sie sich mit Hilfe von Wasserdampf schonend nach dem *Henry-Dalton'*schen Gesetz über Partialdrücke gewinnen. Vereinfacht gilt, dass beim Sieden von zwei flüchtigen Flüssigkeiten, die nicht miteinander mischbar sind, diese sich bei einer niedrigeren Temperatur verflüchtigen (destillieren) lassen, als der Siedepunkt jeder einzelnen betragen würde. So gelingt es ätherische Öle unter 100 °C abzudestillieren. Wird die Temperatur von 100 °C in der Destille erreicht, so ist der Vorgang beendet – jetzt gelangt nur noch Wasser in das Destillat.

Das älteste Verfahren, dessen nachgebaute Apparatur im Farina Duftmuseum in Köln (s. Abschnitt 1.1.1) zu besichtigen ist, bestand in einer einfachen »Wasserdestillation«. Das Pflanzenmaterial wurde in eine Wasserwanne gelegt, ein so genannter Schwanenhals als Aufsatz benutzt, um die Dämpfe abzuleiten, und das daran anschließende

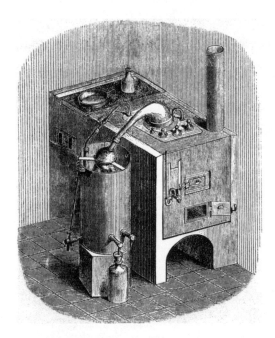

Dampfdestillations-Apparat des Mechanikers J. Beindorff, Frankfurt a. M., 1826 (aus: Gildemeister/Hoffmann: Die ätherischen Öle, Band I).

Kondensationsrohr wurde mit Wasser gekühlt. Diese einfachste Form war billig, benötigte nur einfache Bestandteile, war zerlegbar und sogar am Rande von Erntefeldern einsetzbar.

Eine Weiterentwicklung bestand darin, dass man das Pflanzenmaterial auf ein Gitter oberhalb des Wassers legte. Auf diese Weise kommt es nur mit dem Wasserdampf in Berührung.

Als Vorreiter auf dem Gebiet der Destillation kann auch hier wieder die Firma Schimmel in Leipzig (s. Abschnitt 2.4.1) genannt werden, deren Apparatur H. Hirzel darstellt und beschreibt. Zunächst stellt er fest:

»Durch die Methode der Destillation werden die meisten ätherischen Öle des Handels gewonnen und es kann diese Methode selbst dann zur Anwendung kommen, wenn das zu verarbeitende Material nur einen sehr geringen Gehalt an ätherischem Öl hat. Durch die Destillation wird jedoch der Riechstoff mancher Pflanzen, besonders der zarte Duft von Blüten wie auch der Öle aus den

Schalen der Citrusfrüchte wesentlich verändert. Das aus den Orangenblüten mit Dampf abdestillierte Neroliöl riecht zwar lieblich, aber doch nicht mehr so fein duftend wie die Blüte selbst. Ebenso besitzt das aus Rosenblättern mit Dampf abdestillierte Öl einen sehr schönen Rosengeruch, der sich aber trotzdem von dem herrlichen Duft der frischen Rose unterscheidet und diesem Duft nicht mehr gleichkommt. Wir werden unten sehen, dass die Blütendüfte nur durch die Methode der Maceration und der Enfleurage völlig unverändert abgeschieden werden können. Die Eigenschaft mancher Riechstoffe, sich bei ihrer Darstellung durch Destillation mit Dampf oder Wasser zu verändern und namentlich an der Feinheit und Lieblichkeit ihres Geruchs einzubüssen, beruht darauf, dass die meisten ätherischen Öle gegen höhere Temperaturen empfindlich sind. Die Güte des zu destillierenden ätherischen Öles hängt infolgedessen von der mehr oder weniger grossen Sorgfalt ab, mit welcher das Öl destilliert wird, und von der mehr oder weniger vollkommenen Konstruktion des Apparates, welchen man dazu verwendet.«

Als Vorbereitung zur Destillation beschreibt Hirzel dann Maschinen zur Zerkleinerung der pflanzlichen Materialien, u. a. eine Quetsch-Walzenmühle aus dem Gruson-Werk in Magdeburg-Buckau, bevor er dann die Beschreibung des Destillationsapparates von Schimmel & Co. anschließt. Er besteht aus einer Destillierblase (A) mit einem Siebboden, in Destillationsapparat (D) wird Wasser zum Sieden erhitzt.

»Unter dem Siebboden mündet das Dampfrohr ein, durch welches man den möglichst trockenen, d. h. durch einen Kondenstopf von mitgeführtem Wasser befreiten, Wasserdampf in die Blase einströmen lässt. Indem die Wasserdämpfe von unten nach oben durch das eingefüllte Material streichen, entziehen sie demselben das darin enthaltene ätherische Öl, welches sich mit den Dämpfen verflüchtigt. Wasser und Öldämpfe entweichen gemeinschaftlich oben aus der Blase (A) und strömen in den Röhrenkondensator oder Kühler (B) …«

Von dort fließen sie in die Vorlage (I), das ätherische Öl schwimmt auf dem Wasser, das in das Reservoir (C) gelangt.

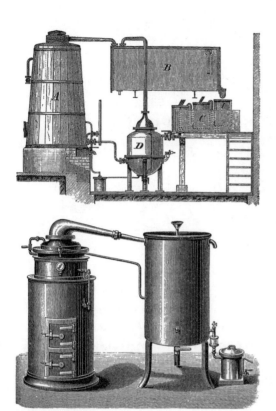

Destillationsapparat der Fa. Schimmel & Co. (A: Blase, aus der Wasser- und Öldämpfe entweichen; B: Kühler oder Röhrenkondensator; I: Vorlage für Wasser und Öl, dort Trennung; C: Reservoir mit ölhaltigem Wasser; D: Destillationsapparat mit geschlossener Heizschlange) – oben; Hirzels Versuchs-Destillierapparat mit eigenem Dampfkessel – unten; (Hirzel: Toiletten-Chemie,1892).

Da das Wasser noch erhebliche Mengen an Öl enthalten kann, führt man es nochmals über den Destillationsapparat. Oft ist dann noch eine Reinigung, eine nochmalige Destillation mit Wasser und Dampf, als *Rektifikation* erforderlich.

»Die Rektifikation der ätherischen Öle erfolgt gewöhnlich in einem kupfernen kugelförmigen Apparate, dessen unterer Teil mit Dampfmantel umgeben ist und welcher mit einem geeigneten Kondensator und geeigneter Vorlage zur Aufnahme des Destillates versehen wird. In diese Blase füllt man das zu rektifizierende Öl

Rektifikationsapparat (Hirzel: Toiletten-Chemie, 1892).

nebst Wasser und etwaigen Zusätzen ein, erhitzt mittels des Dampfmantels unter Anwendung gespannten Dampfes den Inhalt der Blase zum Sieden, und lässt die in den Kondensator übertretenden und in diesem wieder zur Flüssigkeit verdichteten Dämpfe aus dem Kondensator in eine sogen. *Florentiner Flasche* abfliessen, in welcher das Öl sich sammelt, während das Wasser selbstthätig abgeleitet wird.«

Die beschriebene Rektifikationsapparatur ermöglicht auch eine schonende Vakuumdestillation: »Die Vacuum-Rektifikation ätherischer Öle ist infolgedessen besonders bei solchen Ölen von grossem Nutzen, welche sich, wie z. B. das Zitronenöl, bei höheren Temperaturgraden zu Ungunsten ihres Wohlgeruchs verändern.«

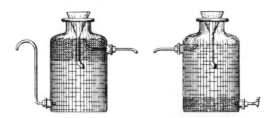

Florentiner Flaschen – links für leichtes Öl, rechts für schweres Öl (Gildemeister/Hoffmann: Die ätherischen Öle, Band I).

3.5.3 Mazeration

Zur Darstellung besonders feiner Blütenöle wird die Eigenschaft von Fetten genutzt, Riechstoffe an sich zu ziehen (zu lösen), woraus sie sich mit Hilfe von Alkohol wieder isolieren lassen. Die Mazeration (lat. *macere*: einweichen) stellt die wohl älteste Gewinnungsmethode für wohlriechende Extrakte dar. Man unterscheidet zwischen einer Mazeration mit heißem (40–50 °C) gereinigtem Schweinefett in einem Wasserbad – der *enfleurage à chaud*, bei der in dem Topf mit Fett die Blüten in einem Leinensäckchen extrahiert werden, und der Adsorption oder Beduftung als *enfleurage à froid* bei Raumtemperatur zur Gewinnung besonders temperaturempfindlicher Blütenöle (s. Enfleurage). Das Produkt der Mazeration ist eine Blütenpomade. Das Verfahren der Mazeration wurde um 1920 von der Parfumindustrie aufgegeben.

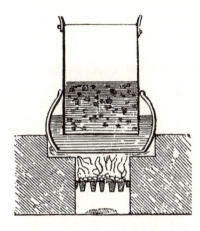

Querschnitt durch ein Mazerations-Bad
(Hirzel: Toiletten-Chemie, 1892).

3.5.4 Enfleurage

In Patrick Süskinds Roman »Das Parfum« gewinnt Grenouille die Rohstoffe für sein »Über-Parfum« durch Enfleurage von erdrosselten Jungfrauen am »Anfang ihrer Blütezeit«. Die Grundlagen dieses Verfahrens kannten bereits die alten Ägypter. Für die Durchführung des Verfahrens, das heute wegen der hohen Kosten kaum noch angewendet wird, legt man auf eine Lage von Blüten in einem Blechkasten eine mit Fett bestrichene Glasplatte. Die nach 2–3 Tagen (und durch Wiederholung des Vorgangs bis zur Sättigung) erhaltene parfümierte

Fettschicht wird abgeschabt und mit Alkohol ausgezogen. Das geschieht in »Schlagmaschinen«, in denen das Fett mehrere Tage mit Alkohol (meist Methanol) »geschlagen« wird. Das Fett wird durch Abkühlen abgeschieden. Man erhält die so genannte *lavage* und durch Abdampfen des Lösemittels schließlich das *absolue*. In Grasse wurde die Enfleurage industriell seit Ende des 18. Jahrhunderts angewendet. Heute wird sie nur noch vereinzelt zur Gewinnung der *Absolues* von Jasmin, Gardenia (*Gardenia jasmonoides* – Gattung der Rötegewächse), Tuberose (*Polianthes tuberosa* – aus der Gattung der Agavengewächse) und Narzisse eingesetzt.

3.5.5 Extraktion

Blütenpomaden-Extraktionsapparate beschreibt H. Hirzel aus seiner Firma in Leipzig-Plagwitz – und führt zugleich aus, das übliche Verfahren der Übertragung der Blütengerüche auf Fett sei umständlich und unvorteilhaft, da man diese für die Parfümerie vom Fett auf Weingeist übertragen müsse.

»Abgesehen davon, dass diese doppelte Übertragung des Blumenduftes doppelte Arbeit und Kosten verursacht, sind Verluste an dem kostbaren Parfum hierbei unvermeidlich. Ein Apparat, in welchem der Blütenduft direkt auf Weingeist übertragen werden könnte, würde daher das Adsorptionsverfahren ungemein vereinfachen.«

Und er stellt dann einen solchen Apparat zur »direkten Übertragung des Blütenduftes auf Weingeist, also eine direkte Darstellung der feinsten weingeistigen Blütenextrakte nach dem Verfahren der Absorption« auch vor.

Darüber hinaus beschreibt er die Extraktion von wohlriechenden Blüten, Kräutern, Gewürzstoffen auch mit verschiedenen flüchtigen Lösemitteln, wie sie auch heute noch üblich ist. Verwendet werden Butan, Pentan (unter Druck), Petrolether, Benzol, Toluol oder Ether bei erhöhter Temperatur – in speziellen Fällen auch verflüssigtes Kohlendioxid (unter Druck und erhöhter Temperatur – als Verfahren mit »überkritischem Kohlendioxid«). Das Produkt nach dem Abdampfen bezeichnet man als *Concrête*. Extrahiert man getrocknete Pflanzenteile, so erhält man ein *Résinoid*.

Die *Solventextraktion* beschreibt E. T. Morris wie folgt: Die Blüten müsse man zur besten Tageszeit sammeln, bevor die Sonnenhitze die flüchtigen Stoffe »zerstreut« habe. Die Ernte werde dann möglichst

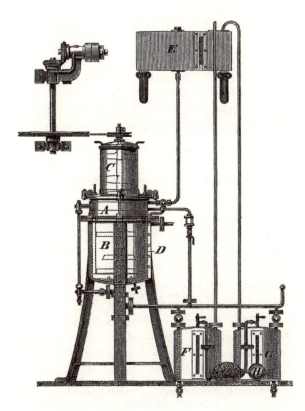

Blütenpomaden-Extraktionsapparat von der Firma Heinrich Hirzel in Leipzig-Plagwitz (A: Extraktions- und Mazerationsgefäß, B: Einsatz mit Siebboden und Filter, C: Fadenpresse, D: Mantel zur Erwärmung, E: Weingeist-Reservoir, F und G: Sammelgefäße, H: kleiner Luftkompressor) – (Hirzel: Toiletten-Chemie, 1892).

rasch in Tanks mit Fassungsvermögen zwischen 500 und 1500 Litern gelegt, hermetisch abgeschlossen und das Lösemittel durch sie hindurchgeleitet. Der Vorgang erinnere an die chemische Reinigung von Kleidern. Bevorzugt wird Petrolether von höchster Reinheit im Siedebereich zwischen 60 und 80 °C. Durch Rotation werden die Blüten dauernd bewegt, wobei sich nicht nur die ätherischen Öle, sondern auch einige Pflanzenparaffine, die Wachse von den Blütenoberflächen, sowie einige Pigmente lösen. Aus dem *Concréte*, dem konkreten Blütenöl, das infolge der Wachse fest ist, wird in einer Schlagmaschine (*une batteuse*) mittels *Ethanol* das ätherische Öl (löslich) von den darin unlöslichen Wachsen getrennt. Abschließend wird durch

Vakuumdestillation auch der Alkohol entfernt. Solventextraktionen eignen sich z. B. für Jasmin, Veilchen, Hyazinthen und Nelken. (Ausführliche Darstellungen zur eigenen Gewinnung ätherischer Öle sind in dem Buch der beiden Chemikerinnen Bettina Malle und Helge Schmickl aus Klagenfurt enthalten. Von ihnen werden regelmäßig auch Seminare zu diesem Thema angeboten. Auch Apparaturen für Hobby-Parfümeure sind dort zu bestellen (www.aetherischesoel.at)).

3.6 Analytik als Qualitätskontrolle – von charakterisierend bis hochauflösend

Die Analytik der Aroma- und Riechstoffe hat heute vorrangig die Aufgaben der *Qualitätskontrolle* zu erfüllen. Im 20. Jahrhundert lieferten die zahlreich durchgeführten Analysen die notwendigen Informationen über die Zusammensetzung natürlicher Duftstoffe. Bereits für O. Wallach waren um 1900 spezielle Analysenmethoden wie die Bestimmung der Lichtbrechung (Brechungsindex) die Voraussetzung, ätherische Öle charakterisieren bzw. einzelne Terpene isolieren und analysieren zu können. Weitere Daten waren der Siedepunkt und die Dichte.

Die Hauptziele der Qualitätskontrolle von Riech- und Aromastoffen heute sind die Prüfung auf *Identität, Reinheit, Verfälschungen* und *Authentizität.*

Klassische Methoden einer ersten allgemeinen Untersuchung sind die *Dichtebestimmung* von Flüssigkeiten wie ätherischen Ölen (im Pyknometer), des *Brechungsindexes* (mit dem Abbé-Refraktometer oder im automatisierten Digital-Refraktometer), die Messung der *optischen Drehung* (in einem Zirkular- oder automatisierten Polarimeter). Für diese drei Parameter stehen heute vollautomatisierte Mess-Systeme zur Verfügung.

Aus der so genannten Nassanalytik sind Analysen des *Wassergehaltes* (bei trockenen Rohstoffen), bei Kräutern und Gewürzen des *Gehaltes an ätherischem Öl* durch Destillation in einer speziellen Apparatur oder bei sprühgetrockneten Aromen (Zitrus-, Minz- und Gewürzölen) durch Soxhlet-Extraktion zu nennen.

Zu den modernen *Extraktionsmethoden* in Verbindung mit der Analytik zählen u. a. Headspace-Verfahren (in Verbindung mit der Gaschromatographie (GC)), die Festphasenmikroextraktion (SPME: *solid phase micro extraction*) und die Hochdruckextraktion mit flüssigem (überkritischem) Kohlenstoffdioxid.

3.6.1 Instrumentelle Analytik

Alle genannten Verfahren tragen zu einer ersten Charakterisierung von Riech- und Aromastoffen bei. Den größten Stellenwert hat infolge der Komplexität der Riech- und Aromastoffe die *instrumentelle Analytik* mit den Schwerpunkten *Chromatographie* (Gas- und Flüssigkeits-Chromatographie, GC und HPLC), *Spektroskopie* (UV/VIS-, IR- NMR- und Massen-Spektroskopie) und *kombinierte Verfahren* (GC-MS, Isotopenverhältnis-Massenspektrometrie IRMS, GC-IRMS, LC-MS, LC-GC). In Verbindung mit der GC ist auch der so genannte *sniffing detector*, die menschliche Nase, als Detektor von Bedeutung.

GC-Profile von Aromen haben in der Regel nur einen begrenzten Aussagewert, da sie auch von Aromen unterschiedlicher sensorischer Eigenschaften (s. u.) oft sehr ähnlich sein können. Die GC wird dagegen bei der Destillation oder Fraktionierung ätherischer Öle, für die Kontrolle von Zwischenprodukten, und auch für die Analyse eingehender Rohwaren eingesetzt. Unterschiede in den GC-Profilen von z. B. Zitrusölen erlauben Rückschlüsse auf die geografische Herkunft der Ernte, Variationen innerhalb der Pflanzenspezies, auf die Art der Gewinnungsmethoden und auch auf Veränderungen bei der Lagerung. Zitrusöle, bzw. spezielle Inhaltsstoffe, sind empfindlich gegen oxidativen Verderb, wobei Limonen oxidiert und polymerisiert werden kann. Auch Kontaminenten, vor allem Pestizide, können mit Hilfe der GC oder GC-MS festgestellt werden. Das Gleiche gilt für Lösungsmittelreste (Extraktionsmittel – s. auch Abschnitt 3.5). Weitere Beispiele für den Einsatz der GC liefert der Bereich der Verfälschungen. So kann ein teures Pfefferminzöl mit anderen Minzölen oder Zitronenöl mit Orangenölterpenen verdünnt (verfälscht) worden sein. Orangenölterpene enthalten keine Carbonylverbindungen wie Neral, Geranial bzw. deren Ester, weder Sesquiterpene noch α-Terpine oder Campher. Andererseits ist unter den Orangenölterpenen auch δ-3-Terpen nachweisbar, das im Zitronenöl fehlt.

Eine spezielle Eigenschaft vieler Riech- und Aromastoffe ist ihre so genannte *Chiralität*. Ihre Moleküle enthalten ein oder mehrere *asymmetrische Kohlenstoffatome*. Ein Kohlenstoffatom ist asymmetrisch, wenn es vier unterschiedliche Liganden aufweist. Von Chiralität spricht man dann, wenn sich die Strukturen von Molekülen mit asymmetrischen Kohlenstoffatomen spiegelbildlich nicht zur Deckung bringen lassen, sie sind somit *räumlich* unterschiedlich aufgebaut. Man bezeichnet die beiden Formen dann als *Enantiomere* – im Unterschied zu den »einfachen« Isomeren, bei denen es sich um Verbindungen mit gleicher Summen- jedoch unterschiedlichen Strukturformeln handelt (Beispiel: Ethanol C_2H_5OH und Dimethylether $(H_3C)_2O$). Enantiomere haben die gleichen chemischen und weitgehend auch physikalischen Eigenschaften, mit dem einzigen Unterschied in der optischen Aktivität, dass sie nämlich polarisiertes Licht jeweils in umgekehrter Richtung drehen.

Für das Thema Riech- und Aromastoffe ist hier am wichtigsten, dass Enantiomere unterschiedliche Aromawirksamkeit haben können – so z. B. Carvon als S(+)-Carvon kümmelartig, krautig und als R(–)-Carvon minzeartig riechend. Im Kümmelöl liegen 60 % S(+)-Carvon, im Krauseminzeöl 70 % R(–)-Carvon vor (R für *rectus* = rechts, richtig bzw. S für *sinister* = links, verkehrt beziehen sich auf die Anordnung der Atome, (+) und (–) auf die Drehrichtung des polarisierten Lichtes). *Menthol* hat drei asymmetrische Kohlenstoffatome und kommt in vier isomeren Formen vor, von denen nur das (–)-(1R, 3R, 4S)-Menthol den charakteristischen Pfefferminzgeruch aufweist. Das Verhältnis der jeweiligen Enantiomere zueinander ermöglicht Rückschlüsse auf die Natürlichkeit von Aromen: In der Biosynthese, die infolge der Mitwirkung von Enzymen meist stereoselektiv ist, überwiegt eines der Enantiomere, die klassische chemische Synthese liefert in den meisten Fällen Gemische aus gleichen Anteilen (Ausnahme enantioselektive Synthesen).

Mit Hilfe *chiraler Trennphasen* gelingt es sowohl mit der GC als auch LC Enantiomere zu trennen. Dazu schrieben Mitarbeiter der Produktsicherheit Aromen der damaligen Firma Dragoco (1997): »Aus wirtschaftlichen Gründen besteht ein großer Anreiz, synthetische Aromastoffe als natürliche zu verkaufen oder natürliche Aromastoffe mit synthetischen zu ›verdünnen‹. Die GC ist – neben anderen Verfahren – eine Methode, solche Verfälschungen aufzudecken. (...) Besonders die enantioselektive multidimensionale Gaschromatographie (enantio-MDGC) hat sich als eine hervorragende Methode für die direkte Stereoanalyse chiraler, flüchtiger Verbindungen bewährt, die ohne vorheriges Clean-up oder Derivatisierung eingesetzt werden kann.« (G. Lösing et al.).

Neben der GC, die als Methode den ersten Stellenwert einnimmt, sind auch Methoden der LC (HPLC) sowie Kapillarelektrophorese (CE) mit ebenfalls speziellen Trennphasen für die chirospezifische Analyse von Aromastoffen, z. B. zur Authentizitätsprüfung von Zitrus- und anderen ätherischen Ölen geeignet, aber seltener in der Anwendung. Bei Trennung mittels HPLC und UV-Detektion sind vor allem dreidimensionale Chromatogramme zur Authentizitätskontrolle gut geeignet.

Von den *spektroskopischen Methoden* gehören die UV/VIS-Spektroskopie und die Infrarot-Spektroskopie (IR), vor allem im nahen und mittleren IR-Bereich (NIR bzw. MIR), zu den Routinemethoden. Ätherische Öle weisen beispielsweise Absorptionsbanden im nahen UV-Bereich, Zitrusöle im Bereich zwischen 280 und 360 nm, auf. Die IR-Spektroskopie wird vorrangig zur Identitätsprüfung von Aromastoffen und ätherischen Ölen eingesetzt. So lassen sich mittels MIR-Spektroskopie kalt gepresste von destillierten Limettenölen, tunesisches von spanischem Rosmarinöl unterscheiden und auch Verfälschungen im Zwiebelöl erkennen. Kalt gepresstes Limettenöl enthält nämlich Carbonylverbindungen, die im destillierten Öl fehlen. Das spanische Öl enthält im Unterschied zum tunesischen Verbenon (2-Pinen-4-on), das bei der Wellenzahl 1750 cm^{-1} im IR-Spektrum eine deutlich ausgeprägte Absorptionsbande erzeugt. Die NIR-Spektroskopie ist vor allem für eine schnelle Eingangskontrolle geeignet.

Die *Kernresonanzspektroskopie* (NMR) *nach Fraktionierung spezifischer natürlicher Isotope*, kurz als SNIF-NMR bezeichnet (SNIF, *specific natural isotope fractionation*), ermöglicht die direkte Messung der Isotopenverhältnisse an mehreren Positionen (Atome bzw. deren Isotope: ^{2}H, ^{13}C, ^{15}N, ^{18}O oder ^{34}S) eines Moleküls. Durch den Vergleich mit natürlichem Material kann dann festgestellt werden, ob es sich um natürliche oder naturidentische Aromastoffe handelt. Am häufigsten wird diese Methode für Vanillin angewendet (eine Unterscheidung zwischen Vanillin aus Vanilleschoten oder Lignin ist anhand von Messungen und einer statistischen Methode, der Diskriminanz-Analyse, möglich).

Besonders leistungsstark sind zur Auftrennung von Vielstoffgemischen und Identifizierung der getrennten Substanzen Kopplungsmethoden wie Kapillar-GC-MS oder GC-IRMS (IRMS: *isotope ratio mass spectrometry* – Isotopenverhältnis-Bestimmung durch Massenspektrometrie). Von besonderem Interesse sind die Isotopenverhältnisse $^{13}C/^{12}C$, $^2H/^1H$ und $^{15}N/^{14}N$. Den Unterschied zwischen MS und NMR beschreibt H. Sommer (2000) wie folgt:

>»Während die Massenspektrometrie Werte für das gesamte Molekül liefert und auch die Möglichkeit bietet, per Kopplung mit der Gaschromatographie, individuelle Substanzen in Gemischen zu vermessen, kann über die NMR-Spektroskopie ein stellungsspezifisches Isotopenverhältnismuster des Moleküls ermittelt werden. Dadurch sind Verfälschungen leichter zu erkennen. Dieser Vorteil wird allerdings durch die Unempfindlichkeit der NMR-Spektroskopie sowie die Tatsache, nur hochreine Verbindungen untersuchen zu können, etwas abgewertet. Die Kombination beider Methoden sowie die gegenseitige Korrelation ihrer Ergebnisse ergibt in Summe allerdings ein Werkzeug, das sehr zuverlässig arbeitet und folglich auch zum Schutz vor Verfälschungen eingesetzt wird.«

In der Natur kommt es zu einer *Isotopenfraktionierung* infolge der unterschiedlichen Photosynthese-Mechanismen: So genannte C_3-Pflanzen (Kohlenstoffdioxid-Fixierung im 3-Phosphoglycerat mit 3 C-Atomen – Beispiele: Kartoffel, Zitruspflanzen) nehmen einen höheren Anteil an $^{12}CO_2$ als C_4-Pflanzen auf (Vorfixierung von Kohlenstoffdioxid als Oxalacetat mit 4 C-Atomen in den Mesophyllzellen der Blätter, anschließend Überführung in Malat oder Aspartat – ebenfalls mit 4 C-Atomen; Beispiele: Zuckerrohr, Mais). Grundsätzlich wird $^{12}CO_2$ gegenüber $^{13}CO_2$ von beiden Gruppen bevorzugt. Eine dritte Gruppe bilden die CAM-Pflanzen (CAM für *crassulacean acid metabolism* – Crassulaceen: Dickblattgewächse), in denen nachts das Kohlenstoffdioxid zunächst als Säure (Äpfelsäure) vorfixiert und tagsüber dann in den Calvin-Zyklus wie bei den anderen gelangt (Beispiele: Ananas, *Vanilla plantifolia*). In diesen Pflanzen wird Deuterium ^2H angereichert. Bestimmt man nun die Verhältnisse von $^{13}C/^{12}C$ der Probe zu $^{13}C/^{12}C$ im Standard, nach einer Berechnungsformel als $\delta^{13}C$-Wert angegeben, so erhält man für Vanillin auch bei unterschiedlicher Herkunft Werte zwischen −16,8 (Tahiti-Vanille) und −20,5 (Madagaskar-Vanille), für synthetisches Vanillin aus Lignin jedoch −27,0 bzw. aus dem Eugenol der Gewürznelke sogar −30,8 (G. Lösing et al., 1997).

3.6.2 Sensorische Analyse

Sensorische Analysen werden von Menschen durchgeführt, von so genannten Prüfpersonen. Trotz des hohen Stellenwertes der beschriebenen physikalisch-chemischen Methoden hat in der Qualitätsbeurteilung von Riechstoffen und Aromen die *Sensorik* eine ebenso große Bedeutung. Im engeren Sinn werden hier vor allem die *olfaktorischen Eindrücke* ermittelt, die durch die Einwirkung von Substanzen mittels der Nase wahrgenommen werden. Zur Sensorik gehören im weitesten Sinne auch visuelle, gustatorische (Geschmacks- und Temperaturempfindungen) und haptische Empfindungen (Empfindungen ohne Beteiligung der Geschmacksnerven). Wesentliches Merkmal einer professionell durchgeführten sensorischen Analyse ist die Bildung von *Prüfgruppen* (im Fachjargon *test panels* bzw. für die Einzelpersonen *Panelisten*). Die Panel-Mitglieder können Mitarbeiter des Aromenhauses sein oder als geschulte Personen auch von außen kommen. Die Schulung der Panelisten hat neben der Eignung (und Motivation für diese Aufgabe) einen hohen Stellenwert. Der Prüfraum, die Prüfeinrichtung müssen bestimmte Anforderungen hinsichtlich des Raumes selbst, der Luft- und Lichtverhältnisse, der Umgebungstemperatur und der Luftfeuchtigkeit erfüllen. Solche Räume können auch mit Hard- und Software für eine Computer-unterstützte sensorische Analyse ausgestattet sein. Von großer Bedeutung ist auch das Prüfmedium. Im Allgemeinen werden je nach Stärke eines Aromas Verdünnungen im Bereich von 0,001 bis 0,5 % eingesetzt, je nach der späteren Anwendung auch in Milch (Vanillearomen für Milchprodukte), Fleisch- oder Gemüsearomen in einer Salzlösung oder Butteraromen in einem Speiseöl. *Prüfmethoden in der sensorischen Bewertung* werden z. B. in den Bereichen *Wahrnehmung* (Schwellenwertbestimmung, Geruchsidentifizierung) sowie *analytische Prüfungen* (Unterschiedsprüfungen, beschreibende Prüfungen, Zeit-Intensitäts-Verfahren, Prüfungen mit Skalierung) durchgeführt. Um eine möglichst objektive und vergleichbare Durchführung sensorischer Analysen zu gewährleisten, sind eine Reihe von Normen zu den Prüfverfahren, zur Bewertung mit Skale (Skalierung), zur Erstellung von Prüfskalen und Bewertungsschemata, zu den Anforderungen an die Prüfpersonen sowie an die räumlichen Voraussetzungen entwickelt worden.

3.7 Synthetische Aroma- und Riechstoffe

1889 brachte Aimé Guerlain (s. auch Abschnitt 4.6) das bis in unsere Zeit auf dem Markt befindliche Parfum *Jicky* aus der Duftfamilie *orientalisch* auf den Markt, dessen Duftoriginalität heute (Parfum – Lexikon der Düfte) wie folgt charakterisiert wird:»Der Duft beginnt frisch und würzig mit Lavendel, Bergamotte und Rosmarin und basiert auf sinnlicher Vanille und warmen Hölzern.«

Kein Wort von synthetischen Stoffen, und doch verwendete Guerlain erstmals synthetisch hergestelltes *Vanillin, Heliotropin* und *Cumarin*.

Das Haus Guerlain gehört zu den ältesten Duftstoffhäusern der Welt. Das Unternehmen war von 1828 bis 1994 in Familienbesitz und wurde von einer multinationalen Investorgruppe übernommen. Pierre-Francois Pascal Guerlain eröffnete sein Haus in der Rue de Rivoli 42 in Paris. Er konnte die Firma, seinen »Duftstoffspeicher«, mit Hilfe seiner Söhne Aimé (1834–1910) und Gabriel ausbauen. 1840 erfolgte der Umzug in die Rue de la Paix 15. Das Haus Guerlain lieferte Parfums für Frankreichs Königshaus (ab 1853 als Hoflieferant) und für die Königin Victoria von England sowie Königin Isabella von Spanien. Das Unternehmen konnte bis in die vierte Generation weitergeführt werden.

Ohloff bezeichnet den Einsatz der genannten synthetischen Stoffe im Parfum als »Aufbruch zur Moderne«, als »eine neue Dimension für die kreative Parfümerie«, ja sogar als »dramatischen Wendepunkt«. Um seine Meinung zu belegen, beschreibt er die Situation vor 1889. Vorbild für die Entwicklung von Düften sei die Natur gewesen, die Mode habe von einem Parfum »eine Art olfaktorische Photographie einer Blüte« verlangt. Um dieses Ziel zu erreichen, hätte man nur ätherische Öle verwenden können. Und um doch ein wenig Originalität zu erzeugen, hatte man geringe Mengen anderer Naturprodukte hinzugefügt, manchmal sogar Einzelstoffe, die mit den Fortschritten in der Terpenchemie (2.2.2) zur Verfügung standen. Ohloff bezeichnet das Parfum *Jicky* als einen »Aufschrei gegen Stagnation« und zieht eine Parallele zur impressionistischen Malerei, die anstelle einer »photographischen Momentaufnahme« auf die »sinnliche Wiedergabe eines optischen Eindrucks« bedacht gewesen sei.

J. S. Jellinek, Mitarbeiter der damaligen Firma Dragoco, nennt als Meilensteine des modernen Parfums zunächst einmal die Synthese des *Cumarins*. Und er bezeichnet Cumarin als den ersten synthetischen Riechstoff von weitreichender Bedeutung. 1868 gelangte der britische Chemiker William Henry Perkin (1838–1907) bei seinen Untersuchungen zur Umsetzung von Essigsäureanhydrid mit aromatischen Aldehyden (in Gegenwart basischer Kondensationsmittel wie Natriumacetat oder Pyridin) durch die Reaktion mit Salicylaldehyd zur o-Hydroxyzimtsäure (Cumarinsäure), die sofort unter Wasserabspaltung in *Cumarin* (einen so genannten inneren Ester: o-Hydroxyzimtsäure-lacton) übergeht. Cumarin ist der Riechstoff des Waldmeisters. Cumarin riecht süß, nicht nur nach Waldmeister, sondern auch nach Heu und Pistazien und ist Hauptbestandteil des damals sehr geschätzten Extraktes aus der *Tonkabohne*. Der Tonkabohnenbaum (*Dipteryx odorata*), ein Hülsenfruchtgewächs (von den südamerikanischen Tupi-Indianern cumaru genannt), kommt wild im tropischen Amerika (Nordbrasilien, Guayana, Surinam) vor und wird in Venezuela kultiviert. Tonkabohnen werden wegen ihres Cumaringehaltes von etwa 2 % auch als Gewürz, zum Parfümieren von Tabak und zum Aromatisieren von Likören eingesetzt. Da Cumarin sich als cancerogen erwiesen hat, sind die Verwendungsmöglichkeiten für Lebensmittel sehr begrenzt. Cumarin bildet farblose Kristalle, die bei 70 °C schmelzen und sich bei 288 °C destillieren lassen.

Nur ein Jahr nach Perkins Cumarin-Synthese gelang Rudolph Fittig (1835–1910) in Zusammenarbeit mit Mielek 1869 die Synthese des *Heliotropins* (Piperonal) durch Oxidation von Piperinsäure, das nach dem betörend süßem Blütenduft des Heliotrops benannt wurde und auch in den Blütenölen von Veilchen, Mädesüß sowie in einigen Vanille-Arten vorkommt. Die Piperinsäure lässt sich aus Piperin, dem Hauptalkaloid des Schwarzen Pfeffers (Träger des scharfen Geschmackes) gewinnen. Durch Hydrolyse entstehen Piperidin (Pentamethylenimin) und die zweifach ungesättigte Piperinsäure. Diese ließ sich auf einfache Weise mit dem auch heute noch bekannten Kaliumpermanganat zum Piperonal, dem Heliotropin, oxidieren. Der Name *Heliotrop* bedeutet eigentlich »was sich zur Sonne hinwendet« und wird in der Botanik auch mit *Sonnenwende* (in Deutschland nur die Europäische Sonnenwende *Heliotropium europaeum*) bezeichnet. Als Gattung der Raublattgewächse kommen mehr als 250 Arten *Heliotropium* in den Tropen und Subtropen sowie in wärmeren gemäßigten Gebieten als Kräuter oder Halbsträucher vor. Verschiedene mehrjährige Arten sind beliebte Topf- und Gartenpflanzen. Heute kann Heliotropin auch aus dem Naturprodukt *Safrol* (mit 75–90 % Hauptbestandteil des Sassafrasöles, ätherisches Öl aus den Wurzeln von *Sassafras albidum* oder des Holzes des brasilianischen *Ocotea pretiosa*-Baumes) durch Umsetzung mit Kaliumhydroxid (über das Isosafrol) erhalten werden. Heliotropin (Piperonal) bildet bei 37 °C schmelzende, glänzende Kristalle mit einem Siedepunkt von 263 °C. Reimer und Tiemann (s. Abschnitt 2.4.2) gelang es zunächst *Vanillin*, das in Vanilleschoten nur zu 2 % enthalten ist, durch Oxidation des im Holz der Koniferen vorkommenden Coniferin zu gewinnen. Die Herstellungskosten waren jedoch noch zu hoch. 1876 erfolgte die Darstellung aus Eugenol, das aus dem Gewürznelkenöl gewonnen werden kann. Heute gewinnt man Vanillin aus den beim Holzaufschluss in der so genannten Sulfitlauge vorhandenen Ligninsulfonsäuren durch Oxidation mit Luft in alkalischer Lösung. Die Ausbeuten liegen zwischen 7 und 15 %. Bereits etwa 30 Jahre nach der ersten Synthese war der Preis im Handel von 3 000 Mark pro kg (zum Vergleich: aus Vanilleschoten etwa 3500 Mark) auf 30 Mark gesunken.

Der Veilchenduft *Jonon* konnte ebenfalls von Tiemann in Zusammenarbeit mit Krüger 1898 synthetisch hergestellt werden. Sie kondensierten Geranial (aus Geraniumöl) mit Aceton in alkalischer Lösung, erhielten so zunächst das Pseudojonon, das beim Erhitzen mit Säuren unter Ringschluss in α- und β-Jonon übergeht. Beide Jonone stellen farblose, im Vakuum unzersetzt destillierbare Flüssigkeiten dar. Diesen historischen Beispielen sollten viele weitere Synthesen folgen, die als Ausgangsprodukte zunächst preiswert zu gewinnende Naturstoffe verwendeten. In der Festschrift für Otto Wallach (1909) stellt Albert Hesse fest:»Die Erfindung des Jonons bewirkte einen gewaltigen *Umschwung in der Parfümerie* und in der Beurteilung der künstlichen Riechstoffe seitens der Parfümeure.«

Heute sind zahlreiche Riechstoffe auch vollsynthetisch darstellbar und darüber hinaus ist es gelungen, Verbindungen herzustellen, die in der Natur nicht vorkommen und doch den Geruch bestimmter Naturprodukte vermitteln.

Zunächst nutzte man an Vorteilen nur die geringeren Kosten, natürlich auch die Reinheit, die Abwesenheit von Begleitstoffen, die stets gleichbleibende Qualität. J. Stephan Jellinek ist aber folgender Meinung (im Gegensatz zu Ohloff):»Weil die Parfümeure in den synthetischen Riechstoffen also zunächst nur ein verbessertes Mittel zum Fortführen ihrer herkömmlichen Praktiken sahen, war deren

Parfum-Flaschen von Coco Chanel – No. 5 (1921) und aus dem
Launchjahr 1984.

Einführung nicht die Geburtsstunde des modernen Parfums, sondern bloß eine Voraussetzung für dessen Entstehen.«

Eine neue Ära begann nach Jellinek, als die Tradition, dass Kreateur,
Hersteller und Vermarkter des Parfums ein und dieselbe Person waren, oder zumindest die Firma, die das Parfum herstellte und vertrieb,
den Namen des Parfümeurs trug, durch das Auftreten der jungen *Chanel* (eigentlich Gabrielle Chasnel 1883–1971) beendet wurde. Auf ihrer
Modenschau am 5. Mai 1921 stellte sie ihr Parfum No. 5 (der 5. Versuch
einer Komposition) vor – es war das erste Parfum,»in dem eine Duftnote, die in der Natur nicht vorkommt, eine wesentliche Rolle spielt:
Die etwas an frisch gebleichte Wäsche erinnernde Note der aliphatischen C_9- bis C_{13}-Fettaldehyde, die, richtig angewandt, einen sanften
Schleier über den Duft legt wie ein Weichzeichner in der Fotografie,
die sog. ›aldehydische‹ Note, die das Parfum unverkennbar artifiziell
macht und die nach No. 5 fünfzig Jahre lang als das universelle Merkmal femininer Raffinesse in der Parfümerie gelten sollte.« (Jellinek).

Auch Ohloff ist der Meinung, dass mit Chanel No. 5 der Bann für
synthetische Duftstoffe endgültig gebrochen sei.

Im Folgenden werden beispielhaft noch einige synthetische Duftstoffe vorgestellt. Die Ausgangsstoffe für Synthesen stammen heute
kaum noch aus dem Bereich der Naturstoffe, sondern sind Produkte
der Kohle- und/oder Erdölchemie – oder werden durch biotechnolo-
gische Verfahren gewonnen.

In den Jahren 1888 bis 1891 entdeckte der französische Chemiker Albert Baur *nitrierte Benzolderivate*, die auch zu den Sprengstoffen zählen, als Verbindungen mit einem Moschusgeruch – so z. B. das 1-*tert*-Butyl-3,4,5-trimethyl-2,6-trinitrobenzol, als »Moschus Xylol« bezeichnet und von der Fa. Givaudan (1895 in Genf-Vernier gegründet) als Riechstoff verwendet (s. auch Abschnitt 2.3).

Um 1900 wurde auch eine Gruppe von Riechstoffen entdeckt, denen die aus dem (geruchlosen) Arzneimittel Aspirin (Acetylsalicylsäure) bekannte *Salicylsäure* zugrunde liegt. So vermittelte das damals in der Natur unbekannte *Isoamylsalicylat* den Geruch von blühendem Klee. 1907 wurden im Parfum »Pompeia« neben Amylsalicylat der Aldehyd *Methylnonylacetaldehyd*, ein *Chinolinderivat* (mit holzig-erdigem, moosartigem und an Nikotin erinnerndem Geruch), sowie *β-Phenylethanol* (gehört zur Gruppe der »Rosenalkohole«) zugesetzt. Die letztere Verbindung wird durch Reduktion von Phenylessigsäureethylester (mit Natrium und Ethanol) nach dem Verfahren der *Bouveault-Blanc*-Reduktion gewonnen. Louis Bouveault (1864–1909), Professor u. a. an der Sorbonne (ab 1901) in Paris, entdeckte 1903 zusammen mit seinem Schüler Gustave Louis Blanc (1872–1927) die Ester-Reduktion, die die Herstellung des (-Phenylethanols im technischen Maßstab ermöglicht. Heute wird dieser Alkohol als synthetisch gewonnene Substanz in 82 % aller Parfums eingesetzt.

Der Begriff *Chypre* (1917 von Coty, s. Abschnitt 4.5) wurde durch das Parfum »Eau de Chypre« geprägt. Es enthielt eine Mischung aus verdünnten Auszügen von Labdanumharz und Eichenmoos (aus der Zeit der Kreuzritter) und eine Gruppe von *Chinolinen*. Die Grundsubstanz lässt sich aus Stein- und Braunkohlenteer gewinnen. Der französische Chemiker Georges Auguste Darzens (1867–1954; Professor an der Ecole Polytechnique in Paris) synthetisierte u. a. Isobutylchinolin (verstärkt die rauchige Ledernote eines Chypre-Akkords), Tetrahydro-p-methylchinolin (als Basis für künstliches Zibet – s. Abschnitt 3.3).

Von den russischen Chemiker Jukov und Schestakov wurde 1908 der Aldehyd C 14, als γ-Undecalacton, mit einem ausgeprägten Pfirsichton synthetisiert. 1958 wurde diese Verbindung dann auch als Spurenstoff im Blütenöl der Narzisse nachgewiesen und als das riechende Prinzip des Pfirsicharomas ermittelt. In den 1920er Jahren gelang in den Laboratorien der AGFA in Berlin die Synthese eines weiteren Riechstoff-Aldehyds, des Cyclamenaldehyds mit einem intensiven Geruch nach Alpenveilchen.

Ein in der Natur nicht vorkommender ungesättigter Carbonsäureester, der Octincarbonsäure-methylester, der an den Duft zerriebener Veilchenblätter erinnert, ist als »überdosierter« Spurenstoff (0,7 %) z. B. im Parfum »Fahrenheit« (Dior 1988) enthalten. Und schließlich soll noch der so genannte »Blätteralkohol«, das ungesättigte (Z)3-Hexenol, 1912 von T. Curtius und H. Franzen entdeckt, als das riechende Prinzip der Hainbuchenblätter genannt sein. Eine Synthese zur Produktion im technischen Maßstab existiert aber erst seit den 1950er Jahren (s. bei Ohloff im Kapitel »Aufbruch zur Moderne«).

Eine Brücke zwischen Riech- und Aromastoffen bildet das synthetische *Ethylvanillin*, das in der Natur bisher nicht nachgewiesen werden konnte. Es riecht blumig-vanilleartig, ist zwei- bis vierfach stärker wirksam als Vanillin und darf nach der Aromen-Verordnung als künstlicher Aromstoff besonders in Backwaren, Süßwaren und alkoholischen Getränken eingesetzt werden – mit dem Grenzwert von 250 mg/kg verzehrfähigem Lebensmittel. Bereits 1925 setzte Guerlain in seinem Parfum »Shalimar« 30 % Ethylvanillin ein und kreierte »damit den Prototyp des warmen, sensualistischen Parfums orientalischer Prägung« (Ohloff). Die Duftoriginalität des »Shalimar« wird heute wie folgt beschrieben: »Der Duft beginnt lieblich mit Bergamotte, Rose und Jasmin, ehe die puderigen Vanillenoten überwiegen.« (Parfum – Lexikon der Düfte).

Nach der weltweiten Jahresproduktion ergibt sich folgende Reihenfolge (nach dem Verbrauch): β-Phenylethanol und dessen Ester – Moschus-Aromen – Linalool bzw. dessen Ester wie Linalylacetat – Ester niederer Fettsäuren – Vanillin.

4
Vom ätherischen Öl zu duftenden Produkten

4.1 Duft- und Gewürzpflanzen

Ätherische Öle sind bei höheren Pflanzen weit verbreitet, bei einigen Pflanzenfamilien treten sie jedoch auffallend gehäuft auf. Klassische Gewürzpflanzen gehören überwiegend zu den *Doldenblütlern* (*Apiaceae*) – wie Anis, Dill, Fenchel, Koriander, Kümmel, Liebstöckel, Petersilie und Sellerie. Zu den *Lippenblütlern* (*Lamiaceae*) zählen u. a. Bohnenkraut, Melisse, Minzen, Rosmarin, Salbei und Thymian, zu den *Korbblütlern* (*Asteraceae* oder *Compositae*) Beifuß, Estragon, Rainfarn und Wermut. Die ätherischen Öle sind bei den Lippenblütlern in speziellen Drüsenhaaren (oder zu Drüsenschuppen verkürzten Haaren) auf der Oberfläche von Blättern und Stängeln lokalisiert. Das Öl wird als Tröpfchen außerhalb der Haarzellen nur von einem feinen Häutchen (*Cuticula*) abgedeckt, das beim Berühren leicht aufreißt und das Öl freisetzt. Bereits beim Pflücken von Lavendel oder Thymian wird daher der charakteristische Geruch frei. Bei den Doldengewächsen ist dagegen ein Zerreiben der Pflanzenteile erforderlich, da die Öle sich in tieferliegenden Zellen befinden.

Die folgende nähere Vorstellung von Duft- und Gewürzpflanzen begrenzt sich auf diejenigen, bei denen wir die aromatischen Düfte von Blüten und Früchten oder bei Blättern durch Zerreiben selbst wahrnehmen können. Sie werden auch in den beschriebenen Duftgärten (s. Abschnitt 1.1.4) zu finden sein. Die Anlage von Kräutergärten, die zugleich Duft- und Aromagärten waren, geht auf die Domänenverordnung Karls des Großen aus dem Jahr 812 zurück. Er empfahl den Anbau solcher Pflanzen, die zugleich Heilpflanzen waren (s. auch G. Schwedt: Chemische Experimente in Schlössern, Klöstern und Museen – Kapitel 3 Chemische Experimente mit historischen Pharmazeutika, 2002). Bis in unsere Zeit blieben die Kräutergarten-

Chemie der Düfte. Georg Schwedt
Copyright © 2008 WILEY-VCH Verlag GmbH & Co. KGaA, Weinheim
ISBN 978-3-527-32045-5

pläne des Klosters St. Gallen von 820 und der Benediktinerabtei Reichenau/Bodensee um 827 erhalten, wo der Abt Walahfrid Strabo (809–849) ein als »Hortulus« bezeichnetes, in Hexametern verfasstes Gedicht vom Kräutergärtlein schrieb. Aus den klösterlichen Kräutergärten vor allem der Benediktiner übernahmen später auch Bauern Pflanzgut und Kenntnisse. Über die Bauerngärten verbreitete sich der Anbau über die Burg-, Pfarr- und Apothekengärten bis in die Botanischen Gärten unserer Zeit.

Eine Unterscheidung zwischen Duftpflanzen, die beispielsweise in Duftkissen oder duftenden Sträußen Verwendung finden, und reinen Gewürzkräutern ist nicht immer möglich. Die speziellen Anwendungen werden jeweils angegeben. Zu den parfümistischen Anwendungen von Gewürznoten siehe Abschnitt 4.1.

Anis (*Pimpinella anisum* / Doldenblütler) ist im Vorderen Orient beheimatet

Pimpinella anisum L. – Zweig, Blüte und Frucht mit Querschnitt (Hirzel: Toiletten-Chemie, 1892).

und wird im Mittelmeergebiet (Südeuropa), aber auch in Russland und in Mexiko, häufig angebaut. Verwendet werden frische Blätter und getrocknete Früchte. Der charakteristische Geruch und Geschmack ist auf Anethol als Aroma-Schlüsselsubstanz (s. Abschnitt 3.4) sowie Isoanethol und Anisaldehyd zurückzuführen. Anis wird in der Back- und Süßwarenindustrie, als Brotgewürz und zum Aromatisieren von Likören eingesetzt. Früchte und Anisöl sind auch in Apotheken erhältlich.

Balsamkraut, Frauenminze (*Chrysanthemum balsamita* / Korbblütler), auch Römischer Balsam, Marienblatt oder Santa-Maria-Kraut genannt, ist hauptsächlich in Südeuropa, teilweise auch in Süddeutschland verbreitet. Die duftenden, meist getrockneten Blätter werden als Suppengewürz, zur Likörherstellung und zur Aromatisierung von Ale und anderen Biersorten eingesetzt. Das ätherische Öl enthält u. a. Borneol mit scharfem campherartigem Geruch, das auch in Rosmarin- und Lavendelöl vorkommt.

Beifuß, Gemeiner Beifuß (*Artemisia vulgaris* / Korbblütler), auch Besenkraut, Gewürzbeifuß, ist eine sehr alte Würzpflanze (Staude), deren Blütenrispen in frischer oder getrockneter Form zum Würzen von Braten (Gänse-, Enten-, Schweinebraten) und auch für Aalsuppe verwendet wird. Getrockneter Beifuß wird auch zu Kräustersträußen eingesetzt. Das ätherische Öl enthält zu 50 % Campher, α- und β-Thujan-3-one, 1,8-Cineol, α- und β-Pinen, Borneol, Bornylacetat, Linalool sowie Vulgarol (ein Sesquiterpenlacton) als artspezifischen Inhaltsstoff.

Bohnenkraut (*Satureja montana* / Lippenblütler), Berg- oder Winterbohnenkraut, wird auch in Deutschland als ausdauernder, winterharter Halbstrauch kultiviert. Als Satureja hortensis L. wird es auch als Pfefferkraut und Wurstkraut bezeichnet. Die Spezies S. montana ist kräftiger im Aroma als S. hortensis. Der würzige Geruch und pfefferartige brennende Geschmack (besonders der Blätter) ist auf das ätherische Öl (bis 1,9 %) mit Carvacrol (30–40 %; ein thymol-ähnlich riechendes Alkylphenol; 5-Isopropyl-2-methylphenol; 2-p-Cymenol), p-Cymol und Thymol zurückzuführen. Als Terpen-Kohlenwasserstoffe sind α- und β-Pinen, γ-Terpinen, das Terpen-Keton Campher und die Terpen-Alkohole Linalool, Terpinen-4-ol, Borneol sowie α-Terpineol nachweisbar. Das getrocknete Bohnenkraut wird für Eintöpfe aus Hülsenfrüchten, als magenstärkender Tee und auch für Kräutersträuße verwendet.

Dost (*Origanum vulgare* / Lippenblütler), Echter Dost, Wildmajoran oder Oregano, ist in Europa und Asien weit verbreitet und vor allem in der italienischen Küche (Pizzagewürz) vielfältig eingesetzt. Oregano ist Bestandteil der Kräutermischung Herbes de Provence und auch für Trockensträuße gut geeignet. Die Zusammensetzung des ätherischen Öles kann sehr schwanken. Hauptbestandteile sind Carvacrol (s. Bohnenkraut) mit 40–70 %, daneben Thymol, δ-Terpinen, p-Cymen, α-Pinen, Mycen, Linalool, β-Caryophyllen. Das Aroma wird u. a. auch vom (Z)-Sabinenhydrat mitbestimmt, das bei einer Wasserdampfdestillation in Terpinenol-4, α- und β-Terpinen sowie Limonen übergehen kann.

Eberraute (*Artemisia abrotanum* / Korbblütler) stammt aus den Mittelmeer-

ländern und kam über die Klostergärten in unseren Kulturraum, wo sie als Küchengewürz und als Droge bei der Likör- sowie Arzneiherstellung dient, aber auch in Duft- und Trockensträußen Verwendung findet. Das ätherische Öl enthält bis zu 72 % Thujon (mit neurotoxischer Wirkung) oder 1,8-Cineol, Fenchen, α- und β-Caryophyllen sowie Sabinen.

Estragon (*Artemisia dracunculus* / Korbblütler) ist als mehrjährige, buschig verzweigte Staude im kontinentalen Europa und Zentralasien beheimatet. Verwendet wird vorrangig das frische Kraut. Nach Europa wurde es im 13. Jahrhundert von den Kreuzrittern gebracht. Man unterscheidet zwischen dem russischen E. mit bitterem, weniger ausgeprägtem Aroma und dem französischen E., der ein an Anis (s. o.) erinnerndes, frisches Aroma aufweist. Im französischen ätherischen Öl sind vor allem Estragol (p-Allyanisol) mit 58–80 %, β-Ocimen (5–22 %) und Anethol die Hauptkomponenten. Das russische ätherische Öl dagegen weist Sabinen (30–48 %), Methyleugenol (9–29 %) und Elemicin (5–28 %) als Hauptkomponenten auf. Mit Estragonblättern werden Soßen verfeinert und Estragonessig sowie Speisesenf hergestellt.

Fenchel (*Foeniculum vulgare* / Doldenblütler), Gewürzfenchel, wurde bereits um 3 000 v. Chr. in Mesopotamien als Gewürz verwendet. Im Altertum fand er breite Verwendung in China sowie im griechischen und römischen Weltreich (auch für Kultzwecke). Das Aroma des ätherischen Öles wird durch Fenchon, Estragol (s. Estragon) und Anethol bestimmt. Charakteristisch für diese Pflanze ist, dass alle ihre Teile ein würzig-süßliches, typisches Fenchelaroma verströmen, weshalb Fenchel auch zu den besonders beliebten Duft- und Aromapflanzen zählt. Verwendung findet Fenchel für Tee (Früchte), zum Aromatisieren von Gebäck und Brot sowie zum Würzen (frische Blätter).

Kamille (*Chamomilla recutita* / Korbblütler), Echte Kamille, wird vorwiegend für pharmazeutische Zwecke angebaut. Der wichtigste Hauptbestandteil des ätherischen Öles ist das Sesquiterpen Bisabolol (10–25 %). Das so genannte Deutsche Kamillenöl wird durch Destillation aus Blüten gewonnen; es duftet süß-aromatisch, kräuterartig mit einen Kakaoton. Während der Destillation bildet sich aus dem Inhaltsstoff Matricin, einem Sesquiterpenlacton, das eine blaue Farbe verursachende Chamazulen. Als wertbestimmender Inhaltsstoff ist neben dem Bisabolol und seinen Derivaten auch das *trans*-β-Farnesen zu nennen.

Katzenminze (*Nepeta cataria* / Lippenblütler) ist in den Trockengebieten Südeuropas heimisch, wird aber in Mitteleuropa schon seit langer Zeit auch in Kräutergärten angepflanzt. Die Echte Katzenminze liefert einen aromatischen Tee, die getrockneten Blätter in Kräutersäckchen gelten als beliebtes Spielzeug für Katzen. Das ätherische Öl enthält in der Varietät var. Citriodora hohe Anteile an Zitronenöl (s. in Abschnitt 1.1.1), so dass es auch für die Süßwaren- und Arzneimittelherstellung genutzt wird.

Kerbel (*Anthriscus cerefolium* / Doldenblütler), Garten-Kerbel, ähnelt in seiner Blattform der Petersilie und gilt als alte Würzgartenpflanze, die von den Römern aus Osteuropa bzw. Westasien nach Mitteleuropa gebracht wurde. Beim Trocknen des Krautes, das vor der Blüte geerntet wird, verliert sich der süßlich-anisartige Geschmack. Hauptkomponenten des ätherischen Öles sind Estragol (s. Estragon) mit 60–80 % und 1-Allyl-2,4-dimethoxybenzen (16–30 %), in geringen Mengen auch Limonen, p-Cymen und 1,8-Cineol. Man findet frischen Kerbel in der Kräutermischung Fines herbes.

Koriander (*Coriandrum sativum* / Doldenblütler) stammt aus dem östlichen Mittelmeeraum und zählt traditionell zu den so genannten Brotgewürzen (für Lebkuchen, Printen). Aus den reifen, zerquetschten und getrockneten Früchten wird durch Wasserdampfdestillation (s. in Kapitel 3–5) das ätherische Öl mit 45–85 % an Linalool gewonnen. Weitere Inhaltsstoffe sind u. a. Geraniol und Geranylacetat, Limonen, p-Cymen, α-Pinen und Campher.

Kümmel (*Carum carvi* / Doldenblütler), Echter Kümmel, Wiesen-Kümmel, ist eine einheimische Würz- und Aromapflanze. Aus den reifen Früchten wird durch Wasserdampfdestillation ein farbloses bis schwach gelbliches ätherisches Öl mit 50–80 % S-(+)-Carvon und 30–45 % Limonen gewonnen.

Labkraut (*Galium verum* / Rötegewächs), Echtes Labkraut, blüht leuchtend gelb und verströmt einen süßlichen, an Waldmeister erinnernden Geruch. Es enthält das gleiche Glykosid, aus dem der Aromastoff Cumarin freigesetzt wird. Es wird gern in duftende Kräutersträuße eingebunden.

Latschen-Kiefer (*Pinus mugo* / Kieferngewächs) kommt ursprünglich nur in Hochgebirgsgehölzen vor. Für die Kräuterkosmetik wird das Latschenkiefernöl mit Pinen, Cadinen, Sylvestren und Phellandren verwendet.

Lavendel (*Lavandula angustifolia* / Lippenblütler) kommt verbreitet im westlichen Mittelmeergebiet vor und wächst (kultiviert) in bergigen Gegenden Europas und auch in China und Tasmanien meist in Höhen zwischen 600 und 1500 m. Aus den blauen Blüten (deutsche Nardenblüten) lassen sich bis zu 3 % an ätherischem Öl mit den Hauptkomponenten (–)-Linalool und (–)-Linalylacetat gewinnen. In Duftkissen oder Duftsträußchen ist Lavendel stets zu finden.

Mädesüß (*Filipendula ulmaria* / Rosengewächs), auch Spierstrauch, Wiesengeißbart, Wiesenkönigin und Rüsterstaude genannt, kommt verbreitet in Nasswiesen oder in Hochstaudenfluren an Bach- und Flussufern vor. Die mehrjährige Pflanze zählt zu den am intensivsten duftenden heimischen Pflanzen, wobei sich das Aroma beim Trocknen durch die Umwandlung der Glykoside und dem Freiwerden von Vanillin verstärkt. Mädesüß wird daher in Aroma- und Duftsträußen, in Kräuterkissen und für Kräuterdekorationen verwendet.

Maiglöckchen (*Convallaria majalis* / Liliengewächs) liefert ein Blütenöl als Bestandteil vieler Duftwässer und Parfums, das ein sehr komplexes Gemisch von Riechstoffen darstellt. Geruchseindrücke der Maiglöckchen werden z. B. durch Farnesol als acyclischer, dreifach ungesättigter Sesquiterpenalkohol (s. in 2.2.2) und dessen Ester vermittelt. Da die Gewinnung aus den Blüten viel zu teuer wäre, verwendet man in der Regel Gemische mit synthetischen Verbindungen.

Majoran (*Origanum majorana* / Lippenblütler) kommt wildwachsend vom nördlichen Ostafrika bis nach Indien vor. Durch die Araber kam die Pflanze in den Mittelmeerraum, durch christliche Mönche in die Regionen nördlich der Alpen. In der Kräuterküche wird Majoran zu deftigen Speisen als »Wurstkraut« eingesetzt. Die wichtigsten Bestandteile des ätherischen Öls sind α- und γ-Terpinen, Terpinen-4-ol, Z-Sabinenhydrat und p-Cymol. Bei der Wasserdampfdestillation tritt eine Umwandlung von Z-Sabinenhydrat zu den Terpinen sowie Limonen und Terpineol-4 ein (bei pH 8 zu vermeiden). In einigen Majoranölen sind auch hohe Anteile an Carvacrol, Thymol oder Linool und Linylacetat zu finden.

Melisse (*Melissa officinalis* / Lippenblütler), auch Bienenkraut, Immenblatt, Honigblume, Zitronenmelisse, Limonenkraut genannt, mit angenehm beruhigenden und krampflösenden Wirkstoffen, wird verbreitet in der Aromatherapie (s. Abschnitt 4.6) eingesetzt. Die Blätter riechen nach dem Zerreiben nach Zitrone. Aus den getrockneten Blättern der in Spanien angebauten Melisse lässt sich bis zu 0,8 % ätherisches Öl gewinnen. Es übt auf die Honigbiene (Melissa) einen besonderen Reiz aus, da der Duft der von der so genannten Nasanov-Drüse der Bienen abgegebenen Pheromone dem des Melissenöles ähnelt. Citral und Geranial sind gemeinsame Bestandteile des Nasanov-Sekrets und des Melissenöls. Weitere

Hauptbestandteile des Öles sind Rosenoxid, Octan-3-ol, Oct-1-en-3-ol, Linalool, Citronellal und Citronellol. Citronell- und Lemongrasöle werden meist als Ersatz für das sehr teure Melissenöl eingesetzt.

Muskateller-Salbei (*Salvia sclarea* / Lippenblütler) wird in Russland, Südeuropa, Mittelasien, im Iran, der Türkei und in Kenia kultiviert. Aus Blättern und Blütensprossen wird ein ätherisches Öl mit den Komponenten Sclareol, Linylacetat und Borneol sowie Cineol gewonnen. Aus Sclareol kann der Ambra-Aromastoff Ambra-Oxid hergestellt werden. Verwendung findet Muskateller-Salbei, von dem alle Teile beim Zerreiben nach Muskateller (der Weißweinkeltertraube) duften, in Kräutersträußen und Kräutersäckchen.

Quendel (*Thymus serpyllum* / Lippenblütler), auch Deutscher Quendel, Feldpolei, Wild- oder Sand-Thymian genannt, kommt zerstreut in warmen Sandtrockenrasen, Sandfluren, Dünen und Kieferngehölzen vor. Aus dem blühenden Kraut lässt sich ein ätherisches Öl mit Thymol, Cymol, Carvacrol, Citral, Pinen und anderen Terpinoiden gewinnen.

Rainfarn (*Tanacetum* oder *Chrysanthemum vulgare* / Korbblütler) ist sehr verbreitet und kommt in mehreren »chemischen Rassen« vor, die unterschiedliche Aromaqualitäten aufweisen. Im ätherischen Öl bestimmen vor allem Campher und Thujon Aroma und die Wirkung als Wurmmittel.

Rosmarin (*Rosmarinus officinalis* / Lippenblütler) ist im Mittelmeergebiet heimisch. Die zerkleinerten frischen oder getrockneten Blätter verströmen ein charakteristisches, krautartig bis lavendelartiges Aroma. Das farblose bis schwach grünliche durch Wasserdampfdestillation aus dem blühenden Kraut gewonnene ätherische Öl enthält vor allem Pinen, 1,8-Cineol, (+)-Borneol, Campher und Bornylacetat. Rosmarin eignet sich sehr für Duftsträuße und Kräutergebinde.

Salbei (*Salvia officinalis* / Lippenblütler), Echter Salbei, ist eine altbekannte Würz- und Heilpflanze. Aus den oberirdischen Pflanzenteile (vor der Blüte) wird ein ätherisches Öl mit α- und β-Thujon (30–50 %), 1,8-Cineol (14 %), Campher (3–9 %), Borneol, Linalool, Limonen (bis 15 %), β-Pinen, Linalylacetat, Caren u. a. Terpenoiden gewonnen. Salbeiöle werden für kosmetische und pharmazeutische Zwecke verwendet.

Thymian (*Thymus vulgaris* / Lippenblütler) – der Garten-Thymian gehört zu den Würzpflanzen der feinen Küche und ist Bestandteil des Benediktinerlikörs mit Inhaltsstoffen wie vor allem Thymol (50 %), Carvacrol, p-Cymol (20 %), Borneol, Bornylacetat und Cineol im ätherischen Öl. In größerem Umfang wird das schwach gelbliche bis grüngelbliche durch Wasserdampfdestillation gewonnene Öl für

Mundpflegemittel und pharmazeutische Präparate (wie Hustenmittel) eingesetzt.

Wacholder (*Juniperus communis* / Zypressengewächs), ein lichtliebendes, immergrünes Nadelgehölz, liefert aus den reifen, getrockneten und zerquetschten Beeren ein ätherisches (durch Wasserdampfdestillation gewonnenes) Öl mit 1-Terpin-4-ol, α- und β-Pinen (35–40 %) sowie Sabinen, Myrcen und Bornylacetat als wichtigste Aromakomponenten sowie Caryophyllen und 3-Caren als weiteren Inhaltsstoffen. In geringen Mengen wird es als Zusatz zur Erzeugung frischer Noten in der Parfümerie verwendet, vorwiegend jedoch zur Aromatisierung alkoholischer Getränke.

4.2 Zur Biogenese der Terpene

Bereits 1860 stellte der französische Chemiker Pierre Eugene Marcelin Berthelot (1827–1907) fest, dass einige der von ihm untersuchten Terpene periodisch aufgebaut sind. Berthelot war von 1859 bis 1876 Professor für Organische Chemie an der Ecole Supérieur de Pharmacie. Ihm gelang auch die Unterscheidung von rechts- und linksdrehendem Pinen sowie Camphen.

Ab 1865 war er auch als Professor für Organische Synthese am Collège de France tätig. 1876 wurde er Generalinspekteur des Höheren Unterrichtswesens, 1881 Senator, 1886/87 Minister für den Öffentlichen Unterricht und schließlich 1895/96 sogar Frankreichs Außenminister.

Der im Abschnitt 2.2.1 ausführlich vorgestellte Otto Wallach griff die Beobachtung Berthelots im Rahmen seiner Terpenforschungen wieder auf und formulierte die so genannte *Isopren-Regel*. Sie besagt, das Terpenen als Grundbaustein der Kohlenwasserstoff Isopren (C_5H_8: 2-Methylbuta-1,3-dien, $H_2C=C(CH_3)–(CH=CH_2)$ zugrunde liegt. In den Strukturformeln (s. Anhang) lässt sich bei einfachen Terpenwasserstoffen dieser Aufbau aus Isoprenmolekülen unschwer erkennen. Formal lassen sich Terpene somit als Polymerisationsprodukte des Kohlenwasserstoffs Isopren auffassen. Je nach der Zahl der Isopren-Reste unterscheidet man Monoterpene (C_{10}), Sesquiterpene

(C_{15}), Diterpene (C_{20}), Sesterterpene (C_{25}), Triterpene (C_{30}), Tetraterpene (C_{40}) und Polyterpene. Auch Steroide leiten sich von einer Gruppe von Triterpenen, den Methylsterolen ab.

Einen weiteren Fortschritt im Hinblick auf die Aufklärung der Biosynthese von Terpenen stellte dann die erweiterte Formulierung der Isopren-Regel durch den ebenfalls näher vorgestellten Nobelpreisträger Ruzicka (s. Abschnitt 2.4.3) dar. Nach seiner Regel können bestimmte acyclische Terpene (s. Abschnitt 2.2.2) nach ionischem oder radikalischem Mechanismus kondensieren, so dass sich daraus alle bekannten Mono-, Sesqui- und Diterpene in pflanzlichen Geweben ableiten lassen. Ruzicka formulierte 1953 seine biogenetische Isopren-Regel,»nach der sich die natürlichen isoprenoiden Verbindungen von acyclischen Vorstufen – Geraniol (C_{10}), Farnesol (C_{15}), Geranylgeraniol (C_{20}) und Squalen (C_{30}) – ableiten« (Peter Nuhn: Naturstoffchemie, 1990). Vorläufer für das *aktivierte Isopren* ist die Mevalonsäure. Sie wird biogenetisch aus drei Molen Acetyl-Coenzym A (Acetyl-CoA – früher auch »aktivierte Essigsäure« genannt) gebildet. Als aktiviertes Isopren erkannten Konrad Emil Bloch (Jg. 1912) und Feodor Lynen (Jg. 1911 – gemeinsam mit Bloch Nobelpreis für Medizin und Physiologie 1964) und ihre Arbeitskreise das Isopentenpyrophosphat (IPP). Lynen konnte zeigen, dass IPP zunächst zum Dimethylallylpyrophosphat (DMAP) isomerisiert. IPP und DMAP kondensieren zum Geranylphosphat, das mit einem weiteren Molekül DMAP zum Farnesylpyrophosphat weiterreagieren kann. Die Kondensation der Terpene unter Beteiligung von Phosphat erfolgt (im Unterschied zu klassischen Kondensationsreaktionen) in einer Kopf-Schwanz-Reaktion.

Isoprenoide Kohlenwasserstoffe (Phytan: 3,7,11,15-Tetramethylhexadecan C_{20} und Pristan: 2,6,10,14-Tetramethylpentadecan – kommt auch in Ambra vor) konnten in präkambrischen Sedimenten nachgewiesen werden. Damit ist es wahrscheinlich, dass »isoprenoide Verbindungen zumindest als Bausteine des Chlorophylls bereits vor ca. 3 Milliarden Jahren von Organismen synthetisiert werden konnten.« Als weitere isoprenoide Verbindungen mit wichtigen physiologischen Funktionen sind Pheromone und Hormone, Carotinoide und Sterole als Bestandteilen von Membranen sowie Vitamine bzw. Provitamine zu nennen.

Kautschuk ist ein Polyterpen mit über 1500 Kohlenstoffatomen.

Zur Bedeutung der Terpenoide (Pflanzenisoprenoide) schreibt der Pflanzenbiochemiker Hans W. Heldt (Pflanzenbiochemie, 2003), dass sie als Sekundärmetaboliten auch ökologische Funktionen hätten:

>>Die Mehrzahl der verschiedenen Pflanzenisoprenoiden dient als Bestandteil von Harzen, Milchsaft, Wachsen und Ölen, durch die Pflanzen giftig oder ungenießbar gemacht werden, der Abwehr gegen tierischen Fraß. Sie wirken als Antibiotika bei der Abwehr gegen pathogene Mikroorganismen. Viele Isoprenoide werden erst als Antwort auf eine Bakterien- oder Pilzinfektion gebildet. Manche Pflanzen bilden Isoprenoide, welche die Keimung und Entwicklung konkurrierender Pflanzen hemmen. Andere Isoprenoide locken als Pigment- oder Duftstoffe von Blüten oder Früchten Insekten zur Pollenübertragung oder zur Ausbreitung der Samen an.<<

Heldt beschreibt auch ausführlich zwei verschiedene Synthesewege, von denen der wichtigere oben in Ansätzen dargestellt wurde. Die Zwischenüberschriften des Kapitels charakterisieren zugleich die wesentlichsten Aspekte der Biosynthese von Terpenen. Im Cytosol (außerhalb der Chloroplasten) ist Acetyl-CoA die Ausgangssubstanz für die Synthese von Isopentenylpyrophosphat. In den Plastiden dagegen werden Pyruvat und D-Glycerinaldehyd-3-phosphat zu Beginn des Syntheseweges benötigt. Die Verknüpfung der Isopreneinheiten erfolgt mit Hilfe von Prenyltransferasen (Kopf-Schwanz-Addition).

Ausgangssubstanz für die Biosynthese vieler Geruchsstoffe ist das Geranylpyrophosphat (Geranyl-PP). Der Hauptbestandteil des Rosenöls, der Terpenalkohol Geraniol, entsteht durch Hydrolyse des Geranyl-PP. Die Cyclisierung von Geranyl-PP (als intramolekulare Prenylierung, meist verbunden mit Isomerisierungen), katalysiert durch das Enzym Limonen-Synthase, führt zu Limonen (94 %) und zugleich zu α- und β-Pinen sowie Myrcen als Nebenprodukte mit je 2 %.

Farnesylpyrophosphat (Farnesyl-PP) ist dann die Ausgangsverbindung für die Biosynthese von Sesquiterpenen. Auch können aus Farnesyl-PP in mehreren Schritten Steroide gebildet werden – wie das Cholesterol mit Hilfe der Squalen-Synthase (hier durch Kopf-Kopf-Addition und gleichzeitiger Reduktion zunächst zum Squalen).

Und schließlich ist das Geranylgeranylpyrophosphat Ausgangssubstanz für zahlreiche Abwehrstoffe, Phytohormone und Carotinoide.

Zur Regulation der Isoprenoidsynthese stellt Heldt fest, dass in einer Pflanze die Isoprenoide je nach Bedarf und an verschiedenen Orten (s. o.) synthetisiert werden. Hydrophobe Isoprenoide entstehen meist in spezialisierten Geweben – so in Drüsenzellen von Blättern das Menthol oder in Blütenblättern Linalool. In den Plastiden, im Cytosol und auch in den Mitochondrien sind die erforderlichen Enzyme für die verschiedenen Synthesewege lokalisiert. Diese subzellulären Kompartimente können somit ihren Isoprenoidbedarf überwiegend selbst decken.

»Diese räumliche Streuung der Synthesewege ermöglicht es, dass trotz der sehr großen Vielfalt der Substanzen, die über einen gemeinsamen Syntheseweg gebildet werden, eine effiziente Kontrolle der Syntheseraten über eine Regulation der Enzymmenge an den verschiedenen Orten durch unterschiedlich *Genexpression* möglich ist.« (H. W. Heldt)

Unter Genexpression wird allgemein die Realisierung der genetischen Information, die Umsetzung (Transskribierung) in zeitlich und räumlich strikt regulierte Syntheseprozesse (im engeren Sinne von Ribonukleinsäuren), verstanden. Heldt stellt fest, dass bisherige Ergebnisse über die Mechanismen der Biosynthese von Terpenen dafür sprächen, dass die Synthese der verschiedenen Isoprenoide tatsächlich in erster Linie durch Genexpression erfolgt.

4.3 Duftende Produkte – von Seifen bis Duftkerzen

Die Parfümierung spezieller Produkte hat in Grasse mit Lederhandschuhen begonnen (s. Abschnitt 1.1.3). Heute kann sich der Verbraucher anhand der Kennzeichnung von Inhaltsstoffen über Riechstoffe in kosmetischen Mitteln informieren. Seit 1997 gilt in allen Ländern der Europäischen Union eine einheitliche Kennzeichnung, der die so genannte *INCI-Nomenklatur* (INCI: International Nomenclature Cosmetic Ingredients) zugrunde liegt. Riechstoffe können einerseits den Funktionsgruppen 14 (*desodorierend*: verringert oder maskiert unangenehmen Körpergeruch), 37 (*kräftigend*: erzeugt ein angenehmes Gefühl auf Haut oder Haar) oder auch 29 (*hautpflegend*: hält die Haut in einem guten Zustand) oder 40 (*maskierend*: verringert oder hemmt den Grundgeruch oder -geschmack eines Produktes) bzw. als Produkt aus Pflanzen einem *Pflanzennamen* mit *lateinischem Namen* zugeordnet werden. Je nach Zuordnung der *Seife* zu einer bestimmten Qualitätsgruppe unterscheiden sich auch die Gehalte an *Parfümölen*. So kann einfache *Kernseife* 0,5 %, eine *Toilettenseife* 3 % und eine *Luxusseife* bis zu 5 % enthalten. In den Angaben zur Kennzeichnung von Seifen – der *Ingredients*-Liste – findet man sowohl die Angabe *Parfum* als auch die Aufzählung einzelner Riechstoffe – so z. B. häufig *Citronellol, Geraniol, alpha-Isomethylionon, Benzylsalicylat, Methylpropional*. Citronellol wird nach der INCI-Nomenklatur der Funktionsgruppe 40, Geraniol der Gruppe 37, Benzylsalicylat der Gruppe 58 (UV-Absorber) zugeordnet. Methylpropional sowie alpha-Isomethylionon sind nicht verzeichnet. Alle Stoffe weisen aber auch einen mehr oder weniger starken Riechstoffcharakter auf (s. Abschnitt 3.2, 3.3 und 3.7). *Babyseifen* sind höchsten schwach parfümiert, meist enthalten sie spezielle Zusätze wie Kamillenbestandteile (α-Bisabolol, Kamillenextrakt – auch mit der lateinischen Bezeichnung *Chamomilla recutita*). Die Liste der für Kosmetika (z. T. auch für Seifen) verwendeten Pflanzen bzw. deren Extrakte reicht von der Ackerminze (*Mentha arvensis*) bis Zypresse (*Cupressus sempervirens*). Bei der Auswahl der Duftstoffe muss vor allem darauf geachtet werden, dass sie sich im alkalischen Medium der Seife nicht verändern und dass sie vor Autoxidation (ebenso wie ungesättigte Fettsäuren) geschützt sind. Den Funktionsgruppen 6 (Antioxidant) und 13 (chelatbildend: reagiert und bildet Komplexe mit Metallionen, welche die Stabilität und/oder das Aussehen der kosmetischen Mittel beeinflussen können) sind solche Stoffe zugeordnet (z. B. EDTA zu 13).

Parfümöle haben bei allen kosmetischen Mitteln – hier zur Reinigung, Pflege und zum Schutz der Haut (von der Seife bis zum flüssigen Wasch- und Duschmittel) – die Aufgabe, zum Kauf und vor allem Wiederkauf des Produktes zu animieren. Das psychische Wohlbefinden steht dabei im Vordergrund. Andererseits sollen weitere Funktionen erfüllt werden (s. o.), auch der mögliche Eigengeruch von Tensiden oder anderen Ingredienzien soll überdeckt werden. Hinsichtlich der Produktzusammensetzung spielen die Stabilität des Duftes und auch die Farbe im Produkt (und in der Verpackung) eine wesentliche Rolle.

Handwaschlotionen enthalten typischerweise 0,5 %, Gesichtswaschlotionen 0,3 % und Dusch- bzw. Schaumbäder zwischen 1 und 2 % (Ölbäder bis 3 %) an Parfumölen. Sehr niedrig dagegen sind die Gehalte in speziellen Wasch- bzw. Peeling-Cremes mit 0,1 bis 0,2 %. (Weitere Einzelheiten über Seifen u. ä. Produkte s. auch in G. Schwedt: Chemie und Supermarkt, Aulis, Köln 2006.)

Bei der Verwendung von Parfumölrohstoffen zur Parfümierung von Seifen müssen vor allem auch dermatologisch/toxikologische Aspekte berücksichtigt werden. Wegen unzureichender Beständigkeit muss etwa auf ein Drittel der zur Verfügung stehenden Parfumöle, für weiße Seifen auf ein weiteres Viertel, verzichtet werden.

W. Umbach (1995) stellt fest, dass bei der Kreation eines Schaum- oder Duschbadparfumöls der Parfümeur die geplante Einfärbung des Produktes beachten muss.»So können Riechstoffe mit phenolischen Hydroxy-Gruppen Einfärbungen stark beeinflussen.« Auch die Lichtbeständigkeit müsse bei lichtdurchlässigen Verpackungen geprüft werden. Umbach stellt auch einen Trendwechsel in den Duftrichtungen fest:»Während das erste auf dem europäischen Markt erfolgreiche Schaumbad mit seiner aldehydischen, anboukettierten Nadelholzparfümierung einen Trend setzte und viele Nachahmer fand, wurden einige Jahre später Kölnisch-Wasser-Noten mit Moschuszusätzen populär. Derzeit werden Duftnoten immer beliebter, deren Vorbilder sowohl in der maskulinen als auch in der femininen Feinparfümerie zu finden sind.«

In *Fußpflegemitteln* wie z. B. Fußbalsam werden neben *Campher* und *Menthol* vor allem Eukalyptusöle (*Eucalyptus globulus*) oder -extrakte verwendet. Die Gehalte liegen im Bereich von 1–2 %. In Fußbadesalzen können Kräuterextrakte und Parfumöle Anteile bis zu 8 % erreichen. In Fußpflegeflüssigbädern spielen neben Parfumölen auch Pflanzenextrakte eine wesentliche Rolle – mit Gehalten bis zu 2 %.

An *Sonnenschutzprodukte* (-milche, -cremes u. a.) werden hinsichtlich der Emulsionsstabilität und Oxidationsstabilität hohe Anforderungen gestellt, die auch die im Bereich von 0,2–0,3 % verwendeten Parfumöle erfüllen müssen. *Tropicals* sind spezielle Hautpflegepräparate mit geringen Zusätzen an Lichtschutzstoffen, die auf schon gebräunte Haut aufgetragen werden, um sie vor dem Austrocknen und Abschuppen zu schützen. Für sie werden zur Parfümierung Düfte verwendet, deren Riechstoffe von tropischen Früchten oder auch Gewürzen stammen (z. B. Kokos oder Vanille).

In der klassischen *Hautcreme* Nivea von Beiersdorf werden in der »Ingredients«-Liste nach dem Begriff Parfum die Riechstoffe »Limonene, Geraniol, Hydroxycitronellal, Linalool, Citronellol, Benzyl Benzoate, Cinnamyl Alcohol« aufgeführt.

Die Rezepturen von *Rasierseifen, -schäumen* oder *-gelen* weisen durchschnittliche Gehalte von 0,5 % an Parfümölen auf. Auch klassische *Rasierwässer* enthalten bis zu 0,5 % an Parfumöl, gelöst in 40–50%igem wässrigen Alkohol. An *After-shave-Lotionen* werden heute höhere parfümistische Ansprüche als an klassische Rasierwässer gestellt. Die Parfumölgehalte erreichen 1–2 %. Traditionelle Inhaltsstoffe von Rasierlotionen sind u. a. Hamamelisextrakte (mit tonisierendem ätherischem Öl, vom gelb blühenden nordamerikanischem Strauch *Hamamelis virginiana*), Menthol, Kamillenöl und α-Bisabolol.

In *Deodorantien* wie Deosprays sind im Allgemeinen 0,5–1 % an Parfümölen enthalten. Eine Ausnahme bilden die so genannten Parfumdeos mit 1–2 %. In einem klassischen Deostick werden z. B. »Limonene, Geraniol, Coumarin, Linalool, Citronellol und Phenoxy Enthanol« (»bac classic for men«) genannt.

Auch für *Zahn-* und *Mundpflegemittel* werden *Aromaöle* eingesetzt – so um 1 % in Zahncremes, bis zu 5,5 % in Mundwasserkonzentraten und bis zu 0,5 % in gebrauchsfertigen Mundwässern. Der Weltbedarf an Aromaölen für Zahnpflegemittel liegt im Bereich von mehr als 6 000 t im Jahr. Pfefferminzöle stammen entweder aus der Pflanze *Mentha piperita* (bevorzugt in den USA angebaut) oder aus *Mentha arvensis* (in Südamerika, China und Japan heimisch) – mit Mentholgehalten um 50 %, Menthon (20 %), Isomenthon (10 %), Menthylacetat (10 %), 1,8-Cineol (4 %) und Menthofuran (4 %). Das Mentha-piperita-Öl enthält darüber hinaus geringe Mengen an 3-Octanol, Neomenthol, Piperidon sowie an Mono- und Sesquiterpenen. In den westlichen Staaten der USA wird die Pflanze *Mentha crispa* angebaut, aus der das Krauseminzeöl mit ca. 60 % Carvon gewonnen wird. Weitere Basisaromen für Mundwässer sind Anisöl aus *Pimpinella anisum* (Anethol), Fenchelöl aus *Foeniculum vulgare* (mit ebenfalls hohem Anethol-Gehalt), das schon genannte Eukalyptusöl aus *Eucalyptus globulus* (ca. 85 % 1,8-Cineol), Nelkenöl aus *Eugenia caryophyllata* (Eugenol) sowie Zitronenöl aus *Citrus limon* und auch Wintergrünöl aus der immergrünen Pflanze *Gaultheria procumbens* (mit bis zu 99 % Salicylsäuremethylester – s. auch Abschnitt 3.7). In den Kompositionen sind häufig auch zusätzliche Gewürz- und Blütenöle wie Rosenöl, Geraniumöl, Zimtöl und Salbeiöl zu finden. Zahncremearomen sind in der Regel Mischungen verschiedener natürlicher Aromaöle. Für Prothesenreiniger-Tabletten werden Aromastoffe in Konzentrationen zwischen 0,5 und 3 % eingesetzt.

In den kosmetischen Mittel zur *Haarbehandlung*, vor allem in *Haarwaschmitteln*, haben Parfumöle die Aufgabe, den meist fettartigen Eigengeruch der Shampoo-Grundlage zu überdecken und darüber hinaus einen charakteristischen, angenehmen Geruch zu erzeugen (s. o.). Parfumöle für Haarshampoos müssen gut hautverträglich, tensidstabil und vor allem auch unter Verwendung von Lösungsvermittlern in die Rezeptur einarbeitbar sein. Sie dürfen nicht mit anderen Rezepturbestandteilen (wie Farbstoffen) reagieren. Häufig werden Kräuterextrakte verwendet (um 1 %). In Haarsprays und anderen Haarfestigern liegen die Gehalte an Parfumöl zwischen 0,1 und 0,3 %. Hier stellen die filmbildenden Rohstoffe gute Fixateure für das Parfum dar und ermöglichen so eine länger anhaltende Abgabe der Riechstoffe.

In den *Körperpudern* sind für Babys bis zu 0,3 %, im Allgemeinen 0,2–1 % und in Gesichtspudern zwischen 0,5 und 3 % an Parfumöl enthalten. Nach Umbach ist die Entwicklung geeigneter Puderparfumöle wesentlich schwieriger, sie erfordert mehr Erfahrung als die von Parfumölen für andere kosmetische Mittel. Schwierigkeiten können durch Verfärbungen (vor allem unter Lichteinwirkung), Stabilitätsminderungen, Verflüchtigungen und Hautirritationen auftreten. Auf der großen Oberfläche der Puderrohstoffe sind die eingearbeiteten Riechstoffe verstärkt dem Luftsauerstoff ausgesetzt. Dadurch kann eine Veränderung im Duft auftreten.

Bei *Lippenpflegemitteln* muss vor allem auch auf den Geschmack von Riechstoffen geachtet werden. Die Dosierungen liegen durchschnittlich bei 1 %. Fruchtnoten wie z. B. von Erdbeere, Himbeere oder Cassis, auch in Verbindung mit Blütennoten, werden häufig verwendet.

In *Waschmitteln* wurden Duftstoffe erstmals in den 1950er Jahren eingesetzt, um den typischen und als unangenehm empfundenen Geruch der Waschlauge zu überdecken und auch der Wäsche einen angenehmen Duft zu verleihen. Waschmittelparfums waren oft aus mehr als 50 verschiedenen natürlichen, naturidentischen und künstlichen Duftstoffen zusammengesetzt. Viele in der Kosmetik eingesetzte Parfumöle sind jedoch für die hohen Temperaturen und die alkalischen Bedingungen beim Waschen nicht geeignet. So setzte man einige der Nitromoschusverbindungen ein (s. Abschnitt 3.7), die aber aus toxikologischer und ökologischer Sicht bedenklich und seit 1998 von der EU weitgehend verboten worden sind. Als Ersatzstoffe werden makrocyclische Moschusduftstoffe verwendet. Auf manchen Waschmitteln werden jedoch anstelle des nichtssagenden Begriffes »Duftstoffe« die zugesetzten Riechstoffe auch genannte – so beim Universalwaschmittel Persil Megaperls: »Amyl cinnamal, Benzyl salicylat, Hexyl cinnamal« – somit handelt es sich um synthetische Riechstoffe.

In *Haushaltsreinigern* werden Parfumöle mit 20 bis 100 Komponenten, deutlich weniger als in Kosmetika, verwendet. Für saure oder alkalische Reiniger können nur 20 bis 30 Riechstoffe eingesetzt werden. Der Zitrusduft in Haushaltsreinigern wird vor allem durch Citral und Geranonitril bestimmt, wobei das wenig beständige Citral (konjugiert ungesättigter Aldehyd) nur in geringen Konzentrationen eingesetzt wird. Geranonitril weist einen »strengeren« Zitruscharakter als das Citral auf. Blumendüfte, die den Raum erfüllen, werden durch Hedion (Methyldihydrojasmonat), Hexylzimtaldehyd und Benzylsalicylat, Moschusdüfte durch makrocyclische Verbindungen wie Ethylenbrassylat erzielt (Hauthal/Wagner).

Einen weiteren umfangreichen Anwendungsbereich von Duftstoffen erschließen die *Duftkerzen*. Hier kommt zu den für Kosmetika und Waschmittel genannten Anforderungen die nach thermischer Stabilität bei brennender Kerze hinzu. Um hier optimale Riechstoffkomponenten zu ermitteln, wird die Duftabgabe aus z. B. Paraffinkerzen analysiert. Für Kerzen kommen vor allem höher siedende Komponenten in Frage, die sich außerdem gut in das Kerzenmaterial einarbeiten lassen müssen.

4.4 Komponieren von Parfums

In seiner »Warenkunde mit Praktikum für Drogisten« schrieb W. Kowalczyk 1957 zu Beginn des Kapitels »Parfums«:

»Die Herstellung von Parfums setzt große Erfahrungen und eine gewisse Befähigung voraus. Man kann nicht einfach die einzelnen Riechstoffe zusammenmischen, um ein neues Parfum herzustellen.

Viele Gerüche vertragen sich nicht miteinander. Auf diesem Gebiet kann nur ein erfahrener Parfümeur sicher arbeiten. In der Parfümerie unterscheidet man zarte und strenge, weiche und scharfe, süße und saure Gerüche. Im fertigen Parfum soll entweder ein bestimmter Geruch vorherrschen, z. B. Hyazinthe, oder der Geruch muß in seiner Gesamtheit einheitlich sein. In diesem Falle darf also kein besonderer Geruch hervortreten.

Man hat öfter versucht, die Gerüche in Klassen einzuteilen. Schimmel (s. Abschnitt 2.4.1) veröffentlichte einen solchen Versuch von H. Robert. Dieser teilt die Gerüche in 18 Klassen ein.

1. Gruppe der scharfen Aldehydgerüche C_6 bis C_{12},
2. Gruppe der Fruchtgerüche (Pfirsich, Erdbeere, Banane, Mandarine, Pomeranze),
3. Gruppe der erfrischenden Gerüche (Kampfer, Menthol, Thymol, Anethol, Trepentin),
4. Gruppe des Linalools (Bergamott-, Lavendel-, Korianderöl),
5. Gruppe der Orangenblüte (Tuberose, Akazie, Jonquille [Zitronellgras – von franz. Jonquille (1596)], Wicke),
6. Gruppe des Jasmins (Ylang-Ylang, Geißblatt, Amylzimtaldehyd, Indol, Tolubalsam),
7. Gruppe der Hyazinthe (Zimtaldehyd, Narzisse, Flieder, Maiglöckchen, Styrax, Tolubalsam),
8. Gruppe der Honiggerüche (Phenylessigsäure),
9. Gruppe der Rosengerüche (Geraniumöl, Nerol),
10. Gruppe der würzigen Gerüche (Gartennelke, Nelke, Muskatnuß-, Zimt- und Bayöl (aus den Blättern des Baybaumes *Pimenta racemosa*, beheimatet in Südamerika, Myrtengewächs),
11. Gruppe der Irisgerüche (Veilchen, Cassieblüte [Cassia: Rosmarin-Seidelbast *Daphne cneorum* oder Zimtblüte gemeint], Mimosa),
12. Gruppe der Vetivergerüche (Sandelholz, Cedernholz, Gujakholz, Teer),
13. Gruppe der schimmligen oder pfeffrigen Gerüche (Patschuli, Pfeffer),
14. Gruppe der Moos-, Erd- und Rauchgerüche (Eichenmoos, Leder, Birkenteer),
15. Gruppe der Heu- und Krautgerüche (Tonkabohnen, Klee, Tabak, Sellerie),
16. Gruppe der Vanillegerüche (Benzoe, Perubalsam),

17. Gruppe der Ambragerüche (Labdanum, Cystus [Cytisus?: Geiß-klee], Muskateller-Salbei),
18. Gruppe der tierischen Gerüche (Castoreum, Moschus, Muskon).

Bei der Herstellung von Parfums sind folgende drei bzw. vier Faktoren zu beachten:
1. die Basis, die die Hauptnote des Parfums abgibt, z. B. den Geruch einer der 18 Klassen;
2. das Adjuvans, die Stoffe, die den Geruch ergänzen und abrunden;
3. das Fixateur, das den Geruch in der Mischung haltbar macht (Moschus, Zibeth, Ambra sowie künstliche Stoffe);
4. das Vehikel oder Verdünnungsmittel, das im Allgemeinen aus 95 % Alkohol besteht, aber nicht in jedem Falle verwendet wird.«

Heute haben sich allgemein die Bezeichnungen *Kopfnote*, *Herznote* und *Basisnote* (nach Jean Carles, 1940) durchgesetzt.

– Mit *Kopfnote* bezeichnet man denjenigen Duft eines Parfums, der zuerst wahrgenommen wird (nach etwa 5 Minuten bis zwei Stunden auf der Haut). Sie soll Neugier erwecken;
– Unter *Herznote* versteht man den eigentlichen, charakteristischen Duft (meist aus Blüten) eines Parfums, der zwischen zwei und zwölf Stunden anhalten soll;
– Die *Basisnote* oder *Fondnote* ist dann der Duft, erdig, balsamisch und tief, der am längsten (bis zu 24 Stunden) nachklingt, auf dem das Parfum ruht und haftet.

Die verschiedenen Parfumgattungen definiert Ohloff anhand der Gehalte an ätherischen Ölen wie folgt:
Eau de Cologne 1,5–5 % (für die kurze Erfrischung), Eau de Toilette 3–8 % (hält etwa zwei Stunden), Parfum de Toilette 7–15 % (für vier bis fünf Stunden) und Extrait Parfum 15–25 % (oder einfach Parfum für einen ganzen Tag).

Ein *Eau de Toilette* lässt sich von einem *Extrait Parfum* wie folgt unterscheiden: Man gibt einen zu prüfenden Tropfen auf den Handrücken und verreibt ihn. Spürt man eine ölige Konsistenz, so handelt es sich um ein Parfum.

Geht man davon aus, dass für jede einzelne Note jeweils mindestens drei verschiedene Öle verwendet werden, so weist ein (einfaches) Parfum neun verschiedene Düfte auf. Für die Kopf- und Herznoten rechnet man etwa je ein Viertel der Duftölmenge, für die Basisnote die andere Hälfte. Das heißt, zur Herstellung von 10 ml Parfum werden 2 ml ätherisches Öl (je 0,5 ml für Kopf und Herznote und 1 ml für die Basisnote) sowie 8 ml 96%iger Alkohol benötigt (nach B. Malle und H. Schmickl). Im Folgenden werden einige Beispiele für die verschiedenen Noten genannt.

Kopfnote: Anis, Bergamotte, Limette, Mandarine, Rosmarin, Thymian, Zitrone;

Kopf- oder auch *Herznote*: Angelika, Basilikum, Grapefruit, Kiefer, Latsche, Melisse, Myrte, Orangenblüte, Petitgrain, Pfeffer, Pfefferminze, Zitronengras;

Herznote: Beifuß, Bohnenkraut, Estragon, Eukalyptus, Hyazinthe, Ingwer, Jasmin, Kardamon, Koriander, Lavendel, Liebstöckel, Minze, Nelke, Salbei, Thuja, Wacholder, Zypresse;

Herz- oder auch *Basisnote*: Geranie, Iris, Magnolie, Mimose, Muskateller-Salbei, Patchouli, Petitgrain, Rose, Tuberose, Veilchen, Ylang-Ylang, Zimt;

Basisnote: Ambra, Benzoe, Deutsche Kamille, Lorbeer, Mimose, Myrrhe, Patchouli, Sandelholz, Vetiver, Weihrauch.

Die Spezialisten der damaligen Firma Haarmann & Reimer, Holzminden (heute Symrise – s. Abschnitt 2.4.2), teilen die Kopfnoten wie folgt ein:

Citrus (frische, anregende Düfte der Zitrusfrüchte) – *aldehydig* (Geruchskette der langkettigen Fettaldehyde – typische fettig-schweißige, etwas stechende, auch seifige Geruchsnoten von mandelig-fruchtigen bis zu wachsigen Düften – animalisch z. B. C_{11}-Aldehyd) – *fruchtig-hell* (helle Fruchtdüfte, besonders von grün- und gelbschaligen Früchten – Beispiel Hexylacetat, nach Birne riechend) – *grün* (pflanzliche Duftnoten von Blättern, frisch geschnittenem Gras – *cis*-Hexenol erinnert an Grasgrün, Nonadienol an Gurke) – *krautig* (Düfte mit campher-, minzig-, eukalyptusartigen oder erdigen Nuancen – von niedrigen, unauffällig blühenden Gewächsen wie Rosmarin oder Salbei) – *krautig-würzig* (aus herben Küchenkräutern wie Thymian und Beifuß) – *coniferig* (aus Nadeln der Koniferen).

Bei den *Herz-* oder *Bouquet-Noten* wird zwischen *fruchtig-dunkel* (sü-ße, schwere Duftnoten, Beispiele: Himbeere und Pfirsich) und *Blü-tennoten* (von hell bis schwer) unterschieden.

Die Einteilung der *Fond-Noten* ist differenzierter: *Holzig* (erinnern an zerkleinertes Holz) – *Ambra* (ölig-holzig aus na-türlichem Ambra – s. Abschnitt 3.3) – *animalisch* (Moschus, Zibet) – *Leder* (Geruchsnoten nach echtem Leder und Saffianleder – Juchten; z. B. Birkenteeröl mit Isobutylchinolin) – *Eichenmoos* (Extrakte aus Baumflechten auf Eichen – herb, algenartig mit Käserindennote und teerartig-phenolischer Komponente neben Grün-Nuancen) – *Tabak* (von aromatisch gesoßtem Pfeifentabak bis zu kalter Asche) – *aroma-tisch-würzig* (Kardamon, Muskatnuss, Gewürznelke, Zimt) – *balsa-misch* (schwere, süße Düfte mit schokolade-vanilleartigen, zimtigen bis harzigen Duftelementen – orientalische Noten aus dem Altertum wie Weihrauch, Perubalsam) – *süß-aromatisch* (süße Düfte nach Ho-nig, Mandel, Anis, Waldmeister).

Die Autorinnen Bettina Malle und Helge Schmickl geben in ihrem Buch »Ätherische Öle selbst herstellen« (2005) auch praktische An-leitungen zur eigenen Herstellung von Parfum. Die ätherischen Öle sollten bereits mit Alkohol verdünnt sein, damit beim Riechen (mit Hilfe spezieller Papierstreifen) die Nase nicht »taub« wird. Für die *Ba-sisnote* sucht man sich z. B. drei Düfte aus, indem man die Papier-streifen eintaucht (Streifen vorher beschriften), fächerartig in der Hand hält und langsam wie einen Fächer an der Nase vorbeiführt. Auf diese Weise prüft man den Gesamteindruck und kann ihn, wenn ei-ne Komponente zu deutlich hervortritt oder im Gesamteindruck nicht gefällt, korrigieren. Man ersetzt dann die störende Komponen-te durch eine andere und wiederholt die Duftprobe so lange, bis man den erwünschten Duft erreicht hat. Auf die gleiche Weise geht man bei der Festlegung der *Herznote* vor und führt dann alle sechs Kom-ponenten auf den Duftstreifen zusammen, um wiederum den Ge-samteindruck zu prüfen. Und schließlich ist die gleiche Vorgehens-weise noch einmal für die *Kopfnote* erforderlich.

Der »gelernte« Parfümeur (s. Abschnitt 2.3) wird sein Parfum be-reits im Kopf und dann am Computer komponieren und schließlich an einer »Duftorgel« mit den Duftstoffen durchführen lassen. Der Hobby-Parfümeur wird, nachdem er seine Komposition gefunden hat, je 1 ml aus den alkoholischen Verdünnungen benutzen, wobei noch auf das Verhältnis der Noten zu achten ist. Beim Mischen sollte die Flasche nicht geschüttelt sondern nur mehrmals gekippt werden. Nicht nur edle Weine (oder Weinbrände) müssen reifen, sondern auch Parfume. Als *Fixativ* wird je 10 ml Parfum entweder 1 Tropfen Distel-, Patchouli- oder Eichenmoosöl empfohlen. Bei der Lagerung können Trübungen auftreten, die sich durch Filtration durch Papierfaltenfilter jedoch meist entfernen lassen.

Zum Schluss dieses Kapitels soll noch ein professioneller Parfümeur zu Wort kommen – Jean Claude Ellena von der damaligen Firma Haarman & Reimer in Holzminden (heute Symrise – s. Kapitel 2.4.2) in H&R Contact 77 (1/99). Er schreibt u. a. zum Thema »Kreieren von Parfums«: »Die Art und Weise wie ich meine Rezeptur zusammenstelle, die Wahl der Ausgangsstoffe, die unerwartete Form, zu der ich abdrifte und die mich dann wieder einholt – all das ist merkwürdig und sicherlich mit einer Form von Intelligenz und Sensibilität sowie mit einer Intuition verknüpft, die für mich ein verborgenes Wissen, aber auch eine innere Einstellung bedeutet.«

Er beginnt seine kreativen Schöpfungen mit Neugierde und stellt fest, dass es für ihn weder schlechte noch gute Gerüche gebe, sondern Stoffe, mit denen er arbeiten könne – »auch wenn erfahrungsgemäß bestimmte Stoffe, zum Beispiel die Pyrazine mit derben, säuerlichen und gar knoblauchartigen Gerüchen oder schwefelige Riechstoffe mit dem Geruch nach schwarzer Johannisbeere, nach Katzenurin oder Pampelmuse, schwierig oder unvorhersehbar« seien. Er, J. C. Ellena, verwende von den über 2 000 zur Verfügung stehenden Duftstoffen nur 250 Ausgangsstoffe für seine Duftpalette – und zwar zur Entwicklung und Aufrechterhaltung seiner Neugierde. Er sei auf der ständigen Suche nach möglichen Anwendungen, mutmaßlichen Kombinationen. Als Beispiel für etwas Unvorhergesehenes nennt er Jonon als synthetischen Duftstoff für den Geruch von Veilchen, der vor kurzem in Verbindung mit Hedion (Methyldihydrojasmonat) in dem nach grünem Tee duftenden Eau de Cologne (s. o.) von Bulgari verwendet worden sei. Jonon + Hedion = Duft von grünem Tee; Komponenten eines Parfums seien wie die Wörter einer Sprache. Er vergleicht ein Parfum (bzw. dessen olfaktorischen Sinneseindruck) mit der Musik eines Orchesters, »in dem sämtliche Instrumente zur Freude der Musiker und unserer Ohren zusammenspielen.«

Jean C. Ellena widersetzt sich auch einem, wie er meint, zu häufig gelehrten Irrtum, »ein Parfum aufgrund der Vorstellung von Kopf-, Herz- und Grundnote zu entwerfen, was eher auf einem analytischen

Ansatz, d. h. einer Zerlegung ('Dekomposition'),« beruhe. Als wichtige Voraussetzungen für einen erfolgreichen Parfümeur nennt er Hartnäckigkeit, Gewissheit und Zweifel zugleich, Ablehnung eines gewissen Opportunismus und sein Fazit lautet:

>»Die Parfümerie möchte wie das gesamte Kunsthandwerk (...) Produkte schaffen, deren Zweck vor allem die Sinnenfreude ist. Als Mensch und Parfümeur muß ich Lust empfinden, um meinerseits Lust zu schenken. Lust zu überraschen, zu beschwören, anzuregen, sich nach und nach enträtseln zu lassen. Das Parfum ist eine Geschichte von Düften, manchmal eine Poesie der Erinnerung ...«

4.5 Berühmte Parfums und ihre Duftnoten

Der französische Modeschöpfer und Zeichner Paul Poiret (1879–1944) führte den Begriff *Couturier-Parfum* ein – als passendes Accessoir zur Mode. Zur Designer-Duft-Tradition gehören Namen wie *Coco Chanel, Jean Patou* und *Jeanne Lanvin* sowie *Nina Ricci* – mit *Chanel* No. 5 (1921), Lanvin's *Arpège* (1927) und *Joy* von Patou (1935). Nach dem Zweiten Weltkrieg kommen Namen wie *Christian Dior* (*Miss Dior* 1947), *Estée Lauder* (*Youth Dew* 1952), *Yves Saint Laurent* (1970 mit dem starken Damenduft *Opium*), *Karl Lagerfeld* (*Lagerfeld Classic* 1978) sowie *Elizabeth Arden* (*Green Tea* 1999) hinzu. Weitere bekannte mit Parfums verknüpfte Personennamen sind *Giorgio Armani* (*Armani pour Homme* 1984), *Cartier* (*Must de Cartier* 1981), *Davidoff* (*Cool Water* 1988), *Hugo Boss* (*Hugo* 1995), *Jil Sander* (*Jil Sander Pure* 1980), *Etienne Aigner* (*Aigner No. 2* 1975), *Gianni Versace* (*Versace Red Jeans* 1994), *Jennifer Lopez* (*Live Jennifer Lopez* 2006) und *Jean-Paul Gaultier* (*Le Male* 1995). Auch die Namen ehemals berühmter Sportler (bzw. eines in der Sportbekleidungsbranche tätigen Unternehmens wie *adidas* mit Herrenparfums oder *puma* mit *Puma Red & White Woman* 2006) sind als Markennamen für Parfums verwendet worden – so z. B. von *David Beckham* (*David Beckham Instinct* 2005), *René Lacoste* (*Lacoste Inspiration* 2006), *Willi Bogner* (*Bogner Man* 2005) oder *Gabriela Sabatini* (*Wild wind for men* 1999).

Im »Lexikon der Düfte« werden Duftfamilien als Stilrichtungen in der Parfümerie nach Damen- und Herrendüften eingeteilt. Damit verringert sich die Zahl der Duftfamilien (s. Abschnitt 4.3) auf jeweils fünf Familien. Mit Beispielen an bekannten Parfums werden sie als Ergänzung vorgestellt.

Damendüfte

Für die Familie der *blumigen Parfums* ist als weltberühmtes Beispiel *Joy* von Jean Patou zu nennen – bestimmt durch Mairose und Jasmin. *J'adore* (1999) von Christian Dior ist rein blumig oder blumig-fruchtig. Als *blumig-aldehydig* (Untergruppe zu *blumig*) gilt *Chanel No. 5* als berühmtestes Beispiel.

Die zweite Gruppe, *blumig-orientalische Düfte* (Florientals), die das blumige Hauptthema mit sinnlichen, orientalischen Noten verbinden, wurden nach 1990 beliebt – so *Allure* (1996) von Chanel und *Emporio Armani elle* (1998).

1917 kreierte der Parfümeur Francois Coty einen herb-frischen Damenduft, den er *Chypre* nannte, ursprünglich von Pflanzen von der Insel Zypern, mit frischer Zitrus-Kopfnote – Beispiel *Aramis always for her* (2006).

Als *blumig-chypre* Noten werden Kombinationen aus fruchtigen und blumigen Noten bezeichnet – so *Ô de Lancôme* (1969) mit Basilikum, Rosmarin und Koriander.

Orientalische Düfte sollen an süße Balsame und Harze Arabiens sowie an die kostbaren Gewürze Indiens erinnern – so der Prototyp des orientalischen Damenduftes *Jicky* von Guerlain (1889) mit seinem Vanille-Akzent, weiterhin das süß-ambrierte *Shalimar* von Guerlain (1925) oder das würzig-orientalische *Opium* von Yves Saint Laurent (1977), *Coco* von Chanel (1984).

Herrendüfte

Orientalische Noten gehören auch zu den Herrendüften – so der Klassiker *Habit Rouge* von Guerlain (1964), *Allure Homme* von Chanel (1999) mit Tonkabohne oder *Le Male* (Vanille, Tonkabohne und Ambra mit frischer Minze, Beifuß, Lavendel, Zimt und Orange) von Jean-Paul Guerlain mit weicher Ambra-Nuance.

Zur Gruppe *chypre* gehören *Aramis* (1965 – mit Thymian, Kardamon, Sandelholz, Limone) und *Antaeus* (1981 – mit Leder-, Holz- und Gewürzakzenten) von Chanel. Auch typische Lederdüfte zählen zu dieser Familie wie in Diors Herrenduft *Fahrenheit* (1988), in dem die Ledernote mit einem Veilchenakzent komponiert ist.

Holzige Düfte sind allein Herrendüfte – mit Noten von Sandelholz und Patchouli als opulente warme Noten und trockenen Düften aus Zedernholz und Vetiver. Jil Sanders *Sun Men* weist eine aromatische Holznote auf.

Fougère (ein Fantasiename) bezeichnet Düfte mit würzigem Charakter, durch Gewürznelke und Pfeffer hervorgerufen. Weltberühmt sind *Cerruti 1881 pour homme* (1990), *Boss Selction* (2006) oder *Bulgari pour homme* (1995 – mit Darjeeling-Tee in der Kopfnote).

Fast alle Duftwässer – für Damen und Herren – gehören zur Familie *citrus*. Herrendüfte mit dieser Note sind *Eau Sauvage* (1966 – aus Zitrone und Petitgrain, Lavendel, Rosmarin und Basilikum sowie Spuren von Jasmin und Vetiver) und *Higher* (2001 – geeiste Zitrusfrüchte mit sanftem Birnbaumholz und Moschus) von Christian Dor.

Weitere Parfums werden in den vereinfachten Gruppen vorgestellt, die auch in den Kapiteln 3.2 und 4.1 (hieraus nur Gewürzpflanzen) zur Gliederung verwendet wurden (s. auch bei Ohloff).

Parfums mit Blütennoten

In der *Parfümerie* spielen verständlicherweise Blütennoten eine große Rolle. *Jasmin* ist sehr häufig vertreten – nach Ohloff wurde in den letzten 30 Jahren die alte Parfümerie-Regel »keine Komposition ohne Jasmin« zu etwa 30 % erfüllt. Die wohl älteste Kreation trug auch den Namen *Jasmin* (Molinard 1860). *Jasmin absolue* gilt als essentieller Bestandteil weltbekannter Damenparfums – z. B. von *Arpège* von Lanvin (1927) bis *Enjoy* von Jean Patou (2003; früher *Joy*, 1935).

Die Duftoriginalität von *Arpège* wird durch die Verbindung von Bergamotte mit den Blumennoten Rose, Jasmin und Ylang-Ylang charakterisiert.

Enjoy als neue Kreation mit dem Duftcharakter »optimistisch, romantisch« neben »blumig« wirkt durch »das edle Duo aus Rose und Jasmin jung und modern« (Lexikon der Düfte).

Beim Parfum *Rive Gauche* (Yves Saint Laurent 1971) dominieren in der Herznote (s. Abschnitt 4.4) Rose und Jasmin.

Im Parfum *Samsara* (Jean-Paul Guerlain 1989) aus der Duftfamilie orientalisch wird hinsichtlich der Duftoriginalität mit »sinnlicher Jasmin harmoniert mit Wärme von Sandelholz« charakterisiert.

Das Parfum *Agent Provocateur* (gleichnamiger Hersteller – Einführung 2005) weist im Duft die Komponenten marokkanisches Rosenöl, ägyptischer Jasmin, Magnolie, Ylang-Ylang und Geranienblüten auf.

Im *Aigner Too Feminine* (Aigner 2006) aus der Duftfamilie blumig-orientalisch sind indische Tuberose, tunesische Orangenblüte, ägyptischer Jasmin, chinesische Magnolie und Veilchen für den femininen Duft bestimmend.

Den blumigen Duftcharakter von *Anaïs Anaïs* (Chacharel/L'Oreal 1979) prägt ein Veilchen-Bouquet mit holzig-lederigen Tönen.

Parfums mit Holzgerüchen

Für das Parfum *Bois des Iles* (Chanel 1926) wurden 50 % an Sandelholzöl verwendet. Noch bis zu 25 % Sandelholzöl befinden sich in *Samsara* (Guerlain 1989) und *Egoiste* (Chanel 1990). Zur Duftfamilie holzig zählen auch neuere Kreationen wie *3 Extreme for men* (adidas 2004), *Always for him* (Aramis 2006 – mit dem Duft frischer Gurke als aktiver Kopfnote), *Snow* (Bogner 2000), *Fever for men* (Celine 2005 – mit drei Duftakkorden: Pimentblätter, Vetiver und Moschus) und *Déclaration* (Cartier 1998 – mit Wacholder, Koriander, Zeder und rauchigem Birkenholz). Ohloff zählt *Jicky* (Guerlain 1989), mit Patchouliton eigentlich zur Familie *orientalisch* gehörend, auch zu dieser Familie. Auch *Aramis* (1965 – mit Sandelholz), oben unter *chypre* genannt, weist einen Holzton auf.

Parfums mit Zitrusnoten

Agrumenöle wurden als Parfumgrundstoffe schon bei Farina und 4711 (s. Abschnitt 1.1.1 und 1.1.2) verwendet. In den meisten der Parfums heute sind ebenfalls Anteile an Zitrusölen enthalten – statistisch gibt Ohloff Bergamott- und Zitronenöl mit 12 % und Orangenöl mit 20 % an. Auch stellt er fest, dass die Geruchstypen *chypre* und *fougère* ohne Bergamottöl undenkbar wären. Kopfnoten aus Bergamotte, Zitrone und Petitgrain charakterisieren viele Parfums vom *fougère*-Typ. In Herrenparfums dominiert Limettenöl. Im *Alessandro Dell'Acqua man* (2005) sind Zitrusnoten mit Hölzern und Gewürzen, im *Eau pour homme* (Armani 1984) Zitrusnoten mit exotischen Hölzern kombiniert und das *Emporio Armani City Glam for him* (2005) enthält Bitterorangenöl und Ingwer sowie Vetiver.

Parfums mit Gewürznoten

Die moderne Parfümerie verwendet gern ätherische Öle aus Gewürzen – vor allem für rassige Sportwässer und die Herrenkosmetik (Ohloff). Sie werden im Rahmen der Herznote als Mittelnote oder Bouquet (s. in Abschnitt 4.4) in sehr geringen Dosen eingesetzt und tragen so z. B. zur behaglichen Wärme orientalischer Parfums bei – Beispiele: *Cinnabar* (Estée Lauder 1978 mit Gewürznelke) oder *Opium pour homme* (Yves Saint Laurent 1995 mit Szechuan-Pfeffer). Auch klassische Blütenparfums wie *L'Air du Temps* (Nina Ricci 1948) mit der *Rosa centifolia* werden durch Nelke in der Kopfnote geprägt. Die Mittelnoten mehrerer Parfums sind auf Nelke zusammen mit Zimt aufgebaut. Zur Erzielung von Würznoten spielen häufig chemisch einheitliche Riechstoffe wie Eugenol, Isoeugenol, Vanillin, Heliotropin, Anisaldehyd und Cumarin – also synthetische Riechstoffe – eine wichtige Rolle (s. auch in Abschnitt 3.7). Gewürznoten in Parfums werden häufig auch mit Hilfe der ätherischen Öle bekannter Küchenkräuter (s. Abschnitt 4.1) erzielt, was vor allem beim Kreieren von Herrenparfums genutzt wird. Basilikum- und Rosmarinöl werden am häufigsten verwendet, aber auch Beifuß-, Koriander-, Anis-, Thymian-, Wacholderbeeren- und Majoranöl. Bei den Damenparfums steht das Korianderöl an der Spitze. Dagegen ist der Anteil von Basilikumöl für Herrenparfums zehnmal höher als für Damenparfums.

4.6 Düfte zur Therapie

Den Begriff *Aromatherapie* prägte um 1910 der französische Chemiker René-Maurice Gattefossé (geb. 1881 in der Nähe von Lyon, gest. 1950 in Casablanca). Vater Louis und Bruder Abel waren in der Parfümerie tätig und gaben 1906 Schriften mit dem Titel »Formulaires de Parfumerie de Gattefossé« heraus. Die Firma Gattefossé war ein Familienunternehmen, das die Lavendelbauern der Regionen Drome, Vaucluse und Basses-Alpes unterstützte, Destillation und den Anbau rationalisierte. René-Maurice Gattefossé förderte auch den Minze-Anbau in Frankreich, importierte Salbei aus Italien und ging schließlich mit seinem jüngeren Bruder Jean (Botaniker und Chemiker) nach Marokko, wo er eine offensichtlich erfolgreiche Destillations-Industrie aufbaute. Bereits während des Ersten Weltkrieges handelte er mit ätherischen Ölen, ab 1918 produzierte er auch antiseptische Seifen auf der Basis ätherischer Öle. Ein Unfall im eigenen Labor im Juli 1910, bei dem er Verbrennungen erlitt, soll der Anlass gewesen sein, dass Gattefossé zum Vater der Aromatherapie wurde. Er heilte sich selbst mit einem »duftenden Wundermittel«. In seinen späteren Untersuchungen hat sich Gattefossé vor allem mit den antiseptischen Eigenschaften der Bergamotte-Essenz beschäftigt. In seinen letzten Werken »Essentielle Antiseptika« und »Aromatherapie mit ätherischen Ölen« (1937) prägte er nachhaltig den Begriff *Aromatherapie*. Ein auf Parfums und Kosmetika spezialisiertes Unternehmen Gattefossé, mit einer Vertretung seit 1987 auch in Deutschland, existiert noch heute.

Heute sind zahlreiche Bücher zu diesem Thema auf dem Markt. In diesem Kapitel soll daher nur auf einige wenige Grundlagen und die Vorgeschichte eingegangen werden.

Allgemein lässt sich der Begriff *Aromatherapie* mit der Anwendung von den aus Pflanzen (oder Pflanzenteilen) gewonnenen ätherischen Ölen zu Heilzwecken gleichsetzen. Und daraus wird deutlich, dass es schon in der Antike Vorläufer gegeben hat. Die ältesten Heilverfahren des Orients vor über 5000 Jahren bedienten sich des aromatischen Räucherns (s. Abschnitt 1.2). Im 14. Jahrhundert schrieb der auch von Goethe (»West-östlicher Divan«) bewunderte persische Dichter Hafiz (eigentlich Schams od-Din Mohammed, um 1320 bis 1388):

„Ich habe keine Lust zum Versemachen,
Doch zünd ich meinen Parfumbrenner an
Mit Myrrhe, Jasmin und Weihrauch,
So knospen sie plötzlich in meinem Herzen
Wie Blumen im Garten.«

In der Aromatherapie heute werden ätherische Öle durch Inhalation, Ab- und Einreibungen, in Wickeln, Waschungen und Spülungen, durch Kompressen und Massagen sowie Bäder angewendet. Obwohl in der Schulmedizin die Aromatherapie umstritten ist, setzt sie ebenfalls ätherische Öle wie Nelken- oder Pfefferminzöl ein, deren Wirksamkeit auch über den Geruchssinn nachgewiesen ist. Das Thymianbad und die Inhalation der Dämpfe des ätherischen Öls von Eukalyptus bei Erkältungen gehören zu den Behandlungsmethoden der klassischen Medizin.

Für die Aromatherapie werden vor allem Öle von Kamille, Rosmarin, Thymian, Lavendel, Jasmin und Sandelholz verwendet (s. Abschnitt 3.2 und Abschnitt 4.1). Sie ist ein Teil der Phytotherapie – und Aromatherapeuten müssen nach dem Gesetz im Besitz der Erlaubnis zur beruflichen Ausübung der Heiltätigkeit sein (Ärzte und Heilpraktiker). In der Aromatherapie kann man sich in einer berufsergänzenden Schulung ausbilden lassen. Aber auch viele Privatleute nutzen die Angebote von Essenzen für Erkältungsbäder, Massageöle und Duftlampen. Ätherische Öle sind frei verkäuflich. Gute (echte) Öle haben ihren Preis, Verfälschungen (mit ähnlichem Geruch, aber anderen Wirkungen bzw. negativen Nebeneffekten) sind leider nicht selten.

Über die Wirkungen einiger ätherischer Öle herrscht folgende Meinung:

Lavendelöl soll beruhigend wirken, Rosmarinöl belebend, Thymianöl aktivierend, Jasminöl stark anregend, Orangen- und Zitronenöl die Stimmung aufhellen.

Einigen ätherischen Ölen werden auch ganz spezielle Duftinformationen zugeschrieben. Düfte wie der des Muskateller-Salbei-Öls stimulieren im Gehirn den Thalamus, der eine Neurochemikalie, Enkephalin, ausschüttet, die uns euphorisch macht.

Der Duft von Ylang-Ylang stimuliert die Hirnanhangdrüse, die eine sexuell stimulierende Neurochemikalie, Endorphin, ausschüttet.

Der Duft von Lavendel, Kamille oder Neroli stimuliert die Ausschüttung von Serotonin, das bei Furcht, Stress, Ärger und Schlaflosigkeit beruhigend wirkt (E. Keller).

Eine spezielle Therapie mit 38 Essenzen (gegen 38 »disharmonische Seelenzustände der menschlichen Natur«) hat der britische Homöopath Edward Bach (1896–1936) entwickelt – die nach ihm benannte *Bach-Blütentherapie.* Nach genau vorgeschriebenen Verfahren werden vor allem aus Blüten (und auch anderen Pflanzenteilen) Essenzen hergestellt, die Bach für ein spezielles Therapiesystem einsetzt. Durch deren Einnahme sollen definierte seelisch-geistige Zustände erzielt werden. Bach unterscheidet eine *Sonnenmethode,* bei der die Blüten für etwa drei bis vier Stunden in eine mit Wasser gefüllte Schale gelegt werden und diese in die Sonne gestellt wird, und eine *Kochmethode* (für eine halbe Stunde in Wasser erhitzen) für vor allem holziges Material. Die Herstellungsverfahren jedoch machen deutlich, dass hier nicht vorrangig ätherische Öle, sondern eher wasserlösliche Stoffe extrahiert werden, die dann auch nicht inhaliert, sondern eingenommen werden. Die »Urtinkturen« (in die nach Bach

»die Pflanzen ihre Schwingungen als heilende Energie abgegeben haben«) werden nach dem Zusatz von Alkohol als Konservierungsmittel nach den Regeln der Homöopathie, die wiederum auf den Arzt Samuel Hahnemann (1755–1843) und dessen Veröffentlichung im Jahre 1796 zurückgeht, angewendet.

4.7 Das eigene Parfum-Labor

Die folgenden Beschreibungen basieren auf einem Parfum-Labor, das von der Firma Carl Roth GmbH in Karlsruhe zusammengestellt wurde und über die Fa. Hedinger, Stuttgart zu beziehen ist. Autor der Anleitung ist Lutz Roth (Das Parfum-Labor, 1998).

In dem Set sind folgende ätherische Öle enthalten (in Klammern jeweils Angaben zur Gewinnung, zu den Geruchseigenschaften und zur Verwendung):

1. *Anisöl* (zu Moos- und Tabaknoten; in Deckparfums),
2. *Bergamottöl* (grüngelbe Flüssigkeit; angenehm frischer Geruch; vielseitige Verwendung),
3. *Birkenteeröl* (braune Flüssigkeit, durch trockene Destillation des Holzes vor allem von Sand- oder Weißbirke (*Betula pendula, B. alba* L.) und anschließende Rektifikation oder durch Wasserdampfdestillation von Birkenteer gewonnen; braune Flüssigkeit mit angenehm süß-öliger Ledernote in starker Verdünnung; für Tabaktypen),
4. *Bornylacetat* (synthetischer Riechstoff; nach Fichten riechende Kristalle; für holzige und Grün-Gerüche – Bestandteil künstlicher Fichtennadelöle und Raumsprays),
5. *Eichenmoos* (-Resinoid: durch Extraktion mit flüchtigen Lösungsmitteln aus der auf Baumrinde lebenden Bandflechte (*Evernia prunastri, Lichen prunastri* L.); moosig, holziger, erdiger Geruch, erinnert an Leder, sehr gut haftend),
6. *Galbanumöl* (durch Wasserdampfdestillation des luftgetrockneten Gummiharzes von Steckenkrautarten (*Ferula galbaniflua, F. rubricaulis*) gewonnen; grüner, leicht würziger, laubartiger Geruch mit waldigen, fichtennadelartigen und balsamischen Nuancen; für Grün-Noten, orientalische Typen und Damenparfums),

7. *Hydroxycitronellal* (auch Fliederaldehyd genannt; synthetisch – auch als Majal bezeichnet; wenig stabil, blumiger, an Lindenblüten und Maiglöckchen erinnernder Geruch),

8. *Jasmin* (synthetisch als *cis*-Jasmon, einem der geruchsbestimmenden Inhaltsstoffe des sehr teuren Jasminöles, das durch Enfleurage gewonnen wird; für Phantasienoten),

9. *Lavendelöl* (durch Wasserdampfdestillation aus Blüten und Zweigspitzen; charakteristischer Geruch; zu Lavendelwasser, Eau de Cologne und Phantasienoten),

10. *Moschus* (synthetisch; makrocyclische Moschuskörper wie Muscon – s. Abschnitt 3.3; für orientalische und schwere Noten, in Herrenparfums),

11. *Nelkenöl* (Gewürznelkenöl aus den Blütenknospen des Gewürznelkenbaumes; stark würziges Öl für einige spanische »schwere« Parfumkompositionen),

12. *Olibanumöl* (Weihrauch-Öl, durch Wasserdampfdestillation des Gummiharzes von Boswellia-Arten; in Südarabien und Nordostafrika seit vorchristlicher Zeit bekannt; riecht balsamisch mit schwacher Zitrusnote),

13. *Patchouliöl* (durch Wasserdampfdestillation aus den getrockneten, nicht fermentierten Blättern des Patchouli-Strauches (*Pogostemon cablin, P. patchouli*), riecht kampferähnlich; haftet gut, für Herrennoten, für Damenparfums mit orientalischer Note),

14. *Rosenöl* (synthetisches Erzeugnis, in vielen blumigen Parfums mit zarter femininer Note),

15. *Rosenoxid* (synthetisch, Öl mit typisch krautig-würzigem Geruch),

16. *Rosmarinöl* (durch Wasserdampfdestillation der Zweige und blühenden Zweigspitzen; mit erfrischendem, angenehmem und charakteristischem Geruch; für Lavendelwasser und auch Schaumbäder),

17. *Sandelholzöl* (durch Wasserdampfdestillation aus dem Kernholz des weißen Sandelholzbaumes; holziger Geruch),

18. *Styrax* (Storax; aus der Rinde des kleinasiatischen Amber-Baumes (*Liquidambar orientalis*); süßer, balsamischer, zimtiger Geruch; gut haftend, vielseitig zu Blütenölen eingesetzt),

19. *Tuberose abs.* (synthetisch; schwerblumiges Öl – aus den Blüten der Nachthyazinthe (*Polianthes tuberosa* L.), wegen der geringen Ausbeute sehr teuer),

20. *Undecanal* (C_{11}-Aldehyd, kommt natürlich u. a. in Zitrusölen vor; zur Komposition einer »Aldehydnote«),

21. *Vanillin* (mit pudriger Süße und guter Haftung; Hauptverwendung in Lebensmitteln),

22. *Vetiveröl* (durch Wasserdampfdestillation aus den Wurzeln des im tropischen Asien beheimateten Vetivergrases (*Vetiveria zizanoides* L.); mit schwerem, stark haftendem erdigem, holzig-balsamischem, wurzelartigem Geruch; vielseitig verwendet).

In der Anleitungsbroschüre von Lutz Roth werden auch Tipps zum Komponieren eines Parfums gegeben (s. auch Abschnitt 2.3 und Abschnitt 4.4).

Als *Kopfnoten* (aus den 22 Riechstoffen) werden genannt: Anisöl, Bergamottöl, Bornylacetat, Hydroxycitronellal, Lavendelöl, Rosenoxid, als *Mittelnoten* dann Galbanumöl, Jasmin, Nelkenöl, Rosenöl, Rosmarinöl und Tuberose sowie als *Basisnoten* (Fond) Birkenteeröl, Eichenmoos, Moschus, Patchouliöl, Sandelholzöl, Undecanal, Vetiveröl und Weihrauch(Olibanum)öl.

Im ersten Schritt sollte der Hobby-Parfümeur sein *Geruchserinnerungsvermögen* schulen, indem er die dem Parfum-Labor beigefügten Riechstreifen jeweils wenige Millimeter in eines der Fläschchen eintaucht und dann im Abstand von Minuten bis Stunden immer wieder daran riecht. Frisch aufgetragene Öle riechen oft anders als die eingetrockneten Öle nach einigen Stunden – infolge der unterschiedlichen Flüchtigkeit bzw. Haftung der Inhaltsstoffe. Auf diese Weise lernt man, den Kopfgeruch vom Nachgeruch ätherischer Öle zu unterscheiden. Im zweiten Schritt kann man dann durch Nebeneinanderhalten (fächerförmig) verschiedener Riechstreifen ermitteln, ob »Duftakkorde« harmonisieren oder nicht.

Nach dieser »Schulung« sollten erste *Vorversuche* vor der eigentlichen Herstellung eines Parfums durchgeführt werden. Dazu schreibt L. Roth: »Schneiden sie den Riechstreifen in der gefälteten Mitte durch, so dass Sie aus einem zwei erhalten. Tauchen Sie den Riechstreifen dann in das Fläschchen mit dem von Ihnen gewählten Riechstoff mehr oder weniger ein (Sie können auf diese Weise sehr genau dosieren). Füllen Sie in das kleine Becherglas eine Mischung von 2/3 Ethanol und einem Drittel Wasser. Schneiden Sie die benetzte Spitze des Riechstreifens ab und lassen Sie sie in das Becherglas fallen.«

Die adsorbierten Riechstoffe lösen sich im Alkohol-Wasser-Gemisch und man bekommt einen Eindruck, wie die gewählte Parfum-Komposition duften wird.

Zur *Komposition des Parfums* empfiehlt der Autor folgende Vorgehensweise: Zur Entnahme der Riechstoffe aus den Fläschchen sind 1 ml- bzw. 5 ml-Spritzen mit aufgesetzter Kanüle vorhanden. Spritze und Kanüle müssen jeweils sorgfältig mit Isopropanol und anschließend mit Wasser gereinigt werden. Feststoffe wie Vanillin oder Styrax werden mit Hilfe eines Kunststoffspatels in kleinen Mengen entnommen und in Ethanol gelöst. Wichtig ist, dass jeder verwendete Tropfen bzw. Milliliter sofort notiert wird. Anhand eines »Duftsterns« kann der Hobby-Parfümeur sein eigenes Parfum mit der begrenzten Auswahl an 22 Stoffen komponieren – auch wenn die käuflichen Parfums meist aus mehr als hundert Duftstoffen zusammengesetzt sind.

Literatur

Monographien

Alberts, Andreas, Peter Mullen u. **Margot Spohn:** Die Baum- und Strauchapotheke, Franckh Kosmos Verlag, Stuttgart 2004.

Bäumler, Siegfried: Heilpflanzenpraxis heute. Porträts – Rezepturen – Anwendung, Urban & Fischer, München 2007.

Beer, Günther u. **Horst Remane** (Hrsg.): Otto Wallach 1847–1932. Chemiker und Nobelpreisträger. Lebenserinnerungen, Verlag Wiss. Regionalgesch., Berlin 2000.

Beyer, W. u. **W. Bosse:** Seife – Parfum – Kosmetik. Warenkunde für den Fachhandel, Ferdinand Holzmann Verlag, Hamburg 1968.

Bibel, Die Lexikon-Bibel. Gute Nachricht Übersetzung mit Bildern und Erklärungen, Deutsche Bibelgesellschaft, Stuttgart 2003.

Bibel, Die, nach der Übersetzung Martin Luthers, Deutsche Bibelgesellschaft, Stuttgart 1985.

Bilder-Conversations-Lexikon für das deutsche Volk. Ein Handbuch zur Verbreitung gemeinnütziger Kenntnisse und zur Unterhaltung, F. A. Brockhaus, Leipzig, 1837, 1838, 1839, 1841, 2001.

Bisching, Anton: Allgemeine Warenkunde zum Gebrauche für Handels- und Gewerbeschulen, 6. Aufl., A. Hölder, Wien 1889.

Brunschwig, Hieronymus: Großes Destillierbuch – Das Buch der rechten Kunst zu destillieren ..., Straßburg 1528.

Buchheister-Ottersbach: Handbuch der Drogisten-Praxis, 1917.

Davis, Patricia: Aromatherapie von A–Z, 2. Aufl., Goldmann, München 2002.

Dioscurides (bearbeitet von Peter Uffenbach): Kräuterbuch, Frankfurt am Main 1610.

Eckstein, Markus: Eau de Cologne. Auf den Spuren des berühmten Duftes, J. P. Bachem Verlag, Köln 2006.

Emsley, John: Parfum, Portwein, PVC... Chemie im Alltag, Wiley-VCH, Weinheim 1998.

Festschrift. Otto Wallach zur Erinnerung an seine Forschungen auf dem Gebiete der Terpene in den Jahren 1884–1909 überreicht von seinen Schülern, Vandenhoeck & Ruprecht, Göttingen 1909 (darin: Albert Hesse: Über die Entwicklung der Industrie der ätherischen Öle in Deutschland in den letzten 25 Jahren, S. 1–151).

Fuchs, Leonhart: New Kreuterbuch, Basel 1543.

Gildemeister, E. u. Fr. Hoffmann: Die ätherischen Öle, 4. Aufl. (Hrsg. Wilhelm Treibs), Akademie-Verlag, Band I bis VII, Berlin 1956–1966.

Hauthal, Hermann G. u. Günter Wagner (Hrsg.): Reinigungs- und Pflegemittel im Haushalt. Chemie, Anwendung, Ökologie und Verbrauchersicherheit, Verlag für chemische Industrie, Augsburg 2003.

Henglein, Martin: Die heilende Kraft der Wohlgerüche und Essenzen, 4. Aufl., Oesch Verlag, Zürich 1989.

Hassack, K.: Leitfaden der Warenkunde, Wien 1926.

Heldt, Hans W.: Pflanzenbiochemie, 3. Aufl., Spektrum Akad. Verlag, Heidelberg/Berlin 2003.

Hesse, Albert: Über die Entwicklung der Industrie der ätherischen Öle in Deutschland in den letzten 25 Jahren. In: Festschrift. Otto Wallach zur Erinnerung an seine Forschungen auf dem Gebiet der Terpene in den Jahren 1884–1909 überreicht von seinen Schülern, S. 1–151, Vandenhoeck & Ruprecht, Göttingen 1909.

Hirzel, Heinrich: Die Toiletten-Chemie, 4. Aufl., Verlagsbuchh. J. J. Weber, Leipzig 1892.

Keller, Erich: Essenzen der Schönheit. Kosmetik mit ätherischen Ölen, Orbis, München 1992.

Kowalczyk, Willi: Warenkunde mit Praktikum für Drogisten, 2. Aufl., Fachbuchverlag, Leipzig 1957.

Kremer, Bruno P.: Duft- und Aromapflanzen. 100 duftende Kräuter für Gesundheit und Schönheit, kosmos Naturführer, Franckh Kosmos, Stuttgart 1988.

Kurverwaltung Bad Wörishofen (Hrsg.): Gärten im Park, 2. Aufl., 2004.

Lemery, Nicolaus: Materialien-Lexicon, Leipzig 1721.

Lohse-Jasper, Renate: Parfum. Eine sinnliche Kulturgeschichte, Claasen, Hamburg 2005.

Lubinic, Edeltraud: Handbuch Aromatherapie, Haug, Stuttgart 2004.

Lonicer, Adam: Kreuterbuch, Frankfurt am Main 1679.

Malle, Bettina u. Helge Schmickl: Ätherische Öle selbst herstellen, Verlag Die Werkstatt, Göttingen 2005.

Martinetz, Dieter u. Roland Hartwig: Taschenbuch der Riechstoffe, Verlag Harri Deutsch, Thun u. Frankfurt am Main 1998.

Morris, Edwin T.: Düfte. Die Kulturgeschichte des Parfums, Patmos Verlag, Düsseldorf 2006.

Nuhn, Peter: Naturstoffchemie, 2. Aufl., Hirzel, Stuttgart 1990.

Ohloff, Günther: Irdische Düfte – himmlische Lust. Eine Kulturgeschichte der Duftstoffe, Insel Verlag, Frankfurt am Main u. Leipzig 1996.

Ohloff, Günther: Düfte – Signale der Gefühlswelt, Wiley-VCH, Weinheim 2004.

Piesse, Septimus: Book of Parfumery, 1891.

Pomet, Pierre: Histoire génerale des drogues, Paris 1696.

Reinecke, Gisela u. Claudia Pilatus: Parfum – Lexikon der Düfte, Komet Verlag, Köln 2006.

Rimmel, Eugene: Das Buch des Parfums. Die klassische Geschichte des Parfums und der Toilette, Ullstein, Frankfurt a. M. u. Berlin 1988.

Rosenbohm, Ernst: Kölnisch Wasser. Ein Beitrag zur europäischen Kulturgeschichte, Albert Nauck & Co., Berlin/Detmold/Köln/München 1951.

Roth, Lutz: Das Parfum-Labor, Karlsruhe 1998.

Ryff, G.: New groß Destilirbuch wohlbegründeter künstlicher Destillation ..., Frankfurt a. M. 1556.

Schwedt, Georg: Chemische Experimente in Schlössern, Klöstern und Museen, Wiley-VCH, Weinheim 2002.

Schwedt, Georg: Chemie und Supermarkt – Informationen zum Einkauf, Aulis Verlag Deubner, Köln 2006.

Schwedt, Georg: Taschenatlas Lebensmittelchemie, 2. Aufl., Wiley-VCH, Weinheim 2006.

Semmler, F. W.: Die ätherischen Öle, 1907.

Sengpiel, Elvira: Kosmetik-Chemie, Schroedel, Hannover 1994.

Steglich, Wolfgang, Burkhard Fugmann u. Susanne Lang-Fugmann (Hrsg.): Römpp Lexikon Naturstoffe, Thieme, Stuttgart 1997.

Süskind, Patrick: Das Parfum. Die Geschichte eines Mörders, Diogenes, Zürich 1994.

Ternes, Täufel, Tunger u. Zobel (Hrsg.): Lexikon der Lebensmittel und der Lebensmittelchemie, 4. Aufl., Wiss. Verlagsges., Stuttgart 2005.

Umbach, Wilfried (Hrsg.): Kosmetik. Entwicklung, Herstellung und Anwendung kosmetischer Mittel, 2. Aufl., Thieme, Stuttgart 1995.

Umbach, Wilfried (Hrsg.): Kosmetik und Hygiene. Von Kopf bis Fuß. Entwicklung, Herstellung und Anwendung kosmetischer Mittel, Wiley-VCH, Weinheim 2004.

Wagner, Günter: Waschmittel. Chemie, Umwelt, Nachhaltigkeit, 3. Aufl., Wiley-VCH, Weinheim 2005.

Watson, Lyall: Der Duft der Verführung. Das unbewusste Riechen und die Macht der Lockstoffe, Fischer Verlag, Frankfurt am Main 2003.

Wurm, Heinrich: Warenkunde für den Seifen-, Parfümerien- und Bürstenhandel, Ferdinand Holzmann Verlag, Hamburg 1950.

Zeh, Katharina: Handbuch Ätherische Öle, Joy Verlag, Oy-Mittelberg 2005.

Zohary, Michael: Pflanzen der Bibel, 2. Aufl., Calwer Verlag, Stuttgart 1986.

Veröffentlichungen in Zeit-/ Firmenschriften

Althage, Robert: High-Tech und sensible Sinne im Einsatz für höchste Qualität, H&R Contact 80 (1/2000), 29–31.

Audria, Ulrich u. Helmut Gehle: Die Kunst, mit Geschmack zu bezaubern: Der Flavourist, Dragoco Report 4 (1990), 152–161.

Borrmann, Kai: Wohlgerüche in der islamischen Literatur, Dragoco Report 4 (2000), 171–182.

Classen, Constance u. David Howes: Immer der Nase nach: Eine Reise zu den Wohlgerüchen der Provence, Dragoco Report 5 (1998), 217–224.

Ellena, Jean Claude: Das weiße Blatt, H&R Contact 77 (1/1999), 12–15.

Ellmer, A.: Otto Wallach und seine Bedeutung für die Industrie der ätherischen Öle, Zeitschrift für Angewandte Chemie 44 (1931), 48, 929–932.

Hasenpusch, W.: CLB 12/2006.

Hofmann, A. W.: Berichte der Deutschen Chemischen Gesellschaft (16), 99–102.

Hückel, W.: Aus der Geschichte der Terpenchemie, Die Naturwissenschaften, Heft 1–3 (1942), 17–30.

Informationen zu Duftstoffen: Die Geschichte des Parfums (S. 2–5), Das Riechen (S. 6–7), Rohstoffe und ihre Verarbeitung (S. 8–11), Die kreative Arbeit des Parfümeurs (S. 12–13), Die Duftfamilien (S. 14–17), Parfümöle in der Anwendung (S. 18–21), Kosmetische Wirkstoffe (S. 22–25), Qualitätssicherung (S. 26–29), Produktsicherung (S. 30–31); H & R Contact, Holzminden (o. J.)

Jellinek, J. Stephan: Die Geburt des modernen Parfums, Dragoco Report 3 (1998), 113–124.

Jellinek, J. Stephan: Die Parfums des 19. Jahrhunderts, Dragoco Report 5 (1997), 169–189.

Jellinek, J. Stephan: Düfte als Spiegel der Gesellschaft: Damenparfums von 1880 bis 2000, Dragoco Report 3 (1997), 85–103.

Kurverwaltung Bad Wörishofen (Hrsg.): Gärten im Park, 2. Aufl., 2004.

Lösing, Gerd, Günter Matheis, Hiltrud Romberg u. Verona Schmidt: Qualitätskontrolle von Aromen und ihren Rohstoffen, Dragoco Report 3 (1997), 93–135.

Mosandl, A.: Enantioselektivität und Isotopendiskriminierung als biogenetisch fixierte Parameter natürlicher Duft- und Aromastoffe, Lebensmittelchemie 49 (1995), 130–133.

Neugebauer, Wolfgang: »Elektronische Nasen« – Möglichkeiten und Grenzen chemischer Sensorsysteme, Dragoco Report 6 (1998), 257–263.

Otto, Susanne: Ätherische Öle – Wiederentdeckte Heilmittel, Dragoco Report 3 (1994), 91–109.

Philipp, Oliver u. Heinz-Dieter Isengard: Eine neue Methode zur Authentizitätsprüfung von Zitronenölen mit HPLC, Z. Lebensm. Unters. Forsch. 201 (1995), 551–554.

Pilz, Wolfgang: Parfümerie und Kosmetik in den alten Hochkulturen, H & R Contact 61 (o. J.), 22–25.

Piper, Dag u. **Andreas Scharf:** Deskriptive Verfahren der sensorischen Produktforschung, H & R Contact 84 (2/2001), 3–8.

Prelog, Vladimir u. **Oskar Jeder:** Leopold Ruzicka. 13. September 1887 bis 26. September 1976, Helvetica Chimica Acta 66 (1983), 1307–1320.

Ruzicka, Leopold: Rolle der Riechstoffe in meinem chemischen Lebenswerk, Helvetica Chimica Acta 54 (1971), 1754.

Schulz, H. u. **G. Lösing:** Anwendung der nahen Infrarotspektroskopie bei der Qualitätskontrolle ätherischer Öle, Deutsche Lebensmittel-Rundschau 91 (1995), 239–242.

Sommer, Horst: Moderne Methoden der Naturstoffanalytik. Authentizitätsprüfung mittels Deuterium-NMR-Spektroskopie, H&R Contact 80 (1/2000), 3–7.

Werkhoff, Peter, Stefan Brennecke u. **Wilfried Bretschneider:** Moderne analytische Methoden. Isotopenverdünnungsanalyse – eine vielversprechende Methode zur Quantifizierung von Riech- und Aromastoffen, H & R Contact 84 (2/2001), 13–18.

Werkhoff, Peter, Stefan Brenneck u. **Wilfried Bretschneider:** Moderne Methoden und Extraktionstechniken zur Isolierung flüchtiger Aromastoffe, H & R Contact 2 (1998), 16–23.

Werkhoff, Peter u. **M. Roloff:** Neue Trends in der Gaschromatographie. Schnelle Gaschromatographie durch widerstandsbeheizte Kapillarsäulen, H&R Contact 82 (3/2000), 3–9.

Witt, O. N.: Chemische Berichte (34), 4404–4455.

Anhang:
Duft- und Aromastoffe

Anethol (1-Methoxy-4-(1-propenyl)benzol] – zu 80–90 % im Anisöl

H₃C—CH=CH—〈benzene〉—OCH₃

p-Anisaldehyd (4-Methoxybenzaldehyd) – in Blütenparfums; nach Mimosenblüten riechend

H₃CO—〈benzene〉—CHO

Apiol (5-Allyl-4,7-dimethox-1,3-benzodiol) – Petersiliencampher

H₃CO ... CH₂ ... OCH₃ ... O–O

Artemisiaketon (3,3,6-Trimethyl-1,5-heptadien-4-on) – aus Beifuß (*Artemesia annua*)

$$\overset{8}{CH_3} \quad O$$
H₃C (7) ... (5) ... (3) CH₂ ... H₃C CH₃ (9,10)

Artemisin (8-Hydroxysantonin) – Sesquiterpen aus *Artemesia*-Arten

CH₃ ... OH ... O= ... CH₃ ... CH₃ ... O ... O

Betörende Düfte, sinnliche Aromen. Georg Schwedt
Copyright © 2008 WILEY-VCH Verlag GmbH & Co. KGaA, Weinheim
ISBN 978-3-527-32045-5

β-Bergamoten – Sesquiterpen (Biosynthese aus Farnesylpyrophosphat)

Bergapten (4-Methoxy-7H-furo[3,2-g]benzopyran-7-on) – 1891 in Bergamottöl gefunden – R^1= OCH$_3$, R^2=H

Bisabolene – Gemisch isomerer Sesquiterpene (in Bergamott- und Zitrusölen)

α   β   γ

(–)-α-Bisabolol [(2S)-6-Methyl-2-((1S)-4-methyl-3-cyclohexenyl)-5-hepten-2-ol] – u. a. im Kamillenöl

Borneol (1,7,7-Trimethylbicyclo[2.2.1]heptan-2-ol; Bornan-2-ol) – Monoterpen-Alkohol mit Bornan-Struktur (Vorkommen in *Pinaceae*)

Cadinen – das im Pflanzenreich verbreitetste Sesquiterpen

Camphen (2,2-Dimethyl-3-methylenbicyclo[2.2.1]-heptan) – Monoterpen (in vielen ätherischen Ölen)

Campher (1,7,7-Trimethylbicyclo[2.2.1]heptan-2-on; Bornan-2-on)

Carvon (*p*-Mentha-6,8-dien-2-on) – monocyclisches Monoterpen-Keton (im Kümmel-, Dill- und Krauseminzeöl)

Caryophyllene – Sesquiterpene – aus Gewürznelkenölen

Castoramin – im Drüsensack von Bibern (*Castor fiber*)

Cineole (1-Methyl-4-(1-methylethyl)-7-oxa-bicyclo[2.2.1]hepten)
– bicyclische Monoterpen-Epoxide (1,4- und 1,8-Cineol)

Citronellale (3,7-Dimethyl-6-octenal und -7octenal) – acyclische Monoterpen-Aldehyde; R = CHO: β- bzw. α-Citronellal; R = CH$_2$OH: β- bzw. α-Citronellol

Cumarine – (2H-1-Benzopyran-2-on)-Derivate – Grundkörper u. a. für Furocumarine

Cymene (Cymole) – aromatische monocyclische Monoterpene (m- bzw. p-Cymen)

Cymenole (von links nach rechts: p-Cymen-2-ol: Carvacrol; p-Cymen-3-ol: Thymol; p-Cymen-8-ol) – p-Cymen-2-ol in Origanum- und Thymianöl

β-Damascenon (Bestandteil des Bulgarischen Rosenöls)

Damascone – Isomere des Jonons (s. dort), im ätherischen Öl der Damaszenerrose

Dammarane – tetracyclische Triterpene

(+)-Davanon – Sesquiterpen, in *Artemisia pallens* (Asteraceae)

Estragol [1-Methoxy-4-(2-propenyl)benzol] – in Anis-, Fenchel-, Pinien- (R=CH$_3$), Terpentinöl

Farnesol (3,7,11-Trimethyl-2,6,10-dodecatrien-1-ol) – in Moschuskörnern, Lindenblüten und der Akazie *Acacia farnesiana*

Fenchene (α-F.: 7,7-Dimethyl-2-methylen-bicyclo[2.2.1]heptan; β-F.: (1R,4R)-(+)-2,2-Dimethyl-5-methylenbicyclo[2.2.1]heptan) – isomere bicyclische Monoterpene; im Riesen-Lebensbaum und Früchten des Wiesenkümmels

Fenchol (1,3,3-Trimethylbicyclo[2.2.1]heptan-2-ol) – Monoterpen im Terpentinöl

Fenchon (1,3,3-Trimethylbicyclo[2.2.1]heptan-2-on) – bicyclisches Monoterpen-Keton (mit Campher Isomer)

Geraniol [(2E)-3,7-Dimethylocta-2,6-dien-1-ol] – Monoterpen-Alkohol (R = CH$_2$OH), R = CHO: Geranial = (2E)-Citral, R = COOH: Geraniumsäure (s. auch Nerol)

Geranylgeraniol [(E,E,E)-3,7,11,15-Tetramethyl-2,6,19,14-hexadecatetraen-1-ol] – biogentischer Vorläufer aller Diterpene und Carotinoide

Jasminlacton [(Z)-Decen-5-olid] – in Jasminabsolue und Teearoma

(Z)-Jasmon – in Orangenblütenöl, Pfefferminzöl

Jonone (Ionone) – natürliche Veilchenduftstoffe; durch oxidativen Abbau von Tetraterpenoiden (Carotine); α-, β-, γ-Jonon

Lavendulol (R = H: (–)-Lavandulol; R = CO-CH$_2$: (–)-Lavandulylacetat) – im Lavendelöl

Limonen – s. p-Menthadiene
Limonin – (Limonsäure-di-δ-lacton) – Nortriterpen

Linalool (3,7-Dimethyl-1,6-octadien-3-ol) – ungesättigter acyclischer Monoterpen-Alkohol (nach Maiglöckchen riechend)

p-Menthadiene – 1,3: α-Terpinen; 1(7),3: β-Terpinen; 1,4: γ-Terpinen; 1,4(8): Terpinolen; 2,6(+): α-Phellandren; 1(7),2(+): β-Phellandren; 1,8(9)(+): Limonene

| 1,3 | 1(7),3 | 1,4 | 1,4(8) |

| 2,6(+) | 1(7),2(+) | 1,8(9)(+) |

p-Menthan [1-Methyl-4–(1-methylethyl)-cyclohexan] – monocyclisches Monoterpen; u. a. in *Hibiscus syriacus* – trans- und cis-Form

cis   trans

Menthol [5-Methyl-2-(1-methylethyl)cyclohexanol]

Methylanthranilat (2-Aminobenzoesäuremethylester) – riecht nach Orangenblüten

N-Methylanthranilsäuremethylester – mandarinenartig riechendes Öl (Petitgrainöl)

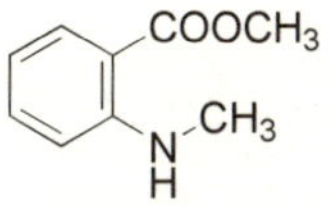

COOCH₃

N-CH₃
H

Methyljasmonat – trans- und cis-Form (Biosynthese aus α-Linolensäure)

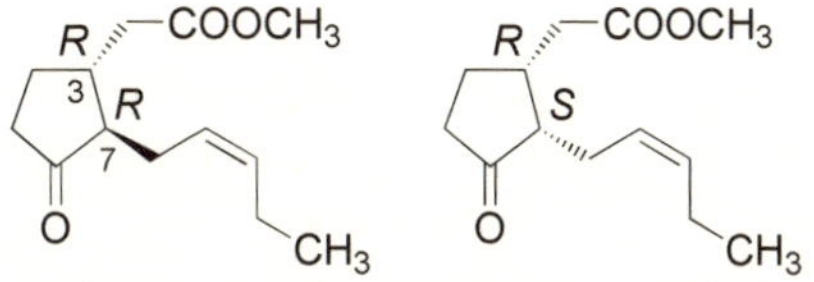

COOCH₃   COOCH₃
R   R
3 R   S
7
O   CH₃   O   CH₃

Myrcen (7-Methyl-3-methylen-1,6-octadien) – u. a. im Fichtenöl *Picea sitchensis*

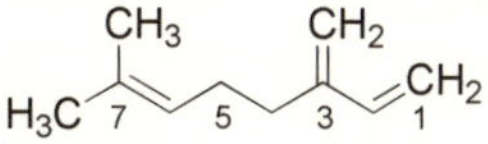

CH₃   CH₂
H₃C 7   5   3   CH₂
1

Myristicin – s. Safrol

O
CH₂
O

OCH₃

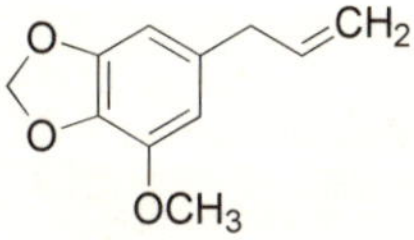

Nerol (s. auch Geraniol) – ungesättigter acyclischer Monterpen-Alkohol (R = CH₂OH); R = CHO: Neral = (2Z)-Citral; R = COOH: Nerolsäure

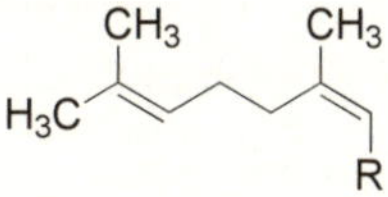

CH₃   CH₃
H₃C
R

Nerolidol (Orangenblütenabsolue)

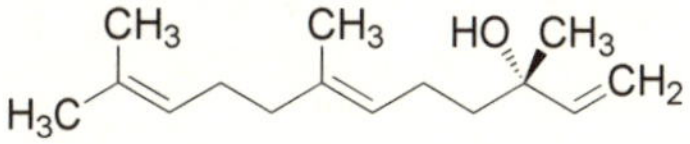

CH₃   CH₃   HO CH₃
H₃C   CH₂

(+)-Nootkaton – Sesquiterpen mit 7-Isopropyl-1,8α-dimethyldecalin-Grundgerüst; in Zedern- und Grapefruitöl

Ocimen [3,7-Dimetyl-1,3,6(7)-octatrien] – ungesättigtes acyclisches Monoterpen – α-Isomeres

Ocimenon – ungesättigter acyclischer Monoterpen-Keton

Pinene (α-P.: 2,6,6-Trimethylbicyclo[3.1.1]hept-2-en; β-P.: 6,6-Dimethyl-2-methylenbicyclo[3.1.1]heptan) – ungesättigte Monoterpene

Pulegon (*p*-Menthenon) – ungesättigter monocyclischer Monoterpen-Keton (mit p-Menthan-Struktur s. dort)

Rosenoxid [4-Methyl-2-(2-methyl-1-propenyl)tetrahydropyran] – Monoterpen mit Tetrahydropyran-Struktur in zwei C-2-epimeren Konfigurationen

Sabinen (Thujen – s. auch Thujan-Struktur)

Safranal (2,6,6-Trimethylcyclohexa-1,3-dien-1-carbaldehyd) – monocyclischer Monoterpen-Aldehyd (Geruchsstoff des Safrans)

Safrol [5-(2-Propenyl)-1,3-benzodioxol] – u. a. im Campheröl
(R = H; R = OCH$_3$: Myristicin)

Selinene (Eudesmane) – α- und β-Selinene (u. a. im Hopfen)

Sinensale (α- und *trans*-β-Isomere) – geruchsprägende Aromastoffe kaltgepresster Orangenschalenöle

Terpinenol (*p*-Menthenol) – ungesättigter monocyclischer Monoterpen-Alkohol mit *p*-Menthan-Struktur – s. dort)

Thujan (4-Methyl-1-(1-methylethyl)bicyclo[3.1.0]hexan)

Thujanole – bicyclische Monoterpen-Alkohole mit Thujan-Struktur; (+)-trans-Sabinenhydrat (links) und (–)-Thujol

Thujan-3-one (4-Methyl-1-(1-methylethal)bicyclo[3.1.0]hexan-3-one) – (–)-α-Thujon (links) und (+)-β-Thujon

Valencen [(4α,5α]-1(10),11-Eremophiladien] – in Valencia-Orangen

Zingiberen [(4R,7S)-1,5,10-Bisabolatrien] – Sesquiterpen mit Bisabolan-Struktur (u. a. im Ingweröl)

Register